수학 좀 한다면

KB205934

디딤돌 초등수학 기본+유형 5-2

펴낸날 [개정판 1쇄] 2025년 4월 15일 | **펴낸이** 이기열 | **펴낸곳** (주)디딤돌 교육 | **주소** (03972) 서울특별시 마포구 월드컵북로 122 청원선와이즈타워 | **대표전화** 02-3142-9000 | **구입문의** 02-322-8451 | **내용문의** 02-323-9166 | **팩시밀리** 02-338-3231 | **홈페이지** www.didimdol.co.kr | **등록번호** 제10-718호 | 구입한 후에는 철회되지 않으며 잘못 인쇄된 책은 바꾸어 드립니다. 이 책에 실린 모든 삽화 및 편집 형태에 대한 저작권은 (주)디딤돌 교육에 있으므로 무단으로 복사 복제할 수 없습니다. Copyright ⓒ Didimdol Co. [2502810]

내 실력에 딱!
최상위로 가는 '맞춤 학습 플랜'

STEP 1 On-line
나에게 맞는 공부법은?
맞춤 학습 가이드를 만나요.

교재 선택부터 공부법까지! 디딤돌에서 제공하는 시기별 맞춤 학습 가이드를 통해 아이에게 맞는 학습 계획을 세워 주세요. (학습 가이드는 디딤돌 학부모카페 '맘이가'를 통해 상시 공지합니다. cafe.naver.com/didimdolmom)

STEP 2 Book
맞춤 학습 스케줄표
계획에 따라 공부해요.

교재에 첨부된 '맞춤 학습 스케줄표'에 맞춰 공부 목표를 달성합니다.

STEP 3 On-line
이럴 땐 이렇게!
'맞춤 Q&A'로 해결해요.

궁금하거나 모르는 문제가 있다면, '맘이가' 카페를 통해 질문을 남겨 주세요. 디딤돌 수학쌤 및 선배맘님들이 친절히 답변해 드립니다.

STEP 4 Book
다음에는 뭐 풀지?
다음 교재를 추천받아요.

학습 결과에 따라 후속 학습에 사용할 교재를 제시해 드립니다. (교재 마지막 페이지 수록)

★ 디딤돌 플래너 만나러 가기

디딤돌 초등수학 기본＋유형 5-2

12주 완성 학습 스케줄표

여유를 가지고 깊이 있게 한 학기 과정을 완성할 수 있도록 설계하였습니다.
학기 중 교과서와 함께 공부하고 싶다면 주 5일 12주 완성 과정을 이용해요.

공부한 날짜를 쓰고 하루 분량 학습을 마친 후, 부모님께 확인 check ☑를 받으세요.

❶ 수의 범위와 어림하기

1주					2주				
월 일	월 일	월 일	월 일	월 일	월 일	월 일	월 일	월 일	월 일
6~9쪽	10~13쪽	14~15쪽	16~17쪽	18~19쪽	20~22쪽	23~25쪽	26~28쪽	29~31쪽	32~34쪽

❷ 분수의 곱셈

3주					4주				
월 일	월 일	월 일	월 일	월 일	월 일	월 일	월 일	월 일	월 일
36~37쪽	38~39쪽	40~41쪽	42~43쪽	44~47쪽	48~51쪽	52~54쪽	55~58쪽	59~61쪽	62~64쪽

❸ 합동과 대칭

5주					6주				
월 일	월 일	월 일	월 일	월 일	월 일	월 일	월 일	월 일	월 일
66~68쪽	69~71쪽	72~73쪽	74~75쪽	76~77쪽	78~79쪽	80~82쪽	83~86쪽	87~89쪽	90~92쪽

❹ 소수의 곱셈

7주					8주				
월 일	월 일	월 일	월 일	월 일	월 일	월 일	월 일	월 일	월 일
94~95쪽	96~97쪽	98~99쪽	100~101쪽	102~105쪽	106~108쪽	109~112쪽	113~115쪽	116~118쪽	119~121쪽

❺ 직육면체

9주					10주				
월 일	월 일	월 일	월 일	월 일	월 일	월 일	월 일	월 일	월 일
124~125쪽	126~127쪽	128~129쪽	130~131쪽	132~133쪽	134~135쪽	136~138쪽	139~141쪽	142~144쪽	145~147쪽

❻ 평균과 가능성

11주					12주				
월 일	월 일	월 일	월 일	월 일	월 일	월 일	월 일	월 일	월 일
150~151쪽	152~153쪽	154~155쪽	156~157쪽	158~160쪽	161~162쪽	163~164쪽	165~167쪽	168~170쪽	171~173쪽

효과적인 수학 공부 비법

시켜서 억지로 X / 내가 스스로 O

억지로 하는 일과 즐겁게 하는 일은 결과가 달라요.
목표를 가지고 스스로 즐기면 능률이 배가 돼요.

가끔 한꺼번에 X / 매일매일 꾸준히 O

급하게 쌓은 실력은 무너지기 쉬워요.
조금씩이라도 매일매일 단단하게 실력을 쌓아가요.

정답을 몰래 X / 개념을 꼼꼼히 O

모든 문제는 개념을 바탕으로 출제돼요.
쉽게 풀리지 않을 땐, 개념을 펼쳐 봐요.

채점하면 끝 X / 틀린 문제는 다시 O

왜 틀렸는지 알아야 다시 틀리지 않겠죠?
틀린 문제와 어림짐작으로 맞힌 문제는 꼭 다시 풀어 봐요.

디딤돌 초등수학 기본+유형 5-2

8주 완성 학습 스케줄표

짧은 기간에 **집중력** 있게 한 학기 과정을 완성할 수 있도록 설계하였습니다.
방학 때 미리 공부하고 싶다면 주 5일 8주 완성 과정을 이용해요.

공부한 날짜를 쓰고 하루 분량 학습을 마친 후, 부모님께 확인 check ☑를 받으세요.

① 수의 범위와 어림하기					**②** 분수의 곱셈				
1주 ☐	☐	☐	☐	☐	**2주** ☐	☐	☐	☐	☐
월 일	월 일	월 일	월 일	월 일	월 일	월 일	월 일	월 일	월 일
6~15쪽	16~22쪽	23~28쪽	29~31쪽	32~34쪽	36~43쪽	44~47쪽	48~51쪽	52~54쪽	55~58쪽

② 분수의 곱셈		**③** 합동과 대칭					**④** 소수의 곱셈		
3주 ☐	☐	☐	☐	☐	**4주** ☐	☐	☐	☐	☐
월 일	월 일	월 일	월 일	월 일	월 일	월 일	월 일	월 일	월 일
59~61쪽	62~64쪽	66~71쪽	72~75쪽	76~79쪽	80~82쪽	83~86쪽	87~89쪽	90~92쪽	94~101쪽

④ 소수의 곱셈					**⑤** 직육면체				
5주 ☐	☐	☐	☐	☐	**6주** ☐	☐	☐	☐	☐
월 일	월 일	월 일	월 일	월 일	월 일	월 일	월 일	월 일	월 일
102~105쪽	106~108쪽	109~112쪽	113~115쪽	116~118쪽	119~121쪽	124~129쪽	130~135쪽	136~138쪽	139~141쪽

⑤ 직육면체		**⑥** 평균과 가능성							
7주 ☐	☐	☐	☐	☐	**8주** ☐	☐	☐	☐	☐
월 일	월 일	월 일	월 일	월 일	월 일	월 일	월 일	월 일	월 일
142~144쪽	145~147쪽	150~153쪽	154~157쪽	158~160쪽	161~162쪽	163~164쪽	165~167쪽	168~170쪽	171~173쪽

MEMO

효과적인 수학 공부 비법

시켜서 억지로 ✗   내가 스스로 ○

억지로 하는 일과 즐겁게 하는 일은 결과가 달라요.
목표를 가지고 스스로 즐기면 능률이 배가 돼요.

가끔 한꺼번에 ✗   매일매일 꾸준히 ○

급하게 쌓은 실력은 무너지기 쉬워요.
조금씩이라도 매일매일 단단하게 실력을 쌓아가요.

정답을 몰래 ✗   개념을 꼼꼼히 ○

정답   개념

모든 문제는 개념을 바탕으로 출제돼요.
쉽게 풀리지 않을 땐, 개념을 펼쳐 봐요.

채점하면 끝 ✗   틀린 문제는 다시 ○

왜 틀렸는지 알아야 다시 틀리지 않겠죠?
틀린 문제와 어림짐작으로 맞힌 문제는 꼭 다시 풀어 봐요.

수학 좀 한다면

디딤돌

초등수학
기본+유형

상위권으로 가는 유형반복 학습서

5
-
2

이 책의 **구성과 특징**

1 단계

교과서 **핵심 개념**을
자세히 살펴보고

STEP 1 1. 이상과 이하를 알아보기

● 이상
- 80 이상인 수: 80, 81, 83, 85 등과 같이 80과 같거나 큰 수
- 80 이상인 수를 수직선에 나타내면 다음과 같습니다.

78 79 80 81 82 83 84 85 86 87

➡ 80에 ●으로 표시하고 오른쪽으로 선을 긋습니다.
➡ 80 이상인 수에는 80이 포함됩니다.

● 이하
- 10 이하인 수: 10.0, 9.7, 9.0, 8.6 등과 같이 10과 같거나 작은 수
- 10 이하인 수를 수직선에 나타내면 다음과 같습니다.

5 6 7 8 9 10 11 12 13 14

➡ 10에 ●으로 표시하고 왼쪽으로 선을 긋습니다.

필수 문제를
반복 연습합니다.

STEP 2 꼭 나오는 유형

① 이상과 이하

1 11.5 이상인 수를 모두 찾아 써 보세요.

10.8 11.9 10.2 9.8 11.5 13.4

(   )

2 27이 포함되지 않는 수의 범위를 찾아 기호를 써 보세요.

㉠ 26 이상인 수   ㉡ 26 이하인 수
㉢ 27 이상인 수   ㉣ 27 이하인 수

4 41 이상인 수에 ○표, 41 이하인 수에 △표 하세요.

23 33 35 41 46 49 62

더 가까운 자연수를 찾아요~

3 28.7을 수직선에 ↑로 나타내어 보세요.

28 29 30

5 수직선에 나타내어 보세요.

(1) 29 이상인 수

2 단계

문제를 이해하고
실수를 줄이는 연습을 통해

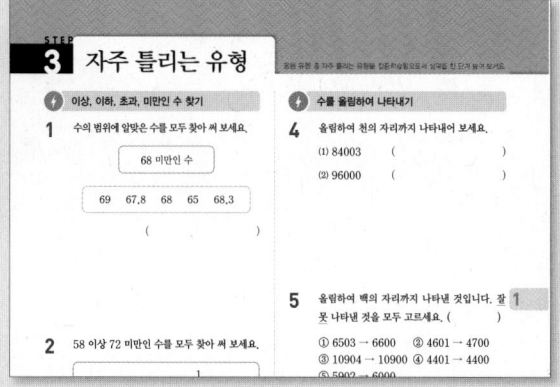

STEP 3 자주 틀리는 유형

① 이상, 이하, 초과, 미만인 수 찾기

1 수의 범위에 알맞은 수를 모두 찾아 써 보세요.

68 미만인 수

69 67.8 68 65 68.3

(   )

2 58 이상 72 미만인 수를 모두 찾아 보세요.

② 수를 올림하여 나타내기

4 올림하여 천의 자리까지 나타내어 보세요.
(1) 84003 (   )
(2) 96000 (   )

5 올림하여 백의 자리까지 나타낸 것입니다. 잘못 나타낸 것을 모두 고르세요. (   )

① 6503 → 6600   ② 4601 → 4700
③ 10904 → 10900 ④ 4401 → 4400
⑤ 5902 → 6000

3 단계

문제해결력과 사고력을
높일 수 있습니다.

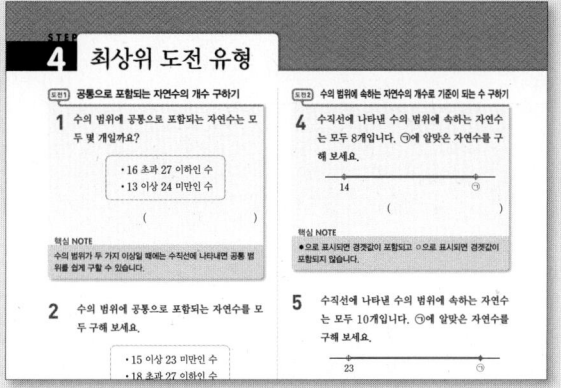

4 단계

수시평가를
완벽하게 대비합니다.

이 책의 **차례**

1 수의 범위와 어림하기

이번 단원에서 꼭 짚어야 할 **핵심 개념**을 알아보자.

핵심 1 이상과 이하 알아보기

6 ⬚ 인 수: 6보다 같거나 큰 수

10 ⬚ 인 수: 10보다 같거나 작은 수

핵심 2 초과와 미만 알아보기

6 ⬚ 인 수: 6보다 큰 수

10 ⬚ 인 수: 10보다 작은 수

핵심 3 올림 알아보기

올림: 구하려는 자리 아래 수를 올려서 나타내는 방법

154를 올림하여 백의 자리까지 나타내면 ⬚ 이다.

핵심 4 버림 알아보기

버림: 구하려는 자리 아래 수를 버려서 나타내는 방법

154를 버림하여 백의 자리까지 나타내면 ⬚ 이다.

핵심 5 반올림 알아보기

반올림: 구하려는 자리 바로 아래의 숫자가
⎡ 0, 1, 2, 3, 4이면 버림 ⎤
⎣ 5, 6, 7, 8, 9이면 올림 ⎦ 하는 방법

154를 반올림하여 백의 자리까지 나타내면 ⬚ 이다.

답 1. 이상 / 이하 2. 초과 / 미만 3. 200 4. 100 5. 200

1. 이상과 이하를 알아보기

● **이상**

• 80 **이상**인 수: 80, 81, 83, 85 등과 같이 80과 같거나 큰 수
• 80 이상인 수는 수직선에 나타내면 다음과 같습니다.

➡ 80에 ●으로 표시하고 오른쪽으로 선을 긋습니다.
➡ 80 이상인 수에는 80이 포함됩니다.

● **이하**

• 10 **이하**인 수: 10.0, 9.7, 9.0, 8.6 등과 같이 10과 같거나 작은 수
• 10 이하인 수는 수직선에 나타내면 다음과 같습니다.

➡ 10에 ●으로 표시하고 왼쪽으로 선을 긋습니다.
➡ 10 이하인 수에는 10이 포함됩니다.

개념 자세히 **보기**

● 수의 범위를 수직선에 나타낼 때 경곗값이 포함되면 ●으로 나타내요!

	점	방향	나타내기
이상	●	오른쪽	●—
이하	●	왼쪽	—●

● 한자로 이상과 이하의 뜻을 알아봐요!

以上	以下
(부터 이, 윗 상)	(부터 이, 아래 하)

• 이상(以上): 정한 수가 범위에 포함되면서 그 위인 경우
• 이하(以下): 정한 수가 범위에 포함되면서 그 아래인 경우

1 진수네 모둠 학생들의 몸무게를 조사하여 나타낸 표입니다. 물음에 답하세요.

3학년 때 배웠어요
무게 비교하기
32 kg과 같거나 큰 무게는 34.0 kg, 32.7 kg, 37.6 kg 입니다.

진수네 모둠 학생들의 몸무게

이름	진수	윤호	희원	민수	아진	현우
몸무게(kg)	34.0	31.3	32.7	37.6	29.1	30.5

① 몸무게가 32 kg과 같거나 큰 학생의 이름을 모두 써 보세요.

(   )

② 몸무게가 32 kg 이상인 학생의 몸무게를 모두 써 보세요.

(   )

2 민아네 모둠 학생들의 키를 조사하여 나타낸 표입니다. 물음에 답하세요.

민아네 모둠 학생들의 키

이름	민아	소현	재혁	승주	예호	준희
키(cm)	135.7	141.5	149.6	148.5	138.2	140.0

① 키가 140 cm와 같거나 작은 학생의 이름을 모두 써 보세요.

(   )

② 키가 140 cm 이하인 학생의 키를 모두 써 보세요.

(   )

140 이하인 수는 140과 같거나 작은 수예요.

3 18 이상인 수에 ○표, 18 이하인 수에 △표 하세요.

| 11 | 12 | 13 | 14 | 15 | 16 | 17 | 18 | 19 | 20 | 21 | 22 |

■ 이상인 수 또는 ■ 이하인 수에는 ■가 포함되어요.

4 수직선에 나타내어 보세요.

17 이상인 수

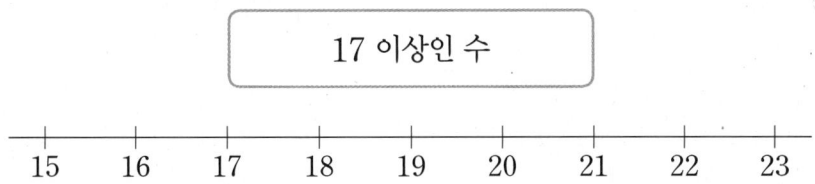

2. 초과와 미만을 알아보기

● **초과**

- 15 **초과**인 수: 15.3, 16.9, 20 등과 같이 15보다 큰 수
- 15 초과인 수는 수직선에 나타내면 다음과 같습니다.

13   14   15   16   17   18   19   20   21   22

➡ 15에 ○으로 표시하고 오른쪽으로 선을 긋습니다.
➡ 15 초과인 수에는 15가 포함되지 않습니다.

● **미만**

- 120 **미만**인 수: 119.5, 117.0, 115.7 등과 같이 120보다 작은 수
- 120 미만인 수는 수직선에 나타내면 다음과 같습니다.

114   115   116   117   118   119   120   121   122   123

➡ 120에 ○으로 표시하고 왼쪽으로 선을 긋습니다.
➡ 120 미만인 수에는 120이 포함되지 않습니다.

개념 자세히 보기

● **수의 범위를 수직선에 나타낼 때 경곗값이 포함되지 않으면 ○으로 나타내요!**

	점	방향	나타내기
초과	○	오른쪽	○──
미만	○	왼쪽	──○

● **한자로 초과와 미만의 뜻을 알아봐요!**

超 過
(뛰어넘을 초, 지날 과)

未 滿
(아닐 미, 찰 만)

- 초과(超過): 정한 수를 넘어선 경우
- 미만(未滿): 정한 수를 포함하지 않으면서 그 아래인 경우

1 재영이네 반 학생들의 키를 조사하여 나타낸 표입니다. 물음에 답하세요.

135 초과인 수는 135보다 큰 수예요.

재영이네 반 학생들의 키

이름	재영	희원	우진	아진	현우	민수
키(cm)	139	144	135	150	134	131

① 키가 135 cm보다 큰 학생의 이름을 모두 써 보세요.

( )

② 키가 135 cm 초과인 학생의 키를 모두 써 보세요.

( )

2 은지네 반 학생들이 한 학기 동안 한 봉사 활동 시간을 조사하여 나타낸 표입니다. 물음에 답하세요.

20 미만인 수는 20보다 작은 수예요.

1

은지네 반 학생들이 한 학기 동안 한 봉사 활동 시간

이름	은지	수아	재민	지원	태민	현준
봉사 활동 시간(시간)	21	15	22	18	25	20

① 봉사 활동 시간이 20시간보다 적은 학생의 이름을 모두 써 보세요.

( )

② 봉사 활동 시간이 20시간 미만인 학생의 봉사 활동 시간을 모두 써 보세요.

( )

3 31 초과인 수에 ○표, 31 미만인 수에 △표 하세요.

■ 초과인 수 또는 ■ 미만인 수에는 ■가 포함되지 않아요.

26 27 28 29 30 31 32 33 34 35 36 37

4 수직선에 나타내어 보세요.

45 초과인 수

41   42   43   44   45   46   47   48   49

3. 수의 범위를 활용하여 문제 해결하기

● 수의 범위를 수직선에 나타내기

· 4 이상 7 이하인 수 ── 4와 같거나 크고 7과 같거나 작은 수

➡ 4와 7에 ●으로 표시하고 4와 7 사이에 선을 긋습니다.
➡ 4 이상 7 이하인 수에는 4와 7이 모두 포함됩니다.

· 4 이상 7 미만인 수 ── 4와 같거나 크고 7보다 작은 수

➡ 4에 ●, 7에 ○으로 표시하고 4와 7 사이에 선을 긋습니다.
➡ 4 이상 7 미만인 수에는 4는 포함되고 7은 포함되지 않습니다.

· 4 초과 7 이하인 수 ── 4보다 크고 7과 같거나 작은 수

➡ 4에 ○, 7에 ●으로 표시하고 4와 7 사이에 선을 긋습니다.
➡ 4 초과 7 이하인 수에는 4는 포함되지 않고 7은 포함됩니다.

· 4 초과 7 미만인 수 ── 4보다 크고 7보다 작은 수

➡ 4와 7에 ○으로 표시하고 4와 7 사이에 선을 긋습니다.
➡ 4 초과 7 미만인 수에는 4와 7이 모두 포함되지 않습니다.

● 수의 범위를 활용하여 문제 해결하기

예 서아가 2단 줄넘기를 17회 하였습니다. 서아의 기록이 어느 등급에 속하는지 알아보세요.

등급별 횟수(초등학교 5학년 여학생용)

등급	횟수(회)
1	20 이상
2	16 이상 19 이하
3	12 이상 15 이하
4	9 이상 11 이하
5	8 이하

➡ 서아의 기록인 17회는 16회 이상 19회 이하의 범위에 속하므로 2등급입니다.

○ 정답과 풀이 1쪽

① 27 이상 33 미만인 수에 ○표 하세요.

| 25 | 26 | 27 | 28 | 29 | 30 | 31 | 32 | 33 | 34 | 35 |

■ 이상 ▲ 미만인 수에는 ■는 포함되고 ▲는 포함되지 않아요.

② 수직선에 나타내어 보세요.

36 이상 41 이하인 수

```
 ├──┼──┼──┼──┼──┼──┼──┼──┼──┼──┤
33  34  35  36  37  38  39  40  41  42  43
```

수의 범위를 수직선에 나타낼 때 이상과 이하는 ●으로, 초과와 미만은 ○으로 나타내요.

1

③ 진우네 학교 남자 태권도 선수들의 몸무게와 체급별 몸무게를 나타낸 표입니다. 물음에 답하세요.

진우네 학교 남자 태권도 선수들의 몸무게

이름	진우	현우	준호	석규	성현	민호
몸무게(kg)	37.3	35.0	36.8	41.4	38.5	33.7

체급별 몸무게(초등학교 남학생용)

체급	몸무게(kg)
핀급	32 이하
플라이급	32 초과 34 이하
밴텀급	34 초과 36 이하
페더급	36 초과 39 이하
라이트급	39 초과

① 진우와 같은 체급에 속한 학생의 이름을 모두 써 보세요.

(   )

② 진우와 같은 체급에 속한 학생의 몸무게를 모두 써 보세요.

(   )

③ 민호가 속한 체급의 몸무게 범위를 수직선에 나타내어 보세요.

```
 ├──┼──┼──┼──┼──┼──┼──┼──┤
32  33  34  35  36  37  38  39  40
```

4. 올림, 버림, 반올림 알아보기

올림 알아보기

• **올림**: 구하려는 자리 아래 수를 올려서 나타내는 방법

154를 올림하여
- 십의 자리까지 나타내기 **154** ➡ **160**
  십의 자리 아래 수인 4를 10으로 봅니다.
- 백의 자리까지 나타내기 **154** ➡ **200**
  백의 자리 아래 수인 54를 100으로 봅니다.

1.247을 올림하여
- 소수 첫째 자리까지 나타내기 **1.247** ➡ **1.3**
  소수 첫째 자리 아래 수인 0.047을 0.1로 봅니다.
- 소수 둘째 자리까지 나타내기 **1.247** ➡ **1.25**
  소수 둘째 자리 아래 수인 0.007을 0.01로 봅니다.

버림 알아보기

• **버림**: 구하려는 자리 아래 수를 버려서 나타내는 방법

456을 버림하여
- 십의 자리까지 나타내기 **456** ➡ **450**
  십의 자리 아래 수인 6을 0으로 봅니다.
- 백의 자리까지 나타내기 **456** ➡ **400**
  백의 자리 아래 수인 56을 0으로 봅니다.

5.216을 버림하여
- 소수 첫째 자리까지 나타내기 **5.216** ➡ **5.2**
  소수 첫째 자리 아래 수인 0.016을 0으로 봅니다.
- 소수 둘째 자리까지 나타내기 **5.216** ➡ **5.21**
  소수 둘째 자리 아래 수인 0.006을 0으로 봅니다.

반올림 알아보기

• **반올림**: 구하려는 자리 바로 아래 자리의 숫자가 0, 1, 2, 3, 4이면 버리고, 5, 6, 7, 8, 9이면 올려서
  나타내는 방법

763을 반올림하여
- 십의 자리까지 나타내기 **763** ➡ **760**
  일의 자리 숫자가 3이므로 버림합니다.
- 백의 자리까지 나타내기 **763** ➡ **800**
  십의 자리 숫자가 6이므로 올림합니다.

6.392를 반올림하여
- 소수 첫째 자리까지 나타내기 **6.392** ➡ **6.4**
  소수 둘째 자리 숫자가 9이므로 올림합니다.
- 소수 둘째 자리까지 나타내기 **6.392** ➡ **6.39**
  소수 셋째 자리 숫자가 2이므로 버림합니다.

○ 정답과 풀이 2쪽

1 올림하여 주어진 자리까지 나타내어 보세요.

수	십의 자리	백의 자리
752		
836		

구하려는 자리 아래 수를 올려서 나타내는 방법을 올림이라고 해요.

2 버림하여 주어진 자리까지 나타내어 보세요.

수	십의 자리	백의 자리
479		
963		

구하려는 자리 아래 수를 버려서 나타내는 방법을 버림이라고 해요.

3 반올림하여 주어진 자리까지 나타내어 보세요.

수	십의 자리	백의 자리	천의 자리
2658			
3107			

구하려는 자리 바로 아래 자리의 숫자가 0, 1, 2, 3, 4 이면 버리고, 5, 6, 7, 8, 9 이면 올리는 방법을 반올림이라고 해요.

4 어림한 후, 어림한 수의 크기를 비교하여 ○ 안에 >, =, <를 알맞게 써 넣으세요.

① 247을 올림하여 백의 자리 까지 나타낸 수 ➡ [ ]　○　311을 올림하여 십의 자리 까지 나타낸 수 ➡ [ ]

② 357을 버림하여 백의 자리 까지 나타낸 수 ➡ [ ]　○　348을 버림하여 십의 자리 까지 나타낸 수 ➡ [ ]

③ 5239를 반올림하여 백의 자리 까지 나타낸 수 ➡ [ ]　○　5184를 반올림하여 십의 자리 까지 나타낸 수 ➡ [ ]

5. 올림, 버림, 반올림을 활용하여 문제 해결하기

● **올림, 버림, 반올림을 활용하여 문제 해결하기**

㉠ 지우가 자동판매기에서 1500원짜리 음료수를 뽑으려고 합니다. 지우가 1000원짜리 지폐만 가지고 있다면 자동판매기에 최소 얼마를 넣어야 하는지 알아보세요.
　① 올림, 버림, 반올림 중에서 어떤 방법으로 어림하면 좋은지 구하기
　　➡ 올림
　② 어림한 후 문제 해결하기
　　➡ 1500을 올림하여 천의 자리까지 나타내면 1500은 2000이므로 2000원을 넣어야 합니다.

㉠ 저금통에 모은 돈 3570원을 1000원짜리 지폐로 바꿀 때 최대 얼마까지 바꿀 수 있는지 알아보세요.
　① 올림, 버림, 반올림 중에서 어떤 방법으로 어림하면 좋은지 구하기
　　➡ 버림
　② 어림한 후 문제 해결하기
　　➡ 3570을 버림하여 천의 자리까지 나타내면 3570은 3000이므로 3000원까지 바꿀 수 있습니다.

㉠ 길이가 13.7 cm인 연필을 1 cm 단위로 가까운 쪽의 눈금을 읽으면 몇 cm인지 알아보세요.
　① 올림, 버림, 반올림 중에서 어떤 방법으로 어림하면 좋은지 구하기
　　➡ 반올림
　② 어림한 후 문제 해결하기
　　➡ 13.7을 반올림하여 일의 자리까지 나타내면 13.7은 14이므로 14 cm입니다.

개념 자세히 보기

● **올림과 버림은 구하려는 자리 아래 수를 모두 확인하고, 반올림은 구하려는 자리 바로 아래 숫자만 확인해요!**

㉠ 2167을 어림하여 백의 자리까지 나타내기

2167

올림하여 백의 자리까지 나타내기 ➡ 2167 ➡ 2200

버림하여 백의 자리까지 나타내기 ➡ 2167 ➡ 2100

반올림하여 백의 자리까지 나타내기 ➡ 2167 ➡ 2200

◐ 정답과 풀이 2쪽

1 오이 314상자를 트럭에 모두 실으려고 합니다. 트럭 한 대에 100상자씩 실을 수 있다면 트럭은 최소 몇 대가 필요한지 알아보려고 합니다. 물음에 답하세요.

오이를 남기지 않고 실어야 해요.

① 올림, 버림, 반올림 중에서 어떤 방법으로 어림해야 좋은지 알아보세요.

(   )

② 트럭은 최소 몇 대가 필요한지 구해 보세요.

(   )

2 공장에서 만든 초콜릿 416개를 포장하려고 합니다. 물음에 답하세요.

| 한 봉지에 10개씩 | 한 상자에 100개씩 |

한 봉지에 10개씩, 한 상자에 100개씩 포장하므로 10개 미만, 100개 미만 초콜릿은 포장할 수 없어요.

① 초콜릿을 한 봉지에 10개씩 담아서 포장한다면 포장할 수 있는 초콜릿은 최대 몇 봉지일까요?

(   )

② 초콜릿을 한 상자에 100개씩 담아서 포장한다면 포장할 수 있는 초콜릿은 최대 몇 상자일까요?

(   )

3 수지네 모둠 학생들의 멀리뛰기 기록을 나타낸 표입니다. 뛴 거리를 반올림하여 일의 자리까지 나타내어 보세요.

소수 첫째 자리의 숫자가 0, 1, 2, 3, 4이면 버리고, 5, 6, 7, 8, 9이면 올려서 나타내요.

수지네 모둠 학생들의 멀리뛰기 기록

이름	수지	준기	연우
뛴 거리(cm)	103.7	112.4	135.7
반올림한 거리(cm)			

1 이상과 이하

1 11.5 이상인 수를 모두 찾아 써 보세요.

| 10.8 | 11.9 | 10.2 | 9.8 | 11.5 | 13.4 |

( )

2 27이 포함되지 <u>않는</u> 수의 범위를 찾아 기호를 써 보세요.

⊙ 26 이상인 수   ⓒ 26 이하인 수
ⓒ 27 이상인 수   ⓔ 27 이하인 수

( )

3 ☐ 안에 들어갈 수 있는 자연수 중에서 가장 작은 수를 구해 보세요.

57, 63, 72는 ☐ 이하인 수입니다.

( )

4 41 이상인 수에 ○표, 41 이하인 수에 △표 하세요.

| 23 | 33 | 35 | 41 | 46 | 49 | 62 |

더 가까운 자연수를 찾아봐.

준비 28.7을 수직선에 ↑로 나타내어 보세요.

28   29   30

5 수직선에 나타내어 보세요.

(1) 29 이상인 수

27 28 29 30 31 32 33 34

(2) 7 이하인 수

3   4   5   6   7   8   9   10

6 우리나라 여러 도시의 9월 어느 날 최고 기온을 조사하여 나타낸 표입니다. 최고 기온이 27.5℃ 이하인 도시의 기온을 모두 써 보세요.

도시별 최고 기온

도시	서울	부산	광주	제주
기온(℃)	27.7	26.9	29.7	27.5

( )

2 초과와 미만

7 34 초과인 수를 모두 찾아 써 보세요.

| 34.1 | 32.4 | 29.8 | 34 | 38.4 |

(   )

8 47.5 미만인 수를 모두 찾아 써 보세요.

| 50.6 | 46.7 | 47.5 | 44.1 | 48.2 |

(   )

서술형
9 학생들이 놀이 기구를 타려고 합니다. 이 놀이 기구를 탈 수 있는 학생은 모두 몇 명인지 풀이 과정을 쓰고 답을 구해 보세요.

키 130 cm 초과
탑승 가능

학생들의 키

이름	지은	진석	서연	수민	영우
키(cm)	127.3	130.8	143.4	130.0	133.5

풀이

답

10 바르게 설명한 것을 찾아 기호를 써 보세요.

┌─────────────────────────────────┐
│ ㉠ 25는 25 미만인 수에 포함됩니다. │
│ ㉡ 52, 53, 54 중 53 초과인 수는 1개입 │
│ 니다.   │
└─────────────────────────────────┘

(   )

11 수직선에 나타내어 보세요.

(1) 50 초과인 수

47 48 49 50 51 52 53 54

(2) 19 미만인 수

16 17 18 19 20 21 22 23

☺ 내가 만드는 문제

12 15세 이상 관람가 영화를 볼 때 15세 미만은 보호자와 함께 봐야 합니다. 우리 가족과 나이를 빈칸에 자유롭게 써넣고, 우리 가족 중에서 15세 이상 관람가 영화를 보호자와 함께 봐야 하는 사람을 모두 써 보세요.

우리 가족의 나이

가족			
나이(세)			

(   )

3 수의 범위를 활용하여 문제 해결하기

13 수의 범위에 속하는 수를 모두 찾아 써 보세요.

> 25 초과 42 이하인 수

> 18 29 25 45 21 37 42

(   )

14 수의 범위를 수직선에 나타내어 보세요.

(1)

> 9 초과 13 이하인 수

8   9   10   11   12   13   14

(2)

> 146 이상 149 미만인 수

143 144 145 146 147 148 149 150

15 37이 포함되는 수의 범위를 모두 찾아 기호를 써 보세요.

> ㉠ 37 이상 39 미만인 수
> ㉡ 37 초과 41 이하인 수
> ㉢ 36 초과 38 이하인 수
> ㉣ 38 이상 40 이하인 수

(   )

16 수직선에 나타낸 수의 범위에 속하는 가장 작은 자연수와 가장 큰 자연수를 써 보세요.

28   29   30   31   32   33   34

가장 작은 자연수 (   )
가장 큰 자연수 (   )

17 어느 문구점에서는 구매 금액에 따라 선물을 줍니다. 이 문구점에서 공책, 지우개, 물감, 가위를 한 개씩 산다면 받을 수 있는 선물은 무엇인지 구해 보세요.

구매 금액	5000원 이하	5000원 초과 7000원 이하	7000원 초과 9000원 이하
선물	연필	자	수첩

1000원   500원   4000원   1500원

(   )

서술형
18 ㉠과 ㉡의 합은 얼마인지 풀이 과정을 쓰고 답을 구해 보세요.

> • 15 이상 22 이하인 자연수는 ㉠개입니다.
> • 10 초과 17 미만인 자연수는 ㉡개입니다.

풀이

답

4 올림

19 수를 올림하여 주어진 자리까지 나타내어 보세요.

수	십의 자리	백의 자리
252		
826		
3981		

☺ 내가 만드는 문제

20 세 자리 수를 정해 올림한 후, 올림한 수의 크기를 비교하여 ○ 안에 >, =, <를 알맞게 써넣으세요.

| □ 을/를 올림하여 십의 자리까지 나타낸 수 ➡ □ | ○ | □ 을/를 올림하여 백의 자리까지 나타낸 수 ➡ □ |

21 올림하여 백의 자리까지 나타내면 5300이 되는 수를 모두 찾아 ○표 하세요.

| 5120   5301   5207   5328   5299 |

22 보기 와 같이 소수를 올림해 보세요.

> **보기**
> 1.308을 올림하여 소수 첫째 자리까지
> 나타내기 ➡ 1.4
> 1.786을 올림하여 소수 둘째 자리까지
> 나타내기 ➡ 1.79

(1) 4.385를 올림하여 소수 첫째 자리까지
나타내기 ➡ (   )

(2) 7.003을 올림하여 소수 둘째 자리까지
나타내기 ➡ (   )

23 학생 205명이 모두 케이블카를 타려고 기다리고 있습니다. 케이블카 한 대에 10명까지 탈수 있을 때 케이블카는 적어도 몇 번 운행해야할까요?

(   )

24 4903을 올림하여 나타낸 수가 다른 하나를 찾아 기호를 써 보세요.

> ㉠ 4903을 올림하여 천의 자리까지 나타낸 수
> ㉡ 4903을 올림하여 백의 자리까지 나타낸 수
> ㉢ 4903을 올림하여 십의 자리까지 나타낸 수

(   )

5 버림

25 수를 버림하여 주어진 자리까지 나타내어 보세요.

수	십의 자리	백의 자리
683		
497		
1784		

26 버림하여 천의 자리까지 나타내어 보세요.

75092

( )

27 버림하여 백의 자리까지 나타내면 2800이 되는 수를 모두 찾아 ○표 하세요.

2891 2705 2730 2800 2795

28 ☐ 안에 알맞은 수를 써넣으세요.

버림하여 십의 자리까지 나타내면 130이 되는 수는 ☐ 이상 ☐ 미만인 수입니다.

29 보기 와 같이 소수를 버림해 보세요.

보기

2.63을 버림하여 소수 첫째 자리까지
나타내기 ➡ 2.6

3.198을 버림하여 소수 둘째 자리까지
나타내기 ➡ 3.19

(1) 5.977을 버림하여 소수 첫째 자리까지
나타내기 ➡ ( )

(2) 8.416을 버림하여 소수 둘째 자리까지
나타내기 ➡ ( )

30 버림하여 백의 자리까지 나타내면 1700이 되는 자연수 중에서 가장 큰 수를 구해 보세요.

( )

31 감자 437개를 한 봉지에 10개씩 담아 팔려고 합니다. 감자는 몇 봉지까지 팔 수 있을까요?

( )

서술형
32 사탕 283개를 한 상자에 10개씩 담아 팔려고 합니다. 한 상자에 3000원씩 판다면 사탕을 팔아서 받을 수 있는 돈은 최대 얼마인지 풀이 과정을 쓰고 답을 구해 보세요.

풀이

답

6 반올림

더 가까운 쪽의 눈금을 읽어 봐.

준비 밀가루의 무게는 약 몇 kg인지 어림해 보세요.

(   )

33 수를 반올림하여 주어진 자리까지 나타내어 보세요.

수	십의 자리	백의 자리	천의 자리
3647			
6551			

34 반올림하여 백의 자리까지 나타내면 3700이 되는 수를 모두 찾아 ○표 하세요.

| 3699 | 3608 | 3750 | 3702 | 3650 |

😊 내가 만드는 문제

35 가지고 있는 학용품 중 하나를 골라 길이를 재어 보고 몇 cm인지 반올림하여 일의 자리까지 나타내어 보세요.

0 1 2 3 4 5 6 7

(   )

36 보기 와 같이 소수를 반올림해 보세요.

보기
3.752를 반올림하여 소수 첫째 자리까지 나타내기 ➡ 3.8
6.184를 반올림하여 소수 둘째 자리까지 나타내기 ➡ 6.18

⑴ 1.743을 반올림하여 소수 첫째 자리까지 나타내기 ➡ (   )

⑵ 5.086을 반올림하여 소수 둘째 자리까지 나타내기 ➡ (   )

37 반올림하여 수를 나타내고, 수의 크기를 비교하여 ○ 안에 >, =, <를 알맞게 써넣으세요.

2748을 반올림하여 백의 자리까지 나타낸 수 ➡ [   ] ◯ 2800

38 반올림하여 십의 자리까지 나타내면 2760이 되는 자연수 중에서 가장 작은 수와 가장 큰 수를 각각 구해 보세요.

가장 작은 수 (   )
가장 큰 수 (   )

7 올림, 버림, 반올림을 활용하여 문제 해결하기

39 한 대에 10명까지 탈 수 있는 보트가 있습니다. 174명이 모두 보트에 타려면 보트는 최소 몇 대 필요한지 물음에 답하세요.

(1) 올림, 버림, 반올림 중 어떤 방법으로 어림해야 할까요?

(   )

(2) 174명이 모두 보트에 타려면 보트는 최소 몇 대 필요할까요?

(   )

40 인우는 문구점에서 7500원짜리 필통 한 개와 3700원짜리 스케치북 한 권을 샀습니다. 1000원짜리 지폐로만 돈을 낸다면 최소 얼마를 내야 할까요?

(   )

41 서진이네 모둠 학생들의 제자리멀리뛰기 기록을 조사하여 나타낸 표입니다. 각 학생들이 뛴 거리는 몇 cm인지 반올림하여 일의 자리까지 나타내어 보세요.

제자리멀리뛰기 기록

이름	기록(cm)	반올림한 기록(cm)
서진	182.6	
병수	197.2	
정민	160.8	
현경	174.0	
성빈	159.5	

42 10원짜리 동전이 365개, 100원짜리 동전이 57개 있습니다. 이 돈을 1000원짜리 지폐로 바꾸면 최대 얼마까지 바꿀 수 있을까요?

(   )

43 상자를 한 개 포장하는 데 테이프가 1 m 필요합니다. 테이프 582 cm로 상자를 최대 몇 개까지 포장하고, 몇 cm가 남을까요?

(   ), (   )

서술형
44 어느 인플루언서의 구독자 수가 14978명이고 구독자 수를 어림하면 15000명이 됩니다. 어떻게 어림하였는지 올림, 버림, 반올림을 활용하여 2가지 방법으로 설명해 보세요.

방법 1 ....

....

방법 2 ....

....

자주 틀리는 유형

⚡ **이상, 이하, 초과, 미만인 수 찾기**

1 수의 범위에 알맞은 수를 모두 찾아 써 보세요.

> 68 미만인 수

> 69   67.8   68   65   68.3

(   )

2 58 이상 72 미만인 수를 모두 찾아 써 보세요.

> 73   57.9   58 $58\frac{1}{2}$ 71.8

(   )

3 24.5 초과 40.4 이하인 수는 모두 몇 개일까요?

> 24   24.9   41   38   40

(   )

⚡ **수를 올림하여 나타내기**

4 올림하여 천의 자리까지 나타내어 보세요.

(1) 84003   (   )

(2) 96000   (   )

5 올림하여 백의 자리까지 나타낸 것입니다. 잘못 나타낸 것을 모두 고르세요. (   )

① 6503 → 6600   ② 4601 → 4700
③ 10904 → 10900   ④ 4401 → 4400
⑤ 5902 → 6000

6 연우네 학교 학생 308명에게 공책을 한 권씩 나누어 주려고 합니다. 공책은 한 상자에 100권씩 담아 팔고, 한 상자에 20000원입니다. 공책을 사는 데 필요한 돈은 최소 얼마일까요?

(   )

7 버림하여 백의 자리까지 나타내면 15800
이 되는 자연수 중에서 가장 큰 수를 구해 보
세요.

(   )

8 올림하여 천의 자리까지 나타내면 31000이
되는 자연수 중에서 가장 작은 수를 구해 보
세요.

(   )

9 반올림하여 천의 자리까지 나타내면 53000이
되는 자연수 중에서 가장 큰 수와 가장 작은
수를 각각 구해 보세요.

가장 큰 수 (   )

가장 작은 수 (   )

10 13 이상 23 미만인 수의 범위에 속하는 자연
수는 모두 몇 개일까요?

(   )

11 57 초과 70 이하인 수의 범위에 속하는 자연
수는 모두 몇 개일까요?

(   )

12 35 초과 60 미만인 수의 범위에 속하는 자연
수는 모두 몇 개일까요?

(   )

⚡ 수 카드로 만든 수를 반올림하기

13 수 카드 4장을 한 번씩만 사용하여 만들 수 있는 가장 큰 네 자리 수를 반올림하여 백의 자리까지 나타내어 보세요.

5 2 8 7

( )

14 수 카드 4장을 한 번씩만 사용하여 만들 수 있는 가장 작은 네 자리 수를 반올림하여 백의 자리까지 나타내어 보세요.

2 8 5 0

( )

15 수 카드 5장을 한 번씩만 사용하여 만들 수 있는 가장 큰 다섯 자리 수를 반올림하여 천의 자리까지 나타내어 보세요.

5 2 7 0 3

( )

⚡ 어림하기 전의 수의 범위 구하기

16 어떤 수를 반올림하여 십의 자리까지 나타내었더니 780이 되었습니다. 어떤 수가 될 수 있는 수의 범위를 이상과 미만을 이용하여 나타내어 보세요.

( )

17 어떤 수를 반올림하여 십의 자리까지 나타내었더니 500이 되었습니다. 어떤 수가 될 수 있는 수의 범위를 이상과 미만을 이용하여 수직선에 나타내어 보세요.

490   495   500   505   510

18 버림하여 백의 자리까지 나타내면 800이 되는 수의 범위를 이상과 미만을 이용하여 수직선에 나타내어 보세요.

700 750 800 850 900 950 1000

도전1 공통으로 포함되는 자연수의 개수 구하기

1 수의 범위에 공통으로 포함되는 자연수는 모두 몇 개일까요?

> • 16 초과 27 이하인 수
> • 13 이상 24 미만인 수

( )

핵심 NOTE
수의 범위가 두 가지 이상일 때에는 수직선에 나타내면 공통 범위를 쉽게 구할 수 있습니다.

2 수의 범위에 공통으로 포함되는 자연수를 모두 구해 보세요.

> • 15 이상 23 미만인 수
> • 18 초과 27 이하인 수

( )

3 수의 범위에 공통으로 포함되는 자연수는 모두 몇 개일까요?

> ㉠ 43 이상인 수
> ㉡ 55 이하인 수
> ㉢ 47 초과 57 미만인 수

( )

도전2 수의 범위에 속하는 자연수의 개수로 기준이 되는 수 구하기

4 수직선에 나타낸 수의 범위에 속하는 자연수는 모두 8개입니다. ㉠에 알맞은 자연수를 구해 보세요.

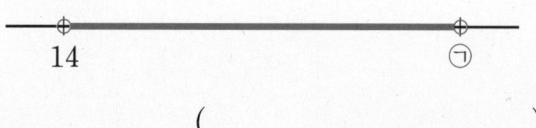

( )

핵심 NOTE
● 으로 표시되면 경곗값이 포함되고 ○ 으로 표시되면 경곗값이 포함되지 않습니다.

5 수직선에 나타낸 수의 범위에 속하는 자연수는 모두 10개입니다. ㉠에 알맞은 자연수를 구해 보세요.

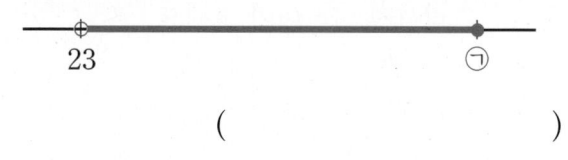

( )

6 수직선에 나타낸 수의 범위에 속하는 자연수는 모두 15개입니다. ㉠에 알맞은 자연수를 구해 보세요.

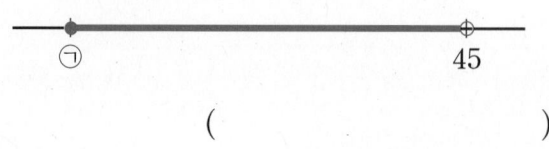

( )

도전3 **올림, 버림, 반올림하기**

7 올림, 버림, 반올림하여 백의 자리까지 나타낸 수가 모두 같은 수를 찾아 기호를 써 보세요.

> ㉠ 3670 ㉡ 4500 ㉢ 5830

( )

핵심 NOTE
올림, 버림, 반올림하여 주어진 자리까지 나타내면 구하려는 자리 아래의 수는 모두 0이 됩니다.

8 올림, 버림, 반올림하여 백의 자리까지 나타낸 수가 모두 같은 수를 찾아 기호를 써 보세요.

> ㉠ 7230 ㉡ 5908 ㉢ 8300

( )

9 올림, 버림, 반올림하여 천의 자리까지 나타낸 수가 모두 같은 수를 찾아 기호를 써 보세요.

> ㉠ 36010 ㉡ 36908
> ㉢ 37000 ㉣ 36500

( )

도전4 **주어진 범위에 속하는 수 만들기**

10 5장의 수 카드 중에서 2장을 골라 한 번씩만 사용하여 두 자리 수를 만들려고 합니다. 만들 수 있는 수 중에서 45 초과 54 이하인 수는 모두 몇 개일까요?

> 1 3 4 5 7

( )

핵심 NOTE
① 주어진 범위에 속하는 십의 자리 숫자가 될 수 있는 수를 찾습니다.
② 십의 자리 숫자별로 범위에 속하는 수를 구합니다.

11 5장의 수 카드 중에서 3장을 골라 한 번씩만 사용하여 세 자리 수를 만들려고 합니다. 350 초과 570 미만인 수는 모두 몇 개일까요?

> 2 3 0 7 5

( )

12 6장의 수 카드 중에서 3장을 골라 한 번씩만 사용하여 세 자리 수를 만들려고 합니다. 만들 수 있는 수 중에서 다음 두 조건을 만족하는 수를 구해 보세요.

> 0 2 3 4 7 9

> • 382 초과 402 미만인 수입니다.
> • 반올림하여 십의 자리까지 나타내면 400 입니다.

( )

도전5 **조건을 만족하는 수 찾기**

13 조건을 만족하는 자연수를 모두 구해 보세요.

> ㉠ 올림하여 십의 자리까지 나타내면 280 입니다.
> ㉡ 버림하여 십의 자리까지 나타내면 270 입니다.
> ㉢ 반올림하여 십의 자리까지 나타내면 280입니다.

( )

핵심 NOTE
구하려는 세 자리 수를 □□□라고 하여 조건을 만족하는 각 자리의 숫자를 생각해 봅니다.

14 조건을 만족하는 자연수를 모두 구해 보세요.

> ㉠ 올림하여 십의 자리까지 나타내면 710 입니다.
> ㉡ 버림하여 십의 자리까지 나타내면 700 입니다.
> ㉢ 반올림하여 십의 자리까지 나타내면 700입니다.

( )

15 조건을 만족하는 자연수는 모두 몇 개일까요?

> ㉠ 올림하여 백의 자리까지 나타내면 3000 입니다.
> ㉡ 버림하여 백의 자리까지 나타내면 2900 입니다.
> ㉢ 반올림하여 백의 자리까지 나타내면 3000입니다.

( )

도전6 **수의 범위 나타내기**

16 초콜릿을 15개까지 담을 수 있는 상자에 모두 담으려면 35상자가 필요하고, 20개까지 담을 수 있는 상자에 모두 담으려면 26상자가 필요합니다. 초콜릿 수의 범위를 이상과 이하를 이용하여 나타내어 보세요.

( )

핵심 NOTE
15개까지 담을 때와 20개까지 담을 때 초콜릿 수의 범위를 각각 구한 후 공통된 범위를 나타냅니다.

17 학생들이 강당의 긴 의자에 앉으려고 합니다. 한 의자에 16명씩 앉으면 의자 35개가 필요하고, 23명씩 앉으면 의자 25개가 필요할 때, 학생 수의 범위를 초과와 이하를 이용하여 나타내어 보세요.

( )

18 수확한 고구마를 상자에 담아 팔려고 합니다. 고구마를 한 상자에 9 kg씩 담으면 56상자까지 팔 수 있고, 13 kg씩 담으면 39상자까지 팔 수 있습니다. 수확한 고구마 무게의 범위를 이상과 미만을 이용하여 나타내어 보세요.

( )

1 37 이상인 수에 ○표, 37 이하인 수에 △표 하세요.

| 34 | 40 | 30 | 29 | 37 | 44 |

2 상우네 반 학생들의 몸무게를 조사하여 나타낸 표입니다. 몸무게가 48 kg 초과인 학생의 이름을 모두 써 보세요.

상우네 반 학생들의 몸무게

이름	상우	민지	연수	준호	수아
몸무게(kg)	48	51.5	45.7	50	47.5

( )

3 올림하여 주어진 자리까지 나타내어 보세요.

수	소수 첫째 자리	소수 둘째 자리
1.854		

4 주어진 수를 수직선에 나타내어 보세요.

71 미만인 수

65 66 67 68 69 70 71 72

5 29 초과인 수 중에서 가장 작은 자연수를 구해 보세요.

( )

6 14 이상 35 미만인 수를 모두 찾아 써 보세요.

| 14 | 20 | 39 | 17 | 41 | 35 | 56 |

( )

7 수를 버림하여 백의 자리까지 <u>잘못</u> 나타낸 사람을 찾아 이름을 써 보세요.

수빈: 6101 ➡ 6100
진성: 5070 ➡ 5000
유진: 8692 ➡ 8700

( )

8 반올림하여 천의 자리까지 나타낸 수가 <u>다른</u> 것은 어느 것일까요? ( )

① 4695 ② 4804 ③ 4281
④ 5143 ⑤ 5496

9 어림하여 수를 나타내고, 수의 크기를 비교하여 ○ 안에 >, =, <를 알맞게 써넣으세요.

589를 버림하여 백의 자리까지 나타낸 수
➡ [　　]

○

496을 반올림하여 십의 자리까지 나타낸 수
➡ [　　]

10 다음 수를 반올림하여 십의 자리까지 나타내면 6480입니다. ☐ 안에 들어갈 수 있는 일의 자리 숫자를 모두 구해 보세요.

647☐

(　　　　　　　　)

11 오늘 축구장에 입장한 관람객은 90274명입니다. 입장한 관람객의 수를 올림, 버림, 반올림하여 백의 자리까지 나타내어 보세요.

	올림	버림	반올림
어림한 관람객의 수(명)			

12 돼지 저금통에 10원짜리 동전이 276개, 100원짜리 동전이 48개 들어 있습니다. 저금통에 있는 돈을 1000원짜리 지폐로 바꾸면 최대 얼마까지 바꿀 수 있을까요?

(　　　　　　　　)

13 반올림하여 백의 자리까지 나타내면 1300이 되는 자연수는 모두 몇 개일까요?

(　　　　　　　　)

14 수직선에 나타낸 수의 범위에 속하는 자연수는 모두 9개입니다. ㉠에 알맞은 자연수를 구해 보세요.

㉠　　　　　　　　52

(　　　　　　　　)

15 두 수직선에 나타낸 수의 범위에 공통으로 속하는 자연수를 모두 구해 보세요.

(　　　　　　　　)

16 수 카드 4장을 한 번씩만 사용하여 만들 수 있는 가장 큰 네 자리 수를 올림하여 십의 자리까지 나타내어 보세요.

2 7 1 6

(   )

17 2184를 올림하여 백의 자리까지 나타낸 수와 반올림하여 십의 자리까지 나타낸 수의 차를 구해 보세요.

(   )

18 올림, 버림, 반올림하여 백의 자리까지 나타낸 수가 모두 같은 수를 찾아 기호를 써 보세요.

ㄱ 78432   ㄴ 78697
ㄷ 78935   ㄹ 78800

(   )

서술형

19 21 초과 40 미만인 자연수 중에서 4의 배수는 모두 몇 개인지 풀이 과정을 쓰고 답을 구해 보세요.

풀이

답

서술형

20 민주네 반 학생 24명에게 공책을 3권씩 나누어 주려고 합니다. 공책을 10권씩 묶음으로만 판매한다면 최소 몇 권 사야 하는지 풀이 과정을 쓰고 답을 구해 보세요.

풀이

답

1 25 이하인 수에 ○표, 27 이상인 수에 △표 하세요.

> 26.5 22 27 30 25 25.2

2 14.5 초과 18 미만인 수를 모두 찾아 써 보세요.

> 13 14.5 18.2 14.8 16 18

( )

3 수직선에 나타낸 수의 범위에 포함되는 수가 아닌 것을 모두 고르세요. ( )

23 24 25 26 27 28 29 30 31 32

① 24.9 ② 25 ③ 29.7
④ 30 ⑤ 30.5

4 수직선에 나타낸 수의 범위를 써 보세요.

44 45 46 47 48 49 50 51

( )

5 정원이 15명인 엘리베이터에 다음과 같이 사람이 탔습니다. 정원을 초과한 엘리베이터를 모두 찾아 기호를 써 보세요.

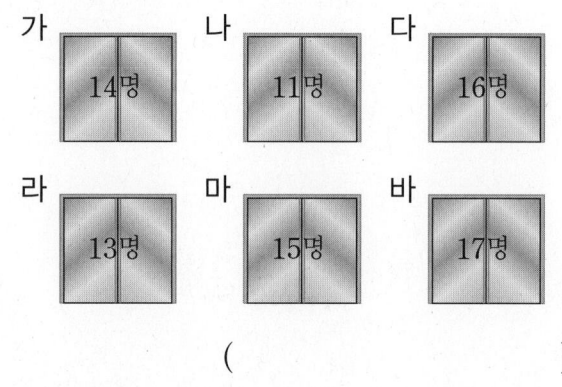

가: 14명 나: 11명 다: 16명
라: 13명 마: 15명 바: 17명

( )

6 수직선에 나타내어 보세요.

(1) | 27 초과인 수 |

25 26 27 28 29 30 31

(2) | 32 이하인 수 |

28 29 30 31 32 33 34

7 수를 올림하여 주어진 자리까지 나타내어 보세요.

수	십의 자리	백의 자리	천의 자리
3602			
8100			

8 TV 프로그램이 시작할 때 나오는 화면입니다. 다음에서 이 프로그램을 볼 수 <u>없는</u> 사람을 모두 찾아 써 보세요.

이 프로그램은 12세 미만의 어린이가 시청하기에 부적절합니다.

이름	민준	세영	준수	윤후
나이(세)	9	12	11	15

( )

9 반올림하여 백의 자리까지 나타낸 수가 <u>다른</u> 것은 어느 것일까요? ( )

① 3726   ② 3680   ③ 3650
④ 3750   ⑤ 3749

10 다음 수를 반올림하여 백의 자리까지 나타내면 5800입니다. ▢ 안에 들어갈 수 있는 수를 모두 구해 보세요.

$$57\boxed{}8$$

( )

11 어느 박물관에 하루 동안 입장한 관람객 수는 32548명입니다. 관람객 수를 올림, 버림, 반올림하여 백의 자리까지 나타내어 보세요.

수	올림	버림	반올림
32548			

12 버림하여 백의 자리까지 나타내면 1000이 되는 자연수는 모두 몇 개일까요?

( )

13 주은이는 3800원짜리 과자 한 봉지와 1500원짜리 음료수 한 개를 샀습니다. 과자와 음료수의 값을 1000원짜리 지폐로만 낸다면 최소 얼마를 내야 할까요?

( )

14 캠프에 참가한 학생은 370명이고 한 방에 25명씩 들어간다고 합니다. 방은 최소 몇 개가 필요할까요?

( )

15 두 조건을 만족하는 자연수는 모두 몇 개인지 구해 보세요.

• 15 초과 22 미만인 수
• 16 이상 25 이하인 수

( )

16 수 카드 4장을 한 번씩만 사용하여 만들 수 있는 가장 큰 네 자리 수를 반올림하여 백의 자리까지 나타내어 보세요.

$$\boxed{6}\ \boxed{1}\ \boxed{9}\ \boxed{4}$$

(   )

17 학생 36명에게 공책을 4권씩 나누어 주려고 합니다. 도매점에서 공책을 10권씩 묶음으로 팔고 한 묶음이 4000원이라면 이 도매점에서 학생들에게 나누어 줄 공책을 사는 데 필요한 돈은 최소 얼마일까요?

(   )

18 선생님께서 학생들에게 연필을 한 자루씩 나누어 주기 위해 연필을 샀습니다. 연필은 한 타에 12자루씩 들어 있고, 학생들에게 연필을 주려면 최소 9타가 필요합니다. 학생 수가 가장 적은 경우와 가장 많은 경우를 각각 구해 보세요.

가장 적은 경우 (   )

가장 많은 경우 (   )

서술형
19 수직선에 나타낸 수의 범위에 포함되는 자연수는 모두 7개입니다. ㉠에 알맞은 자연수는 얼마인지 풀이 과정을 쓰고 답을 구해 보세요.

53   ㉠

풀이 _____

_____

_____

_____

답 _____

서술형
20 반올림하여 백의 자리까지 나타내면 6000이 되는 수의 범위를 이상과 미만을 이용하여 나타내려고 합니다. 풀이 과정을 쓰고 답을 구해 보세요.

풀이 _____

_____

_____

_____

답 _____

2 분수의 곱셈

이번 단원에서 꼭 짚어야 할 **핵심 개념**을 알아보자.

핵심 1 (분수)×(자연수)

- 곱셈식을 덧셈식으로 나타내어 계산한다.

$$\frac{1}{8} \times 3 = \frac{1}{8} + \frac{1}{8} + \frac{1}{8}$$

$$= \frac{1 \times \boxed{}}{8} = \frac{\boxed{}}{8}$$

- 분자와 자연수를 곱하여 계산한다.

$$\frac{5}{8} \times 3 = \frac{5 \times 3}{8} = \frac{\boxed{}}{8} = \boxed{}$$

핵심 2 (자연수)×(분수)

- 두 수를 바꾸어 (분수)×(자연수)로 계산한다.

$$3 \times \frac{1}{8} = \frac{1}{8} \times 3 = \frac{1 \times \boxed{}}{8} = \frac{\boxed{}}{8}$$

- 자연수와 분자를 곱하여 계산한다.

$$3 \times \frac{5}{8} = \frac{3 \times 5}{8} = \frac{\boxed{}}{8} = \boxed{}$$

핵심 3 진분수의 곱셈

- 분모와 분자가 약분이 되면 약분하여 계산한다.

① $$\frac{\overset{\boxed{}}{3}}{8} \times \frac{1}{\underset{\boxed{}}{6}} = \frac{\boxed{}}{\boxed{}}$$

② $$\frac{3}{8} \times \frac{1}{6} = \frac{3 \times 1}{8 \times 6} = \frac{\overset{\boxed{}}{}}{\underset{\boxed{}}{}}$$

③ $$\frac{3}{8} \times \frac{1}{6} = \frac{3 \times 1}{8 \times 6} = \frac{3}{\underset{48}{}} = \frac{\boxed{}}{\boxed{}}$$

핵심 4 여러 가지 분수의 곱셈

- 대분수를 가분수로 바꾸어 계산한다.

$$2\frac{2}{5} \times 1\frac{3}{4} = \frac{\boxed{}}{5} \times \frac{7}{\underset{\boxed{}}{4}}$$

$$= \frac{\boxed{}}{\boxed{}} = \boxed{}$$

- (자연수)를 $\frac{(자연수)}{1}$ 로 생각하여 계산한다.

$$9 \times \frac{5}{8} = \frac{\boxed{}}{1} \times \frac{5}{8} = \frac{\boxed{}}{\boxed{}} = \boxed{}$$

답 1. 3, 3 / 15, $15\frac{7}{8}$ 2. 3, 3 / 15, $15\frac{7}{8}$ 3. 1, 2, $\frac{1}{16}$ /
1, 16, $\frac{1}{16}$ 4. 3, 1 / 21, $4\frac{1}{5}$ / 9, 45, $5\frac{5}{8}$

1. (분수) × (자연수)

● **(진분수) × (자연수)** ──→ 분수의 분모는 그대로 두고 분자와 자연수를 곱하여 계산합니다.

• $\dfrac{3}{8} \times 6$의 계산

──→ $\dfrac{3}{8} + \dfrac{3}{8} + \dfrac{3}{8} + \dfrac{3}{8} + \dfrac{3}{8} + \dfrac{3}{8}$과 같습니다.

방법 1 분수의 곱셈을 다 한 이후에 약분하여 계산하기

$$\frac{3}{8} \times 6 = \frac{3 \times 6}{8} = \frac{\overset{9}{\cancel{18}}}{\underset{4}{\cancel{8}}} = \frac{9}{4} = 2\frac{1}{4}$$

방법 2 분수의 곱셈 과정에서 분모와 자연수를 약분하여 계산하기

$$\frac{3}{8} \times 6 = \frac{3 \times \overset{3}{\cancel{6}}}{\underset{4}{\cancel{8}}} = \frac{9}{4} = 2\frac{1}{4}$$

방법 3 약분한 후 계산하기

$$\frac{3}{\underset{4}{\cancel{8}}} \times \overset{3}{\cancel{6}} = \frac{3 \times 3}{4} = \frac{9}{4} = 2\frac{1}{4}$$

● **(대분수) × (자연수)**

• $1\dfrac{1}{6} \times 3$의 계산

──→ $1\dfrac{1}{6} + 1\dfrac{1}{6} + 1\dfrac{1}{6}$과 같습니다.

방법 1 대분수를 자연수와 진분수의 합으로 바꾸어 계산하기

$$1\frac{1}{6} \times 3 = (1 \times 3) + \left(\frac{1}{6} \times 3\right) = 3 + \frac{\overset{1}{\cancel{3}}}{\underset{2}{\cancel{6}}} = 3 + \frac{1}{2} = 3\frac{1}{2}$$

──→ $1 + \dfrac{1}{6}$

방법 2 대분수를 가분수로 바꾸어 계산하기

$$1\frac{1}{6} \times 3 = \frac{7}{6} \times 3 = \frac{7 \times \overset{1}{\cancel{3}}}{\underset{2}{\cancel{6}}} = \frac{7}{2} = 3\frac{1}{2}$$

개념 자세히 보기

• 대분수를 가분수로 나타내기 전에 분모와 자연수를 약분하지 않도록 주의해요!

$$\cancel{1\frac{1}{\underset{2}{\cancel{6}}} \times \overset{1}{\cancel{3}} = 1\frac{1}{2}}$$

→ 정답과 풀이 11쪽

① 그림을 보고 □ 안에 알맞은 수를 써넣으세요.

4학년 때 배웠어요
분수의 덧셈
$$\frac{2}{5}+\frac{1}{5}=\frac{2+1}{5}=\frac{3}{5}$$

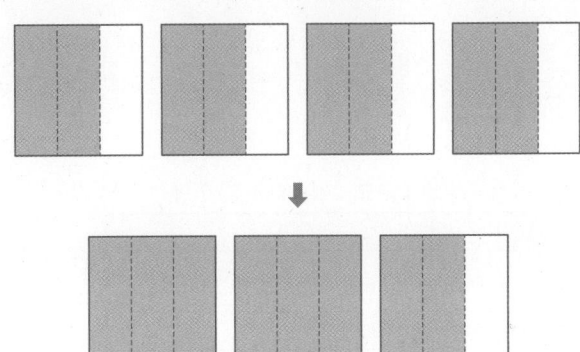

$$\frac{2}{3}\times4=\frac{2}{3}+\frac{2}{3}+\frac{2}{3}+\frac{2}{3}=\frac{2\times\boxed{}}{3}=\frac{\boxed{}}{\boxed{}}=\boxed{}\,\frac{\boxed{}}{\boxed{}}$$

② $\frac{7}{8}\times4$를 여러 가지 방법으로 계산한 것입니다. □ 안에 알맞은 수를 써넣으세요.

방법 1 $\dfrac{7}{8}\times4=\dfrac{7\times4}{8}=\dfrac{28}{8}=\dfrac{\boxed{}}{2}=\boxed{}$

(진분수)×(자연수)는 분수의 곱셈을 다 한 이후에 약분하거나 계산 중간 과정에서 약분하거나 약분한 다음에 계산해요.

방법 2 $\dfrac{7}{8}\times4=\dfrac{7\times\overset{\boxed{}}{4}}{\underset{\boxed{}}{8}}=\dfrac{\boxed{}}{\boxed{}}=\boxed{}$

방법 3 $\dfrac{7}{\underset{\boxed{}}{8}}\times\overset{}{4}=\dfrac{\boxed{}}{\boxed{}}=\boxed{}$

③ $1\frac{1}{5}\times4$를 두 가지 방법으로 계산한 것입니다. □ 안에 알맞은 수를 써넣으세요.

방법 1 $1\dfrac{1}{5}\times4=(1\times4)+\left(\dfrac{\boxed{}}{\boxed{}}\times4\right)=\boxed{}+\dfrac{4}{\boxed{}}=\boxed{}\,\dfrac{\boxed{}}{\boxed{}}$

방법 1 은 대분수를 자연수와 진분수의 합으로 바꾸어 계산하는 것이고, 방법 2 는 대분수를 가분수로 바꾸어 계산하는 것이에요.

방법 2 $1\dfrac{1}{5}\times4=\dfrac{\boxed{}}{5}\times4=\dfrac{\boxed{}}{\boxed{}}=\boxed{}\,\dfrac{\boxed{}}{\boxed{}}$

2. (자연수) × (분수)

● **(자연수) × (진분수)**

· $9 \times \dfrac{1}{3}$과 $9 \times \dfrac{2}{3}$의 계산

$9 \times \dfrac{1}{3}$은 9를 3등분한 것 중 1이므로 $9 \times \dfrac{1}{3} = 3$이고, $9 \times \dfrac{2}{3}$는 9를 3등분한 것 중 2이므로 $9 \times \dfrac{2}{3} = 6$입니다.

· $10 \times \dfrac{5}{6}$의 계산

방법 1 분수의 곱셈을 다 한 이후에 약분하여 계산하기

$$10 \times \frac{5}{6} = \frac{10 \times 5}{6} = \frac{\overset{25}{\cancel{50}}}{\underset{3}{\cancel{6}}} = \frac{25}{3} = 8\frac{1}{3}$$

방법 2 분수의 곱셈 과정에서 분모와 자연수를 약분하여 계산하기

$$10 \times \frac{5}{6} = \frac{\overset{5}{\cancel{10}} \times 5}{\underset{3}{\cancel{6}}} = \frac{25}{3} = 8\frac{1}{3}$$

방법 3 약분한 후 계산하기

$$\overset{5}{\cancel{10}} \times \frac{5}{\underset{3}{\cancel{6}}} = \frac{25}{3} = 8\frac{1}{3}$$

● **(자연수) × (대분수)**

· $4 \times 1\dfrac{1}{3}$의 계산

방법 1 대분수를 자연수와 진분수의 합으로 바꾸어 계산하기

$$4 \times 1\frac{1}{3} = (4 \times 1) + \left(4 \times \frac{1}{3}\right) = 4 + \frac{4}{3} = 4 + 1\frac{1}{3} = 5\frac{1}{3}$$

$\longrightarrow 1 + \dfrac{1}{3}$

방법 2 대분수를 가분수로 바꾸어 계산하기

$$4 \times 1\frac{1}{3} = 4 \times \frac{4}{3} = \frac{4 \times 4}{3} = \frac{16}{3} = 5\frac{1}{3}$$

1 그림을 보고 바르게 이야기한 친구의 이름을 모두 써 보세요.

> 은지: 10의 $\frac{1}{5}$은 2입니다.
>
> 태민: $10 \times \frac{2}{5}$는 10보다 큽니다.
>
> 수아: $10 \times \frac{4}{5}$는 8입니다.

(   )

2 보기 와 같이 계산해 보세요.

> **보기**
>
> $$\overset{3}{\cancel{9}} \times \frac{5}{\underset{4}{\cancel{12}}} = \frac{15}{4} = 3\frac{3}{4}$$

약분한 다음 계산하는 방법이에요.

① $25 \times \frac{7}{10}$

② $14 \times \frac{8}{21}$

3 보기 와 같이 계산해 보세요.

> **보기**
>
> $$4 \times 2\frac{5}{6} = \overset{2}{\cancel{4}} \times \frac{17}{\underset{3}{\cancel{6}}} = \frac{34}{3} = 11\frac{1}{3}$$

대분수를 가분수로 바꾼 후 약분하여 계산하는 방법이에요.

① $5 \times 1\frac{3}{10}$

② $18 \times 1\frac{1}{8}$

4 계산해 보세요.

① $8 \times \frac{9}{14}$

② $3 \times \frac{4}{9}$

③ $6 \times 1\frac{3}{4}$

④ $5 \times 2\frac{4}{15}$

3. (분수) × (분수)(1)

● **(단위분수) × (단위분수)** ⟶ 분자는 항상 1이고 분모끼리 곱합니다.

• $\dfrac{1}{3} \times \dfrac{1}{2}$ 의 계산

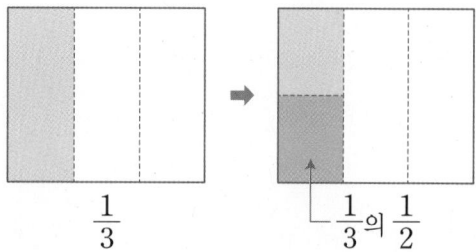

$$\dfrac{1}{3} \times \dfrac{1}{2} = \dfrac{1}{3 \times 2} = \dfrac{1}{6}$$

● **(진분수) × (단위분수)** ⟶ 진분수의 분자는 그대로 두고 분모끼리 곱합니다.

• $\dfrac{2}{5} \times \dfrac{1}{3}$ 의 계산

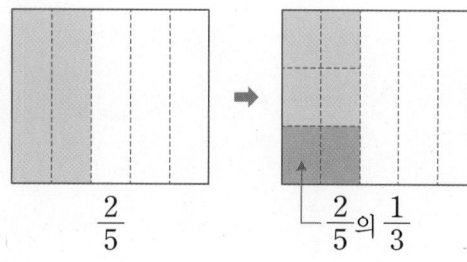

$$\dfrac{2}{5} \times \dfrac{1}{3} = \dfrac{2 \times 1}{5 \times 3} = \dfrac{2}{15}$$

● **(진분수) × (진분수)** ⟶ 분자는 분자끼리, 분모는 분모끼리 곱합니다.

• $\dfrac{3}{4} \times \dfrac{3}{5}$ 의 계산

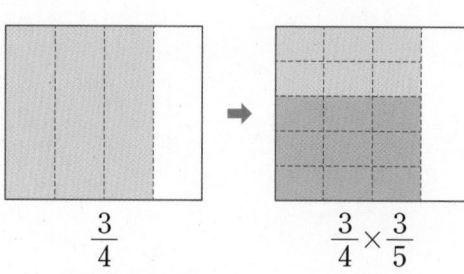

$$\dfrac{3}{4} \times \dfrac{3}{5} = \dfrac{3 \times 3}{4 \times 5} = \dfrac{9}{20}$$

● **세 분수의 곱셈** ⟶ 분자는 분자끼리, 분모는 분모끼리 곱합니다.

• $\dfrac{1}{3} \times \dfrac{1}{2} \times \dfrac{2}{5}$ 의 계산

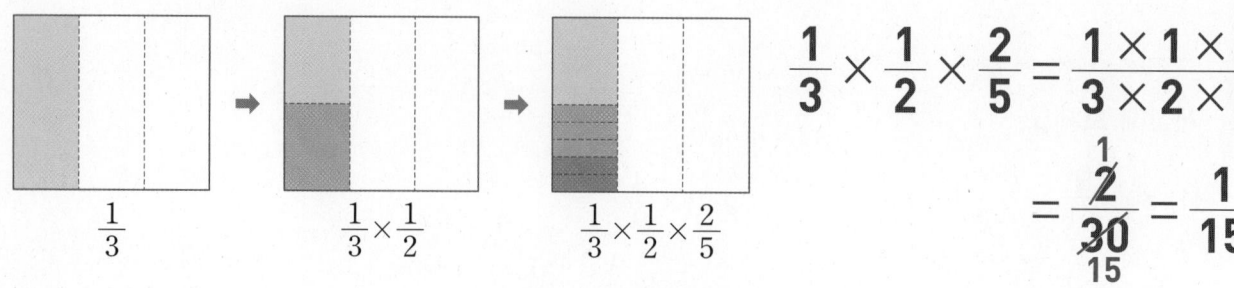

$$\dfrac{1}{3} \times \dfrac{1}{2} \times \dfrac{2}{5} = \dfrac{1 \times 1 \times 2}{3 \times 2 \times 5}$$

$$= \dfrac{\overset{1}{\cancel{2}}}{\underset{15}{\cancel{30}}} = \dfrac{1}{15}$$

정답과 풀이 11쪽

1 그림을 보고 □ 안에 알맞은 수를 써넣으세요.

$$\frac{1}{4} \times \frac{1}{3} = \frac{1}{\boxed{} \times \boxed{}} = \frac{1}{\boxed{}}$$

그림에서 색칠한 부분이 나타내는 분수가 얼마인지 알아보아요.

2 □ 안에 알맞은 수를 써넣으세요.

① $\dfrac{1}{8} \times \dfrac{1}{2} = \dfrac{1}{\boxed{} \times \boxed{}} = \boxed{}$

② $\dfrac{3}{7} \times \dfrac{1}{4} = \dfrac{3 \times 1}{\boxed{} \times \boxed{}} = \boxed{}$

3 그림을 보고 □ 안에 알맞은 수를 써넣으세요.

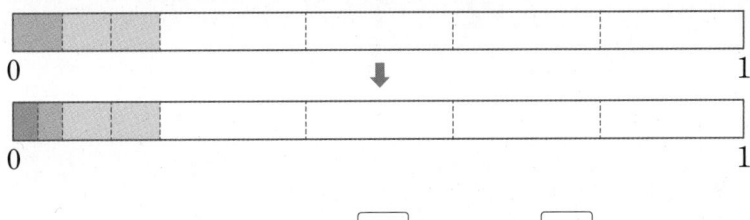

$$\frac{1}{5} \times \frac{1}{3} \times \frac{1}{2} = \frac{\boxed{}}{\boxed{}} \times \frac{1}{2} = \frac{\boxed{}}{\boxed{}}$$

세 분수의 곱셈은 앞의 두 분수의 곱셈을 먼저 한 후 세 번째 분수를 곱하여 계산할 수 있어요.

4 $\dfrac{5}{6} \times \dfrac{7}{10}$ 을 여러 가지 방법으로 계산한 것입니다. □ 안에 알맞은 수를 써넣으세요.

(진분수)×(진분수)의 계산에서 약분할 수 있으면 계산한 다음 약분하거나 약분한 후 계산할 수 있어요.

방법 1 $\dfrac{5}{6} \times \dfrac{7}{10} = \dfrac{5 \times 7}{6 \times 10} = \dfrac{35}{60} = \dfrac{\boxed{}}{\boxed{}}$

방법 2 $\dfrac{5}{6} \times \dfrac{7}{10} = \dfrac{\overset{\boxed{}}{5} \times \boxed{}}{\boxed{} \times \underset{\boxed{}}{10}} = \dfrac{\boxed{}}{\boxed{}}$

방법 3 $\dfrac{\overset{\boxed{}}{5}}{6} \times \dfrac{7}{10} = \dfrac{\boxed{}}{\boxed{}}$

4. (분수) × (분수)(2)

● **(대분수) × (대분수)**

· $2\dfrac{2}{5} \times 1\dfrac{1}{3}$의 계산

방법 1 대분수를 자연수와 진분수의 합으로 바꾸어 계산하기

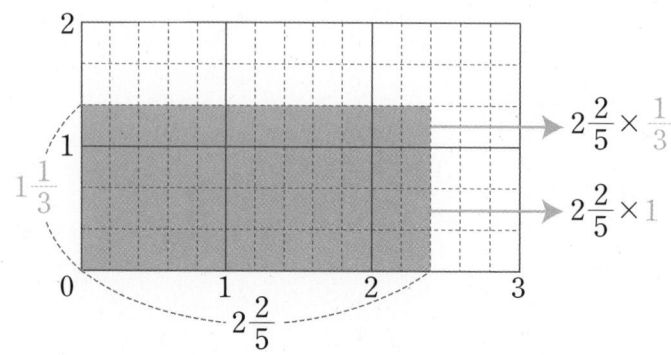

$$2\frac{2}{5} \times 1\frac{1}{3} = \left(2\frac{2}{5} \times 1\right) + \left(2\frac{2}{5} \times \frac{1}{3}\right)$$

$$= \left(\frac{12}{5} \times 1\right) + \left(\frac{\overset{4}{\cancel{12}}}{5} \times \frac{1}{\underset{1}{\cancel{3}}}\right)$$

$$= \frac{12}{5} + \frac{4}{5} = \frac{16}{5} = 3\frac{1}{5}$$

방법 2 대분수를 가분수로 바꾼 후 약분한 다음에 계산하기

$$2\frac{2}{5} \times 1\frac{1}{3} = \frac{\overset{4}{\cancel{12}}}{5} \times \frac{4}{\underset{1}{\cancel{3}}} = \frac{16}{5} = 3\frac{1}{5}$$

개념 자세히 보기

● **자연수나 대분수는 모두 가분수 형태로 나타낼 수 있어요!**

분수가 들어간 모든 곱셈은 진분수나 가분수 형태로 나타낸 후, 분자는 분자끼리, 분모는 분모끼리 곱하여 계산할 수 있습니다.

$$\frac{4}{7} \times 6 = \frac{4}{7} \times \frac{6}{1} = \frac{4 \times 6}{7 \times 1} = \frac{24}{7} = 3\frac{3}{7}$$

$$9 \times \frac{3}{8} = \frac{9}{1} \times \frac{3}{8} = \frac{9 \times 3}{1 \times 8} = \frac{27}{8} = 3\frac{3}{8}$$

1 그림을 보고 □ 안에 알맞은 수를 써넣으세요.

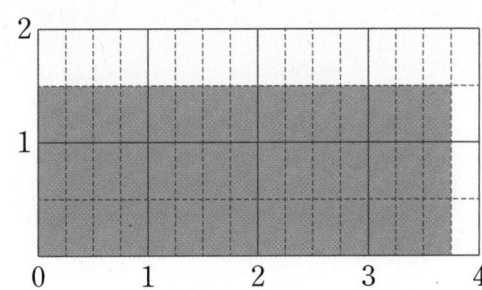

$$3\frac{3}{4} \times 1\frac{1}{2} = \frac{\boxed{}}{4} \times \frac{\boxed{}}{2} = \frac{\boxed{}}{\boxed{}} = \boxed{}\frac{\boxed{}}{\boxed{}}$$

2 □ 안에 알맞은 수를 써넣으세요.

$$1\frac{1}{3} \times 1\frac{5}{6} = \frac{4}{3} \times \frac{\boxed{}}{\underset{\boxed{}}{6}} = \frac{\boxed{}}{\boxed{}} = \boxed{}\frac{\boxed{}}{\boxed{}}$$

대분수를 가분수로 바꾼 후 약분하여 계산할 수 있어요.

2

3 계산해 보세요.

① $2\frac{5}{8} \times 1\frac{5}{7}$ ② $1\frac{1}{3} \times 2\frac{1}{4}$

4 (분수)×(분수)의 계산 방법을 이용하여 계산해 보세요.

① $4 \times \dfrac{5}{7} = \dfrac{\boxed{}}{1} \times \dfrac{5}{7} = \dfrac{\boxed{} \times 5}{1 \times 7} = \dfrac{\boxed{}}{\boxed{}} = \boxed{}\dfrac{\boxed{}}{\boxed{}}$

② $\dfrac{5}{6} \times 7 = \dfrac{5}{6} \times \dfrac{\boxed{}}{1} = \dfrac{5 \times \boxed{}}{6 \times 1} = \dfrac{\boxed{}}{\boxed{}} = \boxed{}\dfrac{\boxed{}}{\boxed{}}$

③ $1\frac{2}{5} \times 4\frac{1}{3} = \dfrac{\boxed{}}{5} \times \dfrac{\boxed{}}{3} = \dfrac{\boxed{}}{\boxed{}} = \boxed{}\dfrac{\boxed{}}{\boxed{}}$

(자연수)×(분수), (분수)×(자연수)의 계산에서 자연수는 분모가 1인 분수로 바꾸어 계산할 수 있어요.

1 (진분수) × (자연수)

1 계산해 보세요.

(1) $\frac{1}{6} \times 7$

(2) $\frac{2}{9} \times 15$

2 빈칸에 알맞은 수를 써넣으세요.

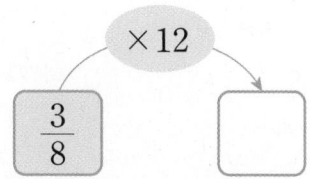

3 $\frac{3}{13} \times 3$과 관계없는 것을 찾아 기호를 써 보세요.

㉠ $\frac{3}{13} + \frac{3}{13} + \frac{3}{13}$ ㉡ $\frac{3 \times 3}{13}$ ㉢ $\frac{1}{13}$

( )

4 $\frac{8}{21}$이 14개인 수는 얼마일까요?

( )

분모와 분자를 공약수로 나누어 봐.

준비 분수를 약분해 보세요.

(1) $\frac{7}{35}$ ➡ $\frac{1}{\boxed{}}$

(2) $\frac{20}{24}$ ➡ $\frac{10}{\boxed{}}$, $\frac{5}{\boxed{}}$

5 바르게 약분한 것을 모두 찾아 ○표 하세요.

$\frac{1}{\underset{14}{\cancel{28}}} \times \cancel{14}$ $\frac{1}{28} \times \overset{7}{\cancel{14}}$ $\frac{\overset{}{2}}{\underset{2}{\cancel{28}}} \times \overset{1}{\cancel{14}}$

( )   ( )   ( )

6 한 명이 피자 한 판의 $\frac{3}{8}$씩 먹으려고 합니다. 24명이 먹으려면 피자는 모두 몇 판 필요할까요?

( )

😊 내가 만드는 문제

7 3장의 수 카드를 한 번씩만 사용하여 자유롭게 (진분수)×(자연수)를 만들고 계산해 보세요.

( )

8 계산 결과가 자연수인 것을 모두 찾아 기호를 써 보세요.

$$㉠\ \frac{5}{18} \times 9 \qquad ㉡\ \frac{4}{21} \times 42$$

$$㉢\ \frac{7}{30} \times 20 \qquad ㉣\ \frac{8}{15} \times 75$$

(   )

9 한 바퀴가 $\frac{5}{8}$ km인 운동장을 현준이가 걸어서 12바퀴 돌았습니다. 현준이가 걸은 거리는 모두 몇 km일까요?

(   )

서술형
10 하루에 $\frac{2}{3}$ 분씩 일정하게 빨라지는 시계가 있습니다. 가람이는 이 시계를 오늘 오후 2시에 정확하게 맞추었다면 15일 후 오후 2시에 이 시계가 가리키는 시각은 오후 몇 시 몇 분인지 풀이 과정을 쓰고 답을 구해 보세요.

풀이 _____

_____

_____

_____

답 _____

2 (대분수)×(자연수)

11 그림을 보고 ☐ 안에 알맞은 수를 써넣으세요.

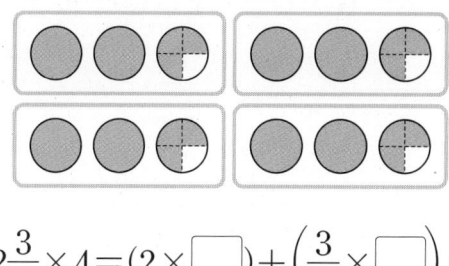

$$2\frac{3}{4} \times 4 = (2 \times \boxed{\ }) + \left(\frac{3}{4} \times \boxed{\ }\right)$$

$$= \boxed{\ } + \frac{\boxed{\ }}{4} = \boxed{\ } + \boxed{\ }$$

$$= \boxed{\ }$$

12 계산해 보세요.

(1) $1\frac{2}{7} \times 3$

(2) $4\frac{1}{6} \times 4$

13 계산 결과가 $2\frac{3}{10} \times 2$와 <u>다른</u> 하나를 찾아 기호를 써 보세요.

$$㉠\ 2\frac{3}{10} + 2\frac{3}{10} \qquad ㉡\ (2 \times 2) + \left(\frac{3}{10} \times 2\right)$$

$$㉢\ 4 + \frac{3}{5} \qquad ㉣\ \frac{13}{10} \times 2$$

(   )

14 계산 결과를 비교하여 ○안에 >, =, <를 알맞게 써넣으세요.

$$6\frac{5}{6} \times 4 \ \bigcirc \ 8\frac{2}{9} \times 3$$

두 분수를 통분한 다음 분자의 크기를 비교해.

준비 분수의 크기를 비교하여 ○안에 >, =, <를 알맞게 써넣으세요.

(1) $\frac{7}{15}$ ○ $\frac{4}{9}$ (2) $3\frac{2}{5}$ ○ $3\frac{3}{7}$

15 가장 작은 수와 가장 큰 수의 곱을 구해 보세요.

$$1\frac{8}{9} \qquad 12 \qquad 9 \qquad 1\frac{7}{8}$$

( )

16 1분에 $1\frac{1}{4}$ L씩 일정하게 물이 나오는 수도꼭지가 있습니다. 이 수도꼭지로 8분 동안 받은 물은 모두 몇 L일까요?

( )

17 잘못 계산한 사람의 이름을 쓰고 바르게 계산해 보세요.

$$4\frac{2}{9} \times 6 = 9\frac{1}{3}$$
은수

$$3\frac{1}{6} \times 3 = 9\frac{1}{2}$$
현우

( ), ( )

서술형
18 지유네 고양이는 태어난 지 3개월이 되었을 때 무게가 $1\frac{3}{8}$ kg이었고 1년이 되었을 때 3개월 때 무게의 4배가 되었습니다. 지유네 고양이가 태어난 지 1년이 되었을 때의 무게는 몇 kg인지 풀이 과정을 쓰고 답을 구해 보세요.

풀이 _____

답 _____

😊 내가 만드는 문제
19 가★나=가×나+5라고 약속할 때, ☐ 안에 3의 배수를 자유롭게 써넣고 계산해 보세요.

$$5\frac{1}{3} ★ \boxed{}$$

( )

3 **(자연수) × (진분수)**

20 ☐ 안에 알맞은 수를 써넣으세요.

(1) $2 \times \dfrac{3}{8} = \dfrac{2 \times \square}{8} = \dfrac{6}{8} = \dfrac{\square}{\square}$

(2) $3 \times \dfrac{4}{9} = \dfrac{3 \times 4}{9} = \dfrac{\square}{\square} = \square \dfrac{\square}{\square}$

(3) $\dfrac{\square}{4} \times \dfrac{5}{12} = \dfrac{\square}{\square} = \square \dfrac{\square}{\square}$

21 관계있는 것끼리 이어 보세요.

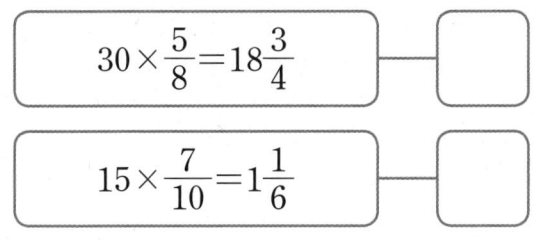

22 바르게 계산한 것에 ○표 하세요.

$30 \times \dfrac{5}{8} = 18\dfrac{3}{4}$ ☐

$15 \times \dfrac{7}{10} = 1\dfrac{1}{6}$ ☐

23 계산 결과가 가장 큰 것을 찾아 ○표 하세요.

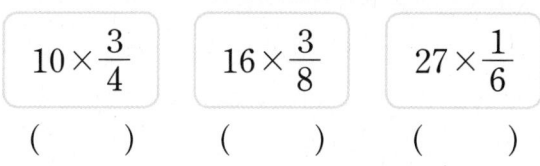

$10 \times \dfrac{3}{4}$ $16 \times \dfrac{3}{8}$ $27 \times \dfrac{1}{6}$

(   )   (   )   (   )

서술형
24 정연이는 가로가 42 cm인 태극기를 그리려고 합니다. 태극기를 그리는 방법을 보고 태극기의 세로와 태극의 지름은 몇 cm로 그려야 하는지 차례로 쓰려고 합니다. 풀이 과정을 쓰고 답을 구해 보세요.

(세로) = (가로) × $\dfrac{2}{3}$

(지름) = (세로) × $\dfrac{1}{2}$

풀이 _____

_____

_____

답 _____ ,

25 어느 놀이공원 입장료는 5500원입니다. 할인 기간에는 전체 입장료의 $\dfrac{2}{5}$ 만큼만 내면 된다고 합니다. 할인 기간에 입장권 2장을 사려면 내야 하는 금액은 얼마일까요?

(   )

2

④ (자연수) × (대분수)

26 직사각형의 넓이를 두 부분으로 나누어 구하려고 합니다. ☐ 안에 알맞은 수를 써넣으세요.

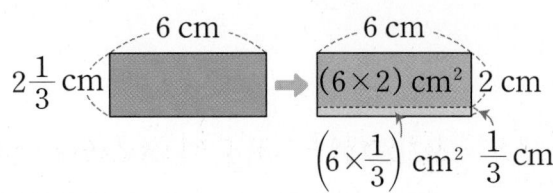

$$6 \times 2\frac{1}{3} = \left(6 \times \boxed{}\right) + \left(6 \times \frac{1}{\boxed{}}\right)$$

$$= \boxed{} + \boxed{} = \boxed{} \ (\text{cm}^2)$$

27 계산해 보세요.

(1) $2 \times 1\frac{2}{3}$

(2) $4 \times 3\frac{1}{10}$

28 다음이 나타내는 수는 얼마인지 구해 보세요.

> 24의 $2\frac{1}{16}$배인 수

( )

29 계산 결과가 3보다 큰 식에 ○표, 3보다 작은 식에 △표 하세요.

> $3 \times \frac{1}{2}$ $\qquad$ 3×1 $\qquad$ $3 \times 2\frac{1}{5}$
>
> $3 \times 4\frac{1}{7}$ $\qquad$ $3 \times \frac{9}{7}$ $\qquad$ $3 \times \frac{5}{8}$

밑변의 길이와 높이를 찾아봐.

준비 평행사변형의 넓이를 구해 보세요.

( )

30 평행사변형의 넓이는 몇 cm^2일까요?

( )

31 준영이의 몸무게는 42 kg이고 아버지의 몸무게는 준영이 몸무게의 $1\frac{5}{6}$배입니다. 아버지의 몸무게는 몇 kg일까요?

( )

☺ 내가 만드는 문제

32 (자연수) × (대분수)에 알맞은 문제를 만들고, 계산해 보세요.

문제 굵기가 일정한 철근 1 m의 무게가 ☐ kg입니다. 이 철근 ☐ m의 무게는 몇 kg일까요?

( )

5 진분수의 곱셈

33 계산해 보세요.

(1) $\dfrac{1}{3} \times \dfrac{1}{5}$

(2) $\dfrac{5}{9} \times \dfrac{1}{8}$

(3) $\dfrac{2}{3} \times \dfrac{4}{7}$

(4) $\dfrac{5}{6} \times \dfrac{2}{9}$

34 그림을 보고 □ 안에 알맞은 수를 써넣으세요.

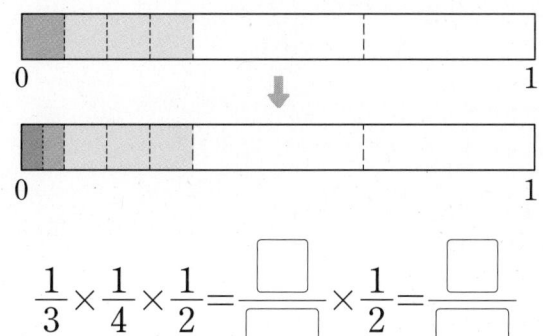

$$\dfrac{1}{3} \times \dfrac{1}{4} \times \dfrac{1}{2} = \dfrac{\square}{\square} \times \dfrac{1}{2} = \dfrac{\square}{\square}$$

35 한 변이 1 m인 정사각형 모양의 종이를 그림과 같이 가로, 세로를 각각 똑같이 나누었습니다. □ 안에 알맞은 수를 써넣고, 색칠한 부분의 넓이를 구해 보세요.

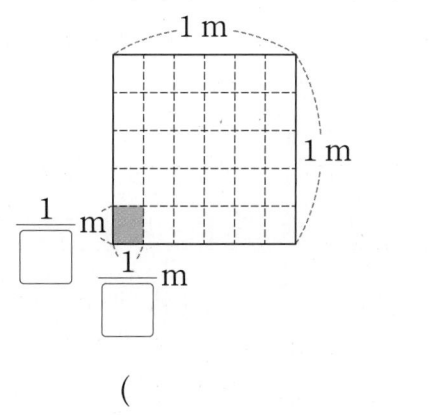

$\dfrac{1}{\square}$ m

$\dfrac{1}{\square}$ m

( )

36 ○ 안에 >, =, <를 알맞게 써넣으세요.

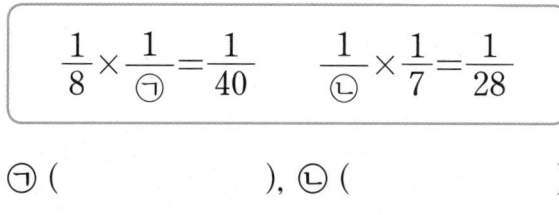

$\dfrac{4}{7} \times \dfrac{1}{3} \bigcirc \dfrac{4}{7}$

37 ㉠과 ㉡에 알맞은 수를 구해 보세요.

$$\dfrac{1}{8} \times \dfrac{1}{㉠} = \dfrac{1}{40} \qquad \dfrac{1}{㉡} \times \dfrac{1}{7} = \dfrac{1}{28}$$

㉠ ( ), ㉡ ( )

😊 내가 만드는 문제

38 □ 안에 자유롭게 진분수를 써넣고, 빈칸에 알맞은 분수를 써넣으세요.

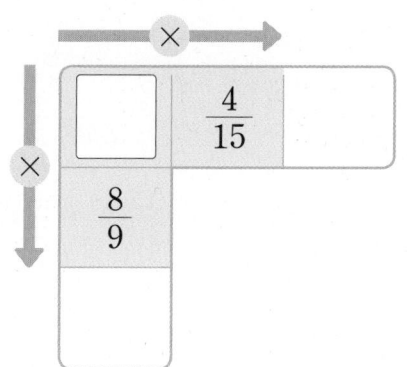

39 세 수의 곱을 구해 보세요.

$\dfrac{5}{16}$ $\dfrac{8}{21}$ $\dfrac{7}{10}$

( )

40 윤서는 책을 어제는 전체의 $\dfrac{1}{3}$만큼 읽었고 오늘은 어제 읽은 책의 $\dfrac{1}{2}$만큼 읽었습니다. 윤서가 오늘 읽은 책은 전체의 몇 분의 몇일까요?

(   )

41 계산 결과가 같은 것을 찾아 기호를 써 보세요.

$$\text{㉠ } \dfrac{3}{4}\times\dfrac{5}{6} \qquad \text{㉡ } \dfrac{8}{15}\times\dfrac{5}{6}$$
$$\text{㉢ } \dfrac{6}{11}\times\dfrac{22}{27} \qquad \text{㉣ } \dfrac{7}{8}\times\dfrac{4}{21}$$

(   )

서술형
42 설탕이 $\dfrac{7}{11}$ kg 있었습니다. 잼을 만드는 데 설탕의 $\dfrac{6}{7}$을 사용했다면 잼을 만드는 데 사용한 설탕은 몇 kg인지 풀이 과정을 쓰고 답을 구해 보세요.

풀이 ....

....

답 ....

43 ㉮와 ㉯를 계산한 값의 곱을 구해 보세요.

$$\text{㉮ } \dfrac{2}{5}\times\dfrac{4}{7} \qquad \text{㉯ } \dfrac{4}{7}\times\dfrac{5}{6}$$

(   )

44 지아네 반 학생의 $\dfrac{2}{5}$는 여학생이고 여학생 중에서 $\dfrac{3}{8}$은 안경을 썼습니다. 지아네 반에서 안경을 쓴 여학생은 전체의 몇 분의 몇일까요?

(   )

45 $\dfrac{8}{9}\times\dfrac{2}{5}\times\dfrac{5}{6}$를 두 가지 방법으로 계산해 보세요.

방법 1 ....

....

방법 2 ....

....

46 지훈이네 반 학생의 $\dfrac{1}{2}$은 남학생입니다. 남학생 중에서 $\dfrac{5}{6}$는 체육을 좋아하고, 그중에서 $\dfrac{2}{5}$는 태권도장을 다닙니다. 지훈이네 반에서 체육을 좋아하면서 태권도장을 다니는 남학생은 전체의 몇 분의 몇일까요?

(   )

6 여러 가지 분수의 곱셈

47 계산해 보세요.

(1) $2\frac{1}{5} \times 1\frac{2}{7}$

(2) $3\frac{3}{4} \times 2\frac{1}{10}$

48 보기 와 같이 계산해 보세요.

> **보기**
>
> $1\frac{2}{3} \times \frac{9}{10} \times \frac{5}{12} = \frac{\cancel{5}}{\cancel{3}} \times \frac{\cancel{9}^{3}}{\cancel{10}_{2}} \times \frac{5}{\cancel{12}_{4}} = \frac{5}{8}$

$2\frac{2}{5} \times \frac{3}{10} \times \frac{7}{6} = $ _____

😊 내가 만드는 문제

49 □ 안에 대분수를 자유롭게 써넣고 계산해 보세요.

$$3\frac{1}{5} \times \boxed{}$$

(   )

50 지혁이가 한 시간 동안 $4\frac{1}{6}$ km를 가는 빠르기로 걷는다면 $2\frac{2}{5}$시간 동안 갈 수 있는 거리는 몇 km일까요?

(   )

빼지는 분수에서 1만큼을 가분수로 바꿔 봐.

🐾 준비   계산해 보세요.

$$9\frac{11}{15} - 3\frac{13}{15}$$

51 ㉠과 ㉡을 계산한 값의 차를 구해 보세요.

> ㉠ $4\frac{4}{9} \times 2\frac{2}{5}$ ㉡ $6\frac{2}{9} \times 3\frac{3}{4}$

(   )

2

서술형
52 우리 몸을 구성하는 성분 중 가장 많은 부분을 차지하는 것은 물입니다. 몸의 $\frac{7}{10}$만큼은 물이고, 몸속 물의 $\frac{1}{13}$만큼은 혈액입니다. 다솜이의 몸무게가 52 kg일 때 혈액은 몇 kg인지 풀이 과정을 쓰고 답을 구해 보세요.

풀이 _____

_____

답 _____

3 자주 틀리는 유형

⚡ 잘못 계산한 곳을 찾아 바르게 계산하기

1 잘못 계산한 곳을 찾아 바르게 계산해 보세요.

$$3\frac{3}{\underset{4}{8}} \times \overset{3}{6} = \frac{15}{4} \times 3 = \frac{45}{4} = 11\frac{1}{4}$$

➡ $3\frac{3}{8} \times 6 =$ ....

2 잘못 계산한 곳을 찾아 바르게 계산해 보세요.

$$6 \times 4\frac{3}{4} = \overset{3}{6} \times \frac{19}{\underset{2}{4}} = \frac{19}{3 \times 2} = \frac{19}{6} = 3\frac{1}{6}$$

➡ $6 \times 4\frac{3}{4} =$ ....

3 잘못 계산한 곳을 찾아 바르게 계산해 보세요.

$$2\frac{5}{\underset{4}{8}} \times \overset{3}{\frac{6}{7}} \times \frac{1}{3} = \frac{13}{4} \times \overset{1}{\frac{3}{7}} \times \frac{1}{\underset{1}{3}} = \frac{13}{28}$$

➡ $2\frac{5}{8} \times \frac{6}{7} \times \frac{1}{3} =$ ....

⚡ 정다각형의 둘레 구하기

4 정삼각형의 둘레는 몇 cm일까요?

(   )

5 정사각형의 둘레는 몇 cm일까요?

(   )

6 한 변의 길이가 $2\frac{5}{8}$ cm인 정육각형의 둘레는 몇 cm일까요?

(   )

⚡ 단위분수의 곱셈에서 크기 비교하기

7 ○ 안에 >, =, <를 알맞게 써넣으세요.

$$\frac{1}{9} \times \frac{1}{2} \bigcirc \frac{1}{9}$$

8 곱이 가장 큰 것을 찾아 기호를 써 보세요.

$$\bigcirc \frac{1}{11} \times \frac{1}{2} \quad \bigcirc \frac{1}{8} \times \frac{1}{3} \quad \bigcirc \frac{1}{3} \times \frac{1}{7}$$

( )

9 ☐ 안에 들어갈 수 있는 자연수는 모두 몇 개인지 구해 보세요.

$$\frac{1}{7} \times \frac{1}{\square} > \frac{1}{40}$$

( )

⚡ 분수의 곱셈으로 단위 바꾸기

10 설명 중 틀린 것을 찾아 기호를 써 보세요.

⊙ 1 km의 $\frac{1}{4}$은 250 m입니다.

ⓒ 1시간의 $\frac{5}{6}$는 40분입니다.

ⓒ 1 L의 $\frac{1}{2}$은 500 mL입니다.

( )

11 1 kg의 $\frac{4}{5}$는 몇 g일까요?

( )

12 바르게 말한 친구를 찾아 이름을 써 보세요.

신영: 1시간의 $1\frac{1}{3}$은 1시간 30분이야.

성수: 1 m의 $1\frac{1}{5}$은 125 cm야.

종민: 1 L의 $2\frac{1}{2}$은 2500 mL야.

( )

⚡ **전체의 얼마인지 구하기**

13 현주가 피자 한 판의 $\frac{3}{8}$을 먹고 나머지의 $\frac{2}{3}$를 동생이 먹었습니다. 동생이 먹은 피자는 전체의 몇 분의 몇일까요?

(   )

14 하린이네 학교 전체 학생 수의 $\frac{19}{40}$는 여학생 입니다. 하린이네 학교 전체 남학생의 $\frac{1}{7}$이 안경을 썼다면 안경을 쓴 남학생은 전체의 몇 분의 몇일까요?

(   )

15 주원이는 한 달 용돈의 $\frac{3}{7}$을 학용품을 사는 데 쓰고, 남은 돈의 $\frac{3}{4}$을 저금하였습니다. 주원이의 한 달 용돈이 14000원이라면 저금한 돈은 얼마일까요?

(   )

⚡ **직사각형의 넓이 구하기**

16 직사각형의 넓이는 몇 cm^2일까요?

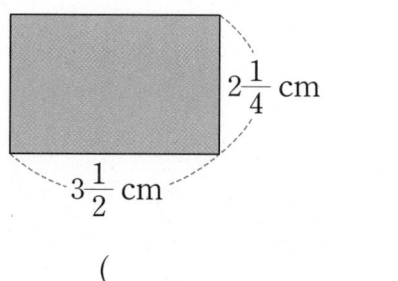

(   )

17 직사각형 가와 정사각형 나가 있습니다. 가의 넓이는 나의 넓이보다 몇 cm^2 더 넓을까요?

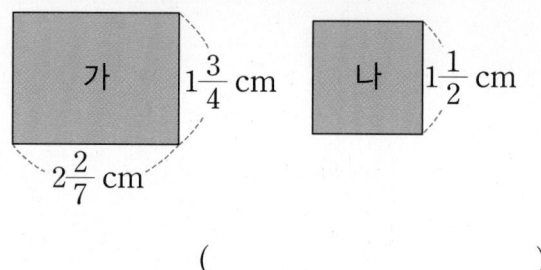

(   )

18 색칠한 부분의 넓이는 몇 cm^2일까요?

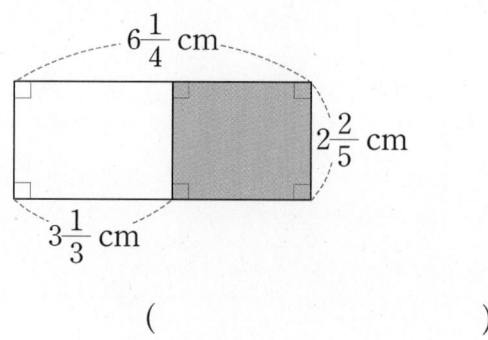

(   )

최상위 도전 유형

최상위 유형에 자주 나오는 문제로 학습함으로써 수학의 실력을 완성해 보세요.

도전1 □ 안에 들어갈 수 있는 자연수 구하기

1 □ 안에 들어갈 수 있는 자연수는 모두 몇 개일까요?

$$\square < \frac{4}{21} \times 24$$

(   )

핵심 NOTE

먼저 $\frac{4}{21} \times 24$를 계산해 봅니다.

2 □ 안에 들어갈 수 있는 자연수는 모두 몇 개인지 구해 보세요.

$$1\frac{3}{5} \times 2\frac{3}{4} > \square \frac{4}{5}$$

(   )

3 □ 안에 들어갈 수 있는 자연수는 모두 몇 개일까요?

$$3\frac{3}{5} \times 2\frac{2}{9} < \square < 5\frac{1}{4} \times 3\frac{1}{7}$$

(   )

도전2 수 카드로 만든 진분수의 곱 구하기

4 수 카드 중 2장을 사용하여 분수의 곱셈식을 만들려고 합니다. 계산 결과가 가장 큰 식을 만들고 계산해 보세요.

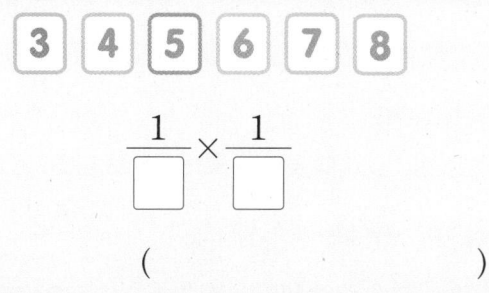

$$\frac{1}{\square} \times \frac{1}{\square}$$

(   )

핵심 NOTE

분자가 1일 때 분모가 작을수록 큰 분수가 됩니다.

5 3장의 수 카드 [2], [5], [7] 중 2장을 사용하여 만들 수 있는 모든 진분수의 곱을 구해 보세요.

(   )

6 수 카드 중 6장을 한 번씩 모두 사용하여 3개의 진분수를 만들어 곱할 때 가장 작은 곱을 구해 보세요.

[1] [2] [3] [4] [5] [6] [7] [8]

(   )

도전3 **수 카드로 만든 대분수의 곱 구하기**

7 수 카드 ②, ③, ④ 를 한 번씩만 사용하여 만들 수 있는 가장 큰 대분수와 가장 작은 대분수의 곱을 구해 보세요.

( )

핵심 NOTE

■<▲<●일 때 만들 수 있는 가장 큰 대분수는 ●$\frac{\blacksquare}{\blacktriangle}$이고 가장 작은 대분수는 ■$\frac{\blacktriangle}{\bullet}$입니다.

8 수 카드 ①, ③, ⑤ 를 한 번씩만 사용하여 만들 수 있는 가장 큰 대분수와 가장 작은 대분수의 곱을 구해 보세요.

( )

9 수 카드를 한 번씩만 사용하여 만들 수 있는 가장 큰 대분수와 두 번째로 큰 대분수의 곱을 구해 보세요.

① ② ⑥

( )

도전4 **이어 붙인 색 테이프의 전체 길이 구하기**

10 길이가 $\frac{5}{8}$ m인 색 테이프 4장을 $\frac{1}{12}$ m씩 겹치게 이어 붙였습니다. 이어 붙인 색 테이프의 전체 길이는 몇 m일까요?

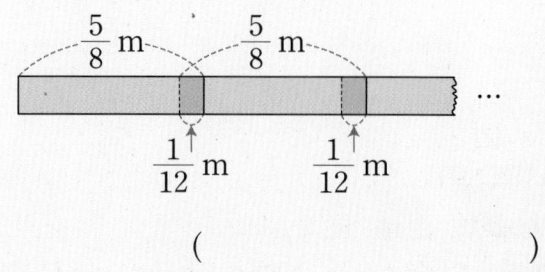

( )

핵심 NOTE

길이가 ■ m인 색 테이프 ▲장을 겹치게 이어 붙이면 겹치는 부분은 (▲−1)곳이 됩니다.

11 길이가 $1\frac{2}{3}$ m인 색 테이프 6장을 $\frac{1}{4}$ m씩 겹치게 이어 붙였습니다. 이어 붙인 색 테이프의 전체 길이는 몇 m일까요?

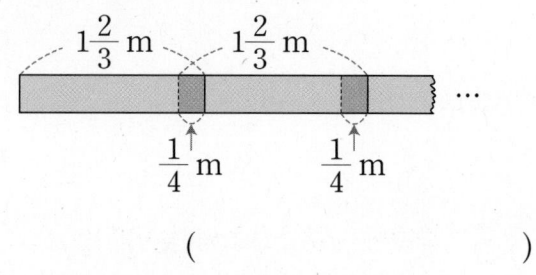

( )

12 길이가 $2\frac{2}{5}$ m인 색 테이프 10장을 $\frac{1}{6}$ m씩 겹치게 이어 붙였습니다. 이어 붙인 색 테이프의 전체 길이는 몇 m일까요?

( )

도전5 **시간을 분수로 나타내어 곱 구하기**

13 어느 자동차는 한 시간에 70 km를 달립니다. 이 자동차가 같은 빠르기로 1시간 15분 동안 달린 거리는 몇 km일까요?

(   )

핵심 NOTE

■시간 ▲분 = ■$\frac{▲}{60}$ 시간입니다.

14 하루에 3분 20초씩 빨라지는 시계가 있습니다. 이 시계를 오늘 정오에 정확하게 맞추었다면 6일 후 정오에 이 시계가 가리키는 시각은 오후 몇 시 몇 분일까요?

(   )

15 하루에 1분 50초씩 늦어지는 시계가 있습니다. 이 시계를 오늘 정오에 정확하게 맞추었다면 30일 후 정오에 이 시계가 가리키는 시각은 오전 몇 시 몇 분일까요?

(   )

도전6 **공이 움직인 거리 구하기**

16 떨어진 높이의 $\frac{2}{3}$만큼 튀어 오르는 공이 있습니다. 이 공을 75 cm 높이에서 떨어뜨렸다면 처음 튀어 오른 높이는 몇 cm일까요?

(   )

핵심 NOTE

떨어진 높이의 $\frac{▲}{■}$만큼 튀어 오르는 공을 ● cm 높이에서 떨어뜨렸을 때 처음 튀어 오른 높이는 (● × $\frac{▲}{■}$) cm입니다.

17 떨어진 높이의 $\frac{3}{5}$만큼 튀어 오르는 공이 있습니다. 이 공을 250 cm 높이에서 떨어뜨렸을 때 공이 땅에 두 번 닿았다가 튀어 오른 높이는 몇 cm일까요?

(   )

18 떨어진 높이의 $\frac{5}{7}$만큼 튀어 오르는 공이 있습니다. 이 공을 119 cm 높이에서 수직으로 떨어뜨렸을 때 땅에 한 번 닿았다가 수직으로 튀어 오를 때까지 움직인 거리는 모두 몇 cm일까요?

(   )

도전7 **바르게 계산한 값 구하기**

19 어떤 수에 $\frac{5}{6}$ 를 곱해야 할 것을 잘못하여 더 했더니 $1\frac{17}{30}$ 이 되었습니다. 바르게 계산한 값은 얼마일까요?

( )

핵심 NOTE
① 어떤 수를 □라고 하여 잘못 계산한 식을 세웁니다.
② 어떤 수를 구합니다.
③ 바르게 계산한 값을 구합니다.

20 어떤 수에 $\frac{11}{12}$ 을 곱해야 할 것을 잘못하여 뺐 더니 $1\frac{1}{3}$ 이 되었습니다. 바르게 계산한 값은 얼마일까요?

( )

21 어떤 수에 $4\frac{1}{2}$ 을 곱해야 할 것을 잘못하여 더 했더니 $7\frac{7}{10}$ 이 되었습니다. 바르게 계산한 값은 얼마일까요?

( )

도전8 **남은 양 구하기**

22 예준이는 가지고 있는 쿠키의 $\frac{3}{8}$ 을 먹었고, 동생은 예준이가 먹고 남은 쿠키의 $\frac{7}{10}$ 을 먹었습니다. 예준이와 동생이 먹고 남은 쿠키는 예준이가 처음에 가지고 있던 쿠키의 몇 분의 몇일까요?

( )

핵심 NOTE
전체의 $\frac{\triangle}{\blacksquare}$ 를 사용하고 남은 양은 전체의 $(1-\frac{\triangle}{\blacksquare})$ 입니다.

23 솔이는 가지고 있는 연필의 $\frac{2}{5}$ 를 형에게 주고 나머지의 $\frac{2}{9}$ 를 누나에게 주었습니다. 솔이가 처음에 가지고 있던 연필이 60자루일 때 솔이에게 남은 연필은 몇 자루일까요?

( )

24 은비는 가로가 36 cm, 세로가 32 cm인 도화지의 $\frac{7}{16}$ 을 배를 접는 데 사용하고 나머지의 $\frac{5}{12}$ 를 비행기를 접는 데 사용했습니다. 은비가 배와 비행기를 접는 데 사용하고 남은 도화지의 넓이는 몇 cm^{2}일까요?

( )

1 그림을 보고 ☐ 안에 알맞은 수를 써넣으세요.

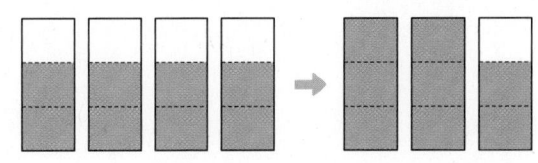

$$\frac{2}{3} \times 4 = \frac{2 \times \boxed{}}{3} = \frac{\boxed{}}{3} = \boxed{}$$

2 계산해 보세요.

(1) $5\frac{1}{6} \times 4$

(2) $6 \times \frac{3}{10}$

3 보기 와 같이 계산해 보세요.

> **보기**
>
> $$2 \times 1\frac{1}{6} = (2 \times 1) + \left(\overset{1}{\cancel{2}} \times \frac{1}{\underset{3}{\cancel{6}}} \right)$$
> $$= 2 + \frac{1}{3} = 2\frac{1}{3}$$

$$12 \times 1\frac{7}{10} =$$

4 계산 결과가 같은 것끼리 이어 보세요.

$\boxed{2\frac{2}{7} \times 3\frac{1}{4}}$ •

• $\boxed{\frac{11}{4} \times \frac{29}{7}}$

$\boxed{4\frac{1}{7} \times 2\frac{3}{4}}$ •

• $\boxed{\frac{16}{7} \times \frac{13}{4}}$

5 다음이 나타내는 수는 얼마인지 구해 보세요.

> $3\frac{5}{12}$의 16배인 수

(   )

6 곱이 5보다 큰 것은 어느 것일까요? (   )

① $5 \times \frac{1}{4}$ ② $5 \times \frac{2}{3}$ ③ $5 \times \frac{13}{16}$

④ 5×1 ⑤ $5 \times 1\frac{1}{6}$

7 계산 결과를 비교하여 ◯ 안에 >, =, <를 알맞게 써넣으세요.

$$\frac{3}{4} \times \frac{8}{15} \bigcirc \frac{5}{7} \times \frac{3}{10}$$

8 빈칸에 알맞은 수를 써넣으세요.

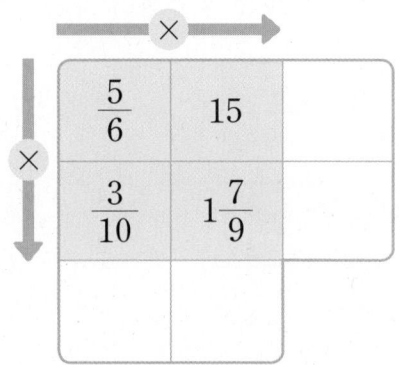

9 가장 큰 수와 가장 작은 수의 곱을 구해 보세요.

$$\frac{1}{5} \qquad \frac{1}{11} \qquad \frac{1}{7} \qquad \frac{1}{2}$$

( )

10 세 수의 곱을 구해 보세요.

$$\frac{5}{7} \qquad \frac{8}{15} \qquad \frac{3}{10}$$

( )

11 계산 결과가 큰 것부터 차례로 기호를 써 보세요.

$$\bigcirc\ 1\frac{5}{6}\times4 \quad \bigcirc\ 16\times\frac{3}{10} \quad \bigcirc\ 1\frac{3}{4}\times3\frac{3}{11}$$

( )

12 한 변의 길이가 $5\frac{1}{4}$ cm인 정육각형의 둘레는 몇 cm일까요?

( )

13 떨어진 높이의 $\frac{5}{8}$만큼 튀어 오르는 공이 있습니다. 64 cm의 높이에서 이 공을 떨어뜨렸다면 튀어 오른 높이는 몇 cm일까요?

( )

14 그림과 같이 종이테이프를 3등분하였습니다. 색칠한 부분의 길이는 몇 m일까요?

( )

15 어느 자동차는 한 시간에 72 km를 달립니다. 이 자동차가 같은 빠르기로 1시간 20분 동안 달린 거리는 몇 km일까요?

( )

16 6장의 수 카드 중 2장을 골라 ☐ 안에 써넣어 계산 결과가 가장 작은 곱셈식을 만들고 계산해 보세요.

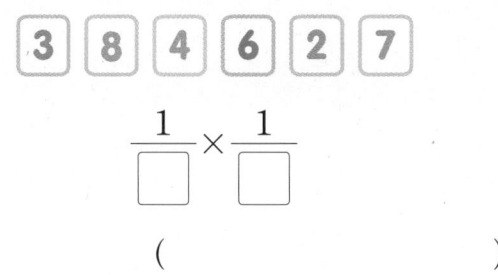

(   )

17 어떤 수에 $3\frac{1}{2}$을 곱해야 할 것을 잘못하여 더했더니 $5\frac{3}{4}$이 되었습니다. 바르게 계산한 값은 얼마인지 구해 보세요.

(   )

18 지수는 전체가 180쪽인 동화책을 어제는 전체의 $\frac{4}{9}$를 읽고, 오늘은 나머지의 $\frac{2}{5}$를 읽었습니다. 지수가 이 동화책을 다 읽으려면 몇 쪽을 더 읽어야 할까요?

(   )

서술형
19 ☐ 안에 들어갈 수 있는 자연수는 모두 몇 개인지 풀이 과정을 쓰고 답을 구해 보세요.

$$\frac{7}{24} \times 18 > \square$$

풀이

답

서술형
20 3장의 수 카드를 한 번씩만 사용하여 만들 수 있는 가장 큰 대분수와 가장 작은 대분수의 곱은 얼마인지 풀이 과정을 쓰고 답을 구해 보세요.

2   1   5

풀이

답

1 그림을 보고 □ 안에 알맞은 수를 써넣으세요.

$$\frac{2}{3} \times 4 = \frac{\square}{3} + \frac{\square}{3} + \frac{\square}{3} + \frac{\square}{3}$$

$$= \frac{2 \times \square}{3} = \frac{\square}{3} = \square\frac{\square}{3}$$

2 계산해 보세요.

(1) $\dfrac{1}{8} \times \dfrac{1}{2}$ (2) $\dfrac{5}{9} \times \dfrac{1}{4}$

(3) $\dfrac{14}{15} \times \dfrac{6}{7}$ (4) $\dfrac{5}{7} \times \dfrac{3}{5}$

3 보기 와 같이 계산해 보세요.

보기
$$\frac{2}{3} \times \frac{7}{11} \times \frac{9}{16} = \frac{\overset{1}{2} \times 7 \times \overset{3}{9}}{\underset{1}{3} \times 11 \times \underset{8}{16}} = \frac{21}{88}$$

$$\frac{4}{5} \times \frac{3}{10} \times \frac{5}{9} =$$

4 ○ 안에 >, =, <를 알맞게 써넣으세요.

$$4 \times \frac{3}{5} \bigcirc 4$$

5 $\dfrac{2}{7} \times 4$와 다른 하나를 찾아 기호를 써 보세요.

ㄱ $\dfrac{2}{7} + \dfrac{2}{7} + \dfrac{2}{7} + \dfrac{2}{7}$ ㄴ $\dfrac{2 \times 4}{7}$

ㄷ $\dfrac{2}{7 \times 4}$ ㄹ $1\dfrac{1}{7}$

(   )

6 빈칸에 알맞은 수를 써넣으세요.

$5\dfrac{3}{8}$	2	
7	$2\dfrac{5}{14}$	

7 세 수의 곱을 구해 보세요.

$1\dfrac{2}{7}$	$5\dfrac{1}{4}$	$\dfrac{5}{12}$

(   )

8 잘못 계산한 곳을 찾아 바르게 계산해 보세요.

$$3\frac{3}{5} \times 1\frac{1}{6} = \frac{\overset{1}{\cancel{3}}}{\underset{}{}}\frac{16}{5} \times \frac{\overset{8}{\cancel{3}}}{\underset{2}{\cancel{2}}} = \frac{24}{5} = 4\frac{4}{5}$$

➡ $3\dfrac{3}{5} \times 1\dfrac{1}{6} =$

9 계산 결과가 다른 하나를 찾아 기호를 써 보세요.

$$ ㉠\ \frac{1}{2} \times \frac{1}{18} \qquad ㉡\ \frac{1}{3} \times \frac{1}{12} $$
$$ ㉢\ \frac{1}{4} \times \frac{1}{9} \qquad ㉣\ \frac{1}{5} \times \frac{1}{7} $$

(   )

10 계산 결과가 자연수가 아닌 것을 찾아 기호를 써 보세요.

$$ ㉠\ 1\frac{4}{7} \times 1\frac{3}{11} \qquad ㉡\ 1\frac{1}{2} \times 2\frac{2}{9} $$

(   )

11 가장 큰 수와 가장 작은 수의 곱을 구해 보세요.

$$ 15 \qquad 8 \qquad 3\frac{5}{9} \qquad 2\frac{3}{10} $$

(   )

12 현서는 물을 하루에 $1\frac{5}{14}$ L씩 일주일 동안 마셨습니다. 현서가 일주일 동안 마신 물은 모두 몇 L일까요?

(   )

13 계산 결과가 큰 것부터 차례로 기호를 써 보세요.

$$ ㉠\ 8 \times 2\frac{3}{4} \qquad ㉡\ 8 \times \frac{1}{7} \qquad ㉢\ 8 \times 1 $$

(   )

14 ㉠과 ㉡의 차를 구해 보세요.

$$ ㉠\ 18의\ \frac{1}{10} \qquad ㉡\ 21의\ \frac{2}{15} $$

(   )

15 길이가 $\frac{3}{4}$ m인 색 테이프를 똑같이 7도막으로 나누어 잘랐습니다. 자른 색 테이프 한 도막의 길이는 몇 m일까요?

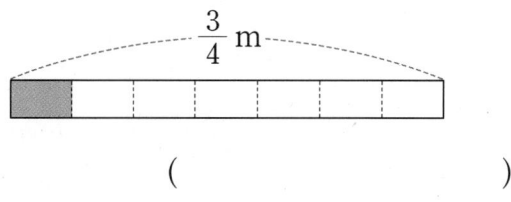

(   )

16 토끼의 무게는 $3\frac{3}{8}$ kg이고 강아지의 무게는 토끼 무게의 $1\frac{2}{3}$배, 고양이의 무게는 강아지 무게의 $\frac{9}{10}$배입니다. 고양이의 무게는 몇 kg일까요?

(   )

17 ☐ 안에 들어갈 수 있는 자연수는 모두 몇 개일까요?

$$\frac{1}{3} \times \frac{1}{\boxed{}} > \frac{1}{18}$$

(   )

18 정수는 자전거를 타고 한 시간에 12 km를 달립니다. 같은 빠르기로 정수가 자전거를 타고 1시간 40분 동안 달린 거리는 몇 km일까요?

(   )

서술형
19 수 카드를 한 번씩만 사용하여 만들 수 있는 가장 큰 대분수와 가장 작은 대분수의 곱을 구하려고 합니다. 풀이 과정을 쓰고 답을 구해 보세요.

$\boxed{2}$ $\boxed{3}$ $\boxed{5}$

풀이 _____

_____

_____

_____

답 _____

서술형
20 지우네 밭의 넓이는 $31\frac{2}{3}$ m²입니다. 이 중 $\frac{3}{4}$에는 양파를 심고, 양파를 심고 남은 밭의 $\frac{3}{5}$에는 당근을 심었습니다. 당근을 심은 밭의 넓이는 몇 m²인지 풀이 과정을 쓰고 답을 구해 보세요.

풀이 _____

_____

_____

_____

답 _____

3 합동과 대칭

이번 단원에서 꼭 짚어야 할 **핵심 개념**을 알아보자.

핵심 1 **합동인 도형**

모양과 크기가 같아서 포개었을 때 완전히 겹치는 두 도형을 [ ]이라고 한다.

핵심 2 **선대칭도형**

한 직선을 따라 접어서 완전히 겹치는 도형을 [ ]이라고 한다.

 ➡ 대칭축: [ ]개

핵심 3 **선대칭도형의 성질**

대응변의 길이와 대응각의 크기는 각각 같다.

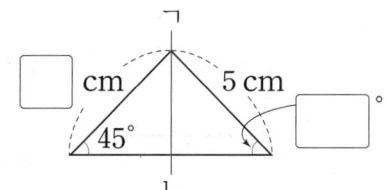

핵심 4 **점대칭도형**

한 도형을 어떤 점을 중심으로 180° 돌렸을 때 처음 도형과 완전히 겹치는 도형을 [ ]이라고 한다.

대칭의 중심

핵심 5 **점대칭도형의 성질**

대응변의 길이와 대응각의 크기는 각각 같다.

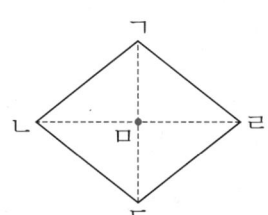

(변 ㄱㄴ) = (변 [ ])

(각 ㄱㄴㄷ) = (각 [ ])

답 1. 합동 2. 선대칭도형 3. 3 (왼쪽에서부터) 5, 45 4. 점대칭도형 5. ㄹㄷ, ㄷㄹㅁ

1. 도형의 합동, 합동인 도형의 성질

● **도형의 합동**

　• 합동: 모양과 크기가 같아서 포개었을 때 완전히 겹치는 두 도형

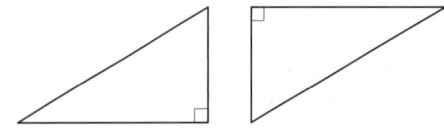

● **대응점, 대응변, 대응각**

　• 서로 합동인 두 도형을 포개었을 때 겹치는 점을 **대응점**, 겹치는 변을 **대응변**, 겹치는 각을 **대응각**이라고
　　합니다.

● **합동인 도형의 성질**

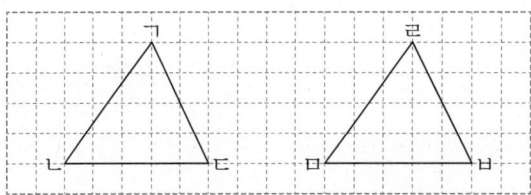

　• 서로 합동인 두 도형에서 **각각의 대응변의 길이는 서로 같습니다.**
　　　　　(변 ㄱㄴ)=(변 ㄹㅁ), (변 ㄴㄷ)=(변 ㅁㅂ), (변 ㄷㄱ)=(변 ㅂㄹ)
　• 서로 합동인 두 도형에서 **각각의 대응각의 크기는 서로 같습니다.**
　　　　　(각 ㄱㄴㄷ)=(각 ㄹㅁㅂ), (각 ㄴㄷㄱ)=(각 ㅁㅂㄹ), (각 ㄷㄱㄴ)=(각 ㅂㄹㅁ)

개념 자세히 보기

● **서로 합동인 두 도형은 포개었을 때 점, 변, 각이 모두 완전히 겹쳐요!**

○ 정답과 풀이 23쪽

1 도형 가와 합동인 도형을 찾아 기호를 써 보세요.

4학년 때 배웠어요
평면도형 뒤집기

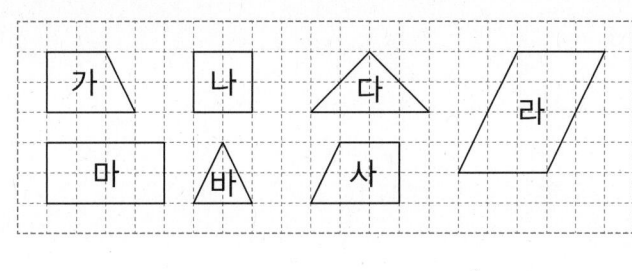

( )

2 두 삼각형은 서로 합동입니다. ☐ 안에 알맞은 기호를 써넣으세요.

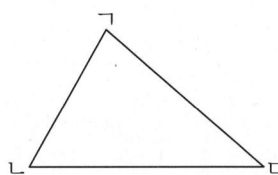

서로 합동인 두 도형을 포개었을 때 완전히 겹치는 점, 겹치는 변, 겹치는 각을 찾아보아요.

① 대응점은 점 ㄱ과 점 ㄹ, 점 ㄴ과 점 ☐, 점 ㄷ과 점 ☐입니다.

② 대응변은 변 ㄱㄴ과 변 ㄹㅁ, 변 ㄴㄷ과 변 ☐, 변 ㄷㄱ과 변 ☐ 입니다.

③ 대응각은 각 ㄱㄴㄷ과 각 ㄹㅁㅂ, 각 ㄴㄷㄱ과 각 ☐, 각 ㄷㄱㄴ과 각 ☐입니다.

3 두 사각형은 서로 합동입니다. 물음에 답하세요.

두 도형이 합동이면 대응변의 길이와 대응각의 크기는 각각 같아요.

① 변 ㅇㅅ은 몇 cm일까요?

( )

② 각 ㅇㅅㅂ은 몇 도일까요?

( )

3

2. 선대칭도형과 그 성질

● 선대칭도형

• 한 직선을 따라 접었을 때 완전히 겹치는 도형을 **선대칭도형**이라고 합니다.
이때 그 직선을 **대칭축**이라고 합니다.

• 대칭축을 따라 접었을 때 겹치는 점을 **대응점**, 겹치는 변을 **대응변**,
겹치는 각을 **대응각**이라고 합니다.

● 선대칭도형의 성질, 선대칭도형의 대응점끼리 이은 선분과 대칭축의 관계

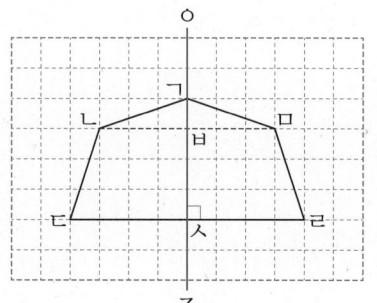

(1) 선대칭도형의 성질

• 선대칭도형에서 각각의 대응변의 길이가 서로 같습니다.
➡ (변 ㄱㄴ)=(변 ㄱㅁ), (변 ㄴㄷ)=(변 ㅁㄹ), (변 ㄷㅅ)=(변 ㄹㅅ)

• 선대칭도형에서 각각의 대응각의 크기가 서로 같습니다.
➡ (각 ㄱㄴㄷ)=(각 ㄱㅁㄹ), (각 ㄴㄷㅅ)=(각 ㅁㄹㅅ)

(2) 선대칭도형의 대응점끼리 이은 선분과 대칭축의 관계

• 대응점끼리 이은 선분은 대칭축과 수직으로 만납니다.
• 대칭축은 대응점끼리 이은 선분을 둘로 똑같이 나눕니다.
• 각각의 대응점에서 대칭축까지의 거리가 서로 같습니다.
➡ (선분 ㄴㅂ)=(선분 ㅁㅂ), (선분 ㄷㅅ)=(선분 ㄹㅅ)

● 선대칭도형 그리기

 ➡ ➡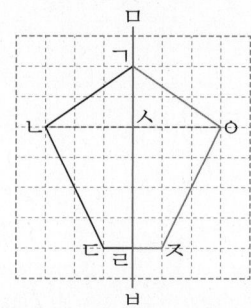

① 점 ㄴ에서 대칭축 ㅁㅂ에 수선을 긋고 대칭축과 만나는 점을 찾아 점 ㅅ으로 표시합니다.

② 이 수선에 선분 ㄴㅅ과 길이가 같은 선분 ㅇㅅ이 되도록 점 ㄴ의 대응점을 찾아 점 ㅇ으로 표시합니다. 같은 방법으로 점 ㄷ의 대응점을 찾아 점 ㅈ으로 표시합니다.

③ 점 ㄹ과 점 ㅈ, 점 ㅈ과 점 ㅇ, 점 ㅇ과 점 ㄱ을 차례로 이어 선대칭도형이 되도록 그립니다.

● 정답과 풀이 23쪽

1 선대칭도형을 찾아 ○표 하세요.

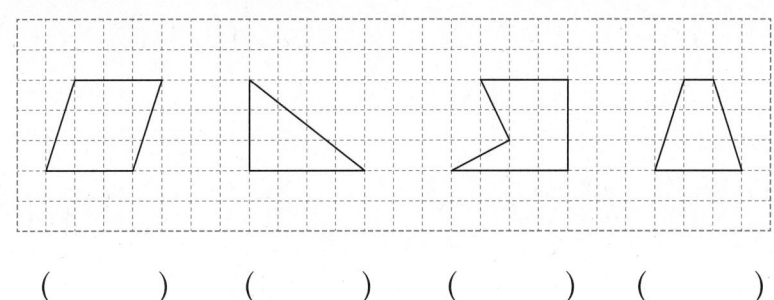

(   )   (   )   (   )   (   )

한 직선을 따라 접었을 때 완전히 겹치는 도형이 선대칭도형이에요.

2 다음 도형은 선대칭도형입니다. 대칭축을 그려 보세요.

①   ②

한 직선을 따라 접었을 때 모양이 완전히 겹치는지 생각하며 대칭축을 그려 보아요.

3 오른쪽 도형은 선분 ㅅㅇ을 대칭축으로 하는 선대칭도형입니다. ☐ 안에 알맞은 기호를 써넣으세요.

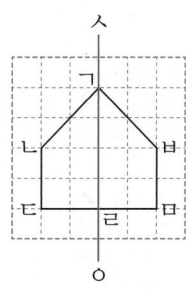

① 대응점을 써 보세요.

    점 ㄴ과 점 ☐ , 점 ㄷ과 점 ☐

② 대응변을 써 보세요.

    변 ㄱㄴ과 변 ☐ , 변 ㄴㄷ과 변 ☐ , 변 ㄷㄹ과 변 ☐

③ 대응각을 써 보세요.

    각 ㄱㄴㄷ과 각 ☐ , 각 ㄴㄷㄹ과 각 ☐

대칭축을 따라 접었을 때 겹치는 점을 대응점, 겹치는 변을 대응변, 겹치는 각을 대응각이라고 해요.

4 선분 ㄱㄴ을 대칭축으로 하는 선대칭도형입니다. ☐ 안에 알맞은 수를 써넣으세요.

①

    2 cm
    5 cm   ☐ cm

②

    40°   ☐ °
    85°

선대칭도형에서 대응변의 길이와 대응각의 크기는 각각 같아요.

3. 점대칭도형과 그 성질

● **점대칭도형**

- 한 도형을 어떤 점을 중심으로 180° 돌렸을 때 처음 도형과 완전히 겹치면 이 도형을 **점대칭도형**이라고 합니다.
  이때 그 점을 **대칭의 중심**이라고 합니다.
- 대칭의 중심을 중심으로 180° 돌렸을 때 겹치는 점을 **대응점**, 겹치는 변을 **대응변**, 겹치는 각을 **대응각**이라고 합니다.

대칭의 중심

● **점대칭도형의 성질, 점대칭도형의 대응점끼리 이은 선분과 대칭의 중심 사이의 관계**

⑴ 점대칭도형의 성질
- 점대칭도형에서 각각의 대응변의 길이가 서로 같습니다.
  ➡ (변 ㄱㄴ)=(변 ㄷㄹ), (변 ㄴㄷ)=(변 ㄹㄱ)
- 점대칭도형에서 각각의 대응각의 크기가 서로 같습니다.
  ➡ (각 ㄱㄴㄷ)=(각 ㄷㄹㄱ), (각 ㄴㄷㄹ)=(각 ㄹㄱㄴ)

⑵ 점대칭도형의 대응점끼리 이은 선분과 대칭의 중심 사이의 관계
- 대응점끼리 이은 선분은 대칭의 중심에 의하여 길이가 같게 나누어집니다.
- 대칭의 중심은 대응점끼리 이은 선분을 둘로 똑같이 나눕니다.
- 각각의 대응점에서 대칭의 중심까지의 거리가 서로 같습니다.
  ➡ (선분 ㄱㅇ)=(선분 ㄷㅇ), (선분 ㄴㅇ)=(선분 ㄹㅇ)

➤ 대칭의 중심: 점 ㅇ

● **점대칭도형 그리기**

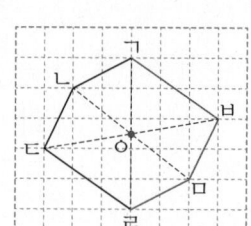

① 점 ㄴ에서 대칭의 중심인 점 ㅇ을 지나는 직선을 긋습니다.

② 이 직선에 선분 ㄴㅇ과 길이가 같은 선분 ㅁㅇ이 되도록 점 ㄴ의 대응점을 찾아 점 ㅁ으로 표시합니다. 같은 방법으로 점 ㄷ의 대응점을 찾아 점 ㅂ으로 표시합니다. 점 ㄱ의 대응점은 점 ㄹ입니다.

③ 점 ㄹ과 점 ㅁ, 점 ㅁ과 점 ㅂ, 점 ㅂ과 점 ㄱ을 차례로 이어 점대칭도형이 되도록 그립니다.

○ 정답과 풀이 23쪽

1 점대칭도형을 모두 찾아 ○표 하세요.

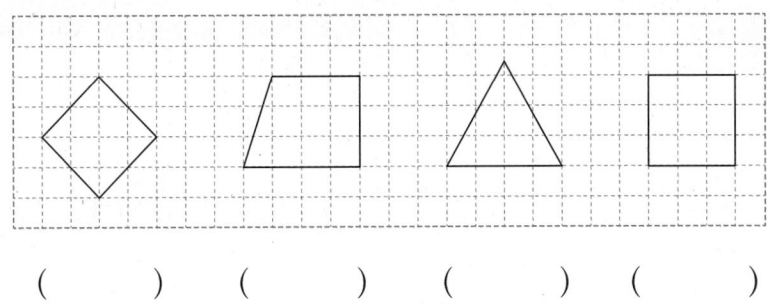

(   )   (   )   (   )   (   )

어떤 점을 중심으로 180°
돌렸을 때 처음 도형과
완전히 겹치는 도형이
점대칭도형이에요.

2 다음 도형은 점대칭도형입니다. 대칭의 중심을 찾아 표시해 보세요.

①

②

점대칭도형에서 대칭의
중심은 각각의 대응점을
이은 선분이 모두 만나는
점이에요.

3 오른쪽 도형은 점 ㅇ을 대칭의 중심으로 하는 점대칭도형입니다. □ 안에 알맞은 기호를 써넣으세요.

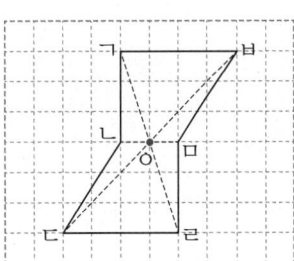

① 대응점을 써 보세요.

점 ㄱ과 점 □, 점 ㄴ과 점 □,

점 ㄷ과 점 □

② 대응변을 써 보세요.

변 ㄱㄴ과 변 □, 변 ㄴㄷ과 변 □, 변 ㄷㄹ과 변 □

③ 대응각을 써 보세요.

각 ㄴㄷㄹ과 각 □, 각 ㄷㄹㅁ과 각 □

점 ㅇ을 중심으로 180°
돌렸을 때 겹치는 점을 대응점,
겹치는 변을 대응변, 겹치는
각을 대응각이라고 해요.

3

4 오른쪽 도형은 점 ㅇ을 대칭의 중심으로 하는 점대칭도형입니다. □ 안에 알맞은 수를 써넣으세요.

대응변과 대응각을 각각
찾아보아요.

1 도형의 합동

1 서로 합동인 도형을 모두 찾아 써 보세요.

가와 [ ], [ ]와 아

서술형

2 준서네 현관의 깨진 타일을 새 타일로 바꾸려고 합니다. 바꾸어 붙일 수 있는 타일이 <u>아닌</u> 것의 기호를 쓰려고 합니다. 풀이 과정을 쓰고 답을 구해 보세요.

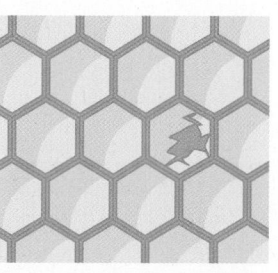

풀이 ....

....

....

답 ....

3 점선을 따라 잘랐을 때 잘린 두 도형이 서로 합동이 되는 점선을 찾아 기호를 써 보세요.

( )

4 점선을 따라 잘랐을 때 잘린 두 도형이 서로 합동이 되는 것을 모두 찾아 기호를 써 보세요.

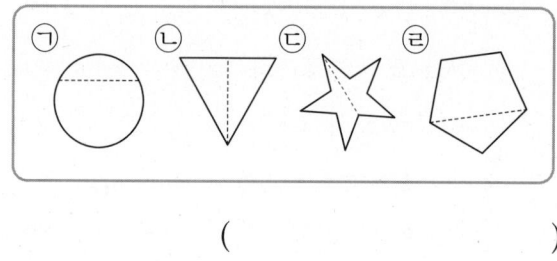

( )

5 왼쪽 도형과 서로 합동인 도형을 그려 보세요.

6 다음 직사각형을 점선을 따라 자르면 몇 쌍의 합동인 도형이 만들어질까요?

( )

7 도로에는 여러 가지 교통 표지판이 있습니다. 모양이 서로 합동인 두 표지판을 찾아 기호를 써 보세요. (단, 표지판의 색깔과 표지판 안의 그림은 생각하지 않습니다.)

가　　　나　　　다　　　라

(　　　　　　　)

😊 내가 만드는 문제

8 왼쪽에는 주어진 한 변을 이용하여 다각형을 그리고 오른쪽에는 그린 다각형과 합동인 도형을 그리려고 합니다. 나머지 부분을 자유롭게 그려 보세요.

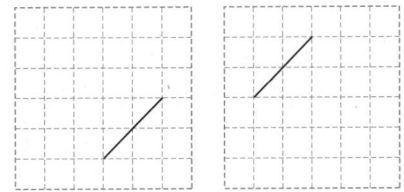

9 항상 합동이 되는 도형이 <u>아닌</u> 것을 찾아 기호를 써 보세요.

> ㉠ 넓이가 같은 두 정삼각형
> ㉡ 둘레가 같은 두 정사각형
> ㉢ 지름이 같은 두 원
> ㉣ 넓이가 같은 두 평행사변형

(　　　　　　　)

사각형을 직접 그려 대각선을 그어 봐.

🏃 준비　⬜ 안에 알맞은 기호를 써넣으세요.

> ㉠ 평행사변형　　㉡ 마름모
> ㉢ 직사각형　　　㉣ 정사각형

(1) 두 대각선이 서로 수직으로 만나는 사각형은 ⬜, ⬜입니다.

(2) 두 대각선의 길이가 서로 같은 사각형은 ⬜, ⬜입니다.

10 사각형에 두 대각선을 그어 모두 잘랐을 때 잘린 네 도형이 서로 합동이 되는 것을 모두 찾아 기호를 써 보세요.

> ㉠ 사다리꼴　　㉡ 평행사변형
> ㉢ 마름모　　　㉣ 정사각형

(　　　　　　　)

11 오른쪽은 지후가 만든 마름모 모양의 딱지입니다. 딱지에서 찾을 수 있는 크고 작은 삼각형 중에서 서로 합동인 삼각형은 모두 몇 쌍일까요?

(　　　　　　　)

12 두 사각형은 서로 합동입니다. 물음에 답하세요.

(1) 변 ㄱㄴ의 대응변을 써 보세요.

( )

(2) 각 ㄱㄹㄷ의 대응각을 써 보세요.

( )

13 두 사각형은 서로 합동입니다. 대응점, 대응변, 대응각은 각각 몇 쌍 있을까요?

대응점: [ ]

대응변: [ ]

대응각: [ ]

☺ 내가 만드는 문제

14 두 삼각형은 서로 합동입니다. ☐ 안에 기호를 자유롭게 써넣고 각 ㄱㄴㄷ의 대응각을 써 보세요.

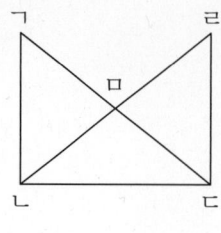

( )

15 오른쪽 그림에서 삼각형 ㄱㄴㄷ과 삼각형 ㄹㄷㄴ은 서로 합동입니다. 변 ㄱㄴ의 대응변을 써 보세요.

( )

16 두 삼각형은 서로 합동입니다. ☐ 안에 알맞은 수를 써넣으세요.

17 두 사각형은 서로 합동입니다. 물음에 답하세요.

(1) 변 ㅅㅇ은 몇 cm일까요?

( )

(2) 각 ㄴㄱㄹ은 몇 도일까요?

( )

18 삼각형 ㄱㄴㄷ과 삼각형 ㄷㄹㅁ은 서로 합동입니다. 선분 ㄴㄹ은 몇 cm일까요?

( )

19 두 삼각형은 서로 합동입니다. 각 ㄹㅂㅁ은 몇 도일까요?

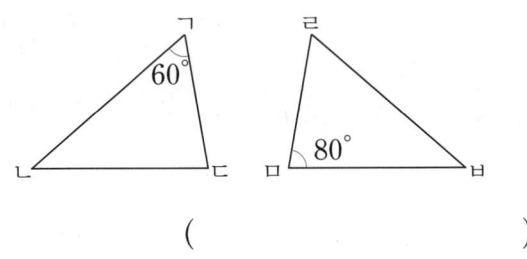

( )

20 두 사각형은 서로 합동입니다. 각 ㅁㅇㅅ은 몇 도일까요?

( )

21 두 삼각형은 서로 합동입니다. 삼각형 ㄹㅁㅂ 의 둘레는 몇 cm일까요?

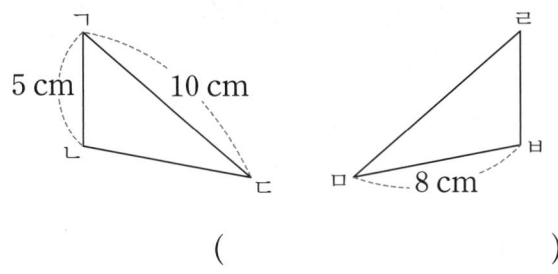

( )

22 두 직사각형은 서로 합동입니다. 직사각형 ㄱㄴㄷㄹ의 넓이는 몇 cm²일까요?

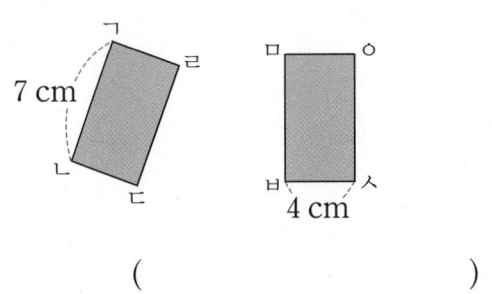

( )

이등변삼각형의 두 각의 크기는 같아.

준비 오른쪽은 이등변삼각형 입니다. ▢ 안에 알맞 은 수를 써넣으세요.

23 두 삼각형은 서로 합동인 이등변삼각형입니 다. 각 ㄹㅁㅂ은 몇 도일까요?

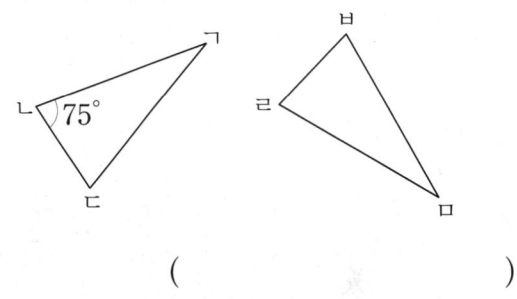

( )

서술형
24 그림과 같은 사각형 모양의 땅이 있습니다. 사 각형 ㄱㄴㄷㄹ의 둘레에 울타리를 치려고 합 니다. 울타리를 몇 m 쳐야 하는지 풀이 과정 을 쓰고 답을 구해 보세요. (단, 삼각형 ㅁㄱㄴ과 삼각형 ㄷㄹㅁ은 서로 합동입니다.)

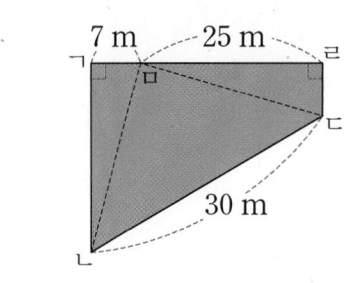

풀이
_____
_____
_____
_____

답 _____

3

3. 합동과 대칭 **75**

3 선대칭도형

25 선대칭도형을 모두 찾아 기호를 써 보세요.

(   )

[26~27] 도형은 선대칭도형입니다. 물음에 답하세요.

26 직선 가를 대칭축으로 할 때 빈칸에 알맞게 써넣으세요.

대응변		대응각	
변 ㄱㄴ		각 ㄱㅁㄹ	
변 ㅁㄹ		각 ㄴㄷㄹ	

27 직선 나를 대칭축으로 할 때 빈칸에 알맞게 써넣으세요.

대응변		대응각	
변 ㄱㅁ		각 ㄱㄴㄷ	
변 ㅁㄹ		각 ㄱㅁㄹ	

28 선대칭도형의 대칭축을 모두 그리고, 몇 개인지 써 보세요.

(1)   (2)

☐개   ☐개

29 선대칭도형을 모두 찾아 기호를 써 보세요.

㉠ 마름모	㉡ 사각형
㉢ 오각형	㉣ 정삼각형

(   )

서술형
30 선대칭도형인 알파벳은 모두 몇 개인지 풀이 과정을 쓰고 답을 구해 보세요.

풀이

답

4 선대칭도형의 성질

31 직선 ㅂㅅ을 대칭축으로 하는 선대칭도형입니다. □ 안에 알맞은 수를 써넣으세요.

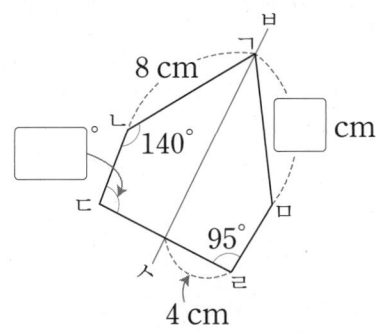

32 선대칭도형을 보고 물음에 답하세요.

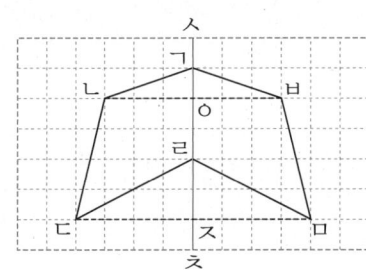

(1) 선분 ㄴㅂ이 대칭축과 만나서 이루는 각은 몇 도일까요?

( )

(2) 선분 ㄷㅈ과 길이가 같은 선분을 써 보세요.

( )

33 직선 ㅊㅋ을 대칭축으로 하는 선대칭도형입니다. 선분 ㅅㅁ은 몇 cm일까요?

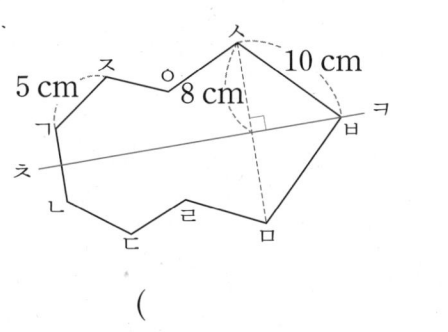

( )

34 선대칭도형이 되도록 그림을 완성해 보세요.

서술형
35 직선 ㅁㅂ을 대칭축으로 하는 선대칭도형입니다. 각 ㄱㄹㄷ의 크기는 몇 도인지 풀이 과정을 쓰고 답을 구해 보세요.

풀이

답

☺ 내가 만드는 문제

36 주어진 선을 대칭축으로 할 때 선대칭도형이 되는 두 글자 이상의 단어를 자유롭게 써 보세요.

3

37 점대칭도형을 모두 찾아 기호를 써 보세요.

( )

38 오른쪽 점대칭도형을 보고 물음에 답하세요.

(1) 점 ㄴ의 대응점을 써 보세요.
( )

(2) 변 ㄴㄷ의 대응변을 써 보세요.
( )

(3) 각 ㅁㄹㄷ의 대응각을 써 보세요.
( )

39 점대칭도형에서 대칭의 중심을 찾아 점 ㅇ으로 표시해 보세요.

(1)   (2)

40 점대칭도형인 글자를 모두 찾아 ○표 하세요.

41 점대칭도형이 <u>아닌</u> 것을 찾아 기호를 써 보세요.

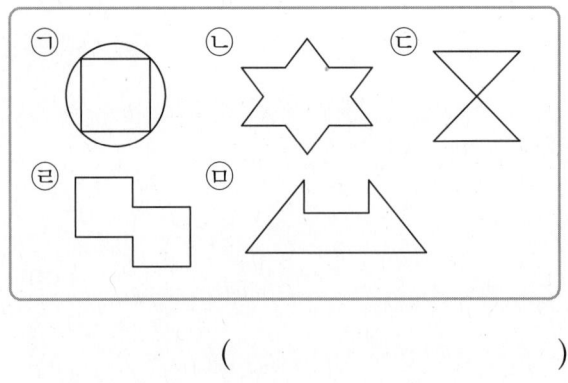

( )

42 점대칭도형을 모두 찾아 기호를 써 보세요.

㉠ 평행사변형   ㉡ 정사각형
㉢ 정삼각형   ㉣ 사다리꼴

( )

서술형
43 지아와 정우는 각각 다음과 같은 카드를 골랐습니다. 각자 고른 카드에서 점대칭도형인 숫자가 더 많은 사람은 누구인지 풀이 과정을 쓰고 답을 구해 보세요.

2 4 6 8   3 5 7 9
지아   정우

풀이

답

6 점대칭도형의 성질

44 점 ㅇ을 대칭의 중심으로 하는 점대칭도형입니다. ☐ 안에 알맞은 수를 써넣으세요.

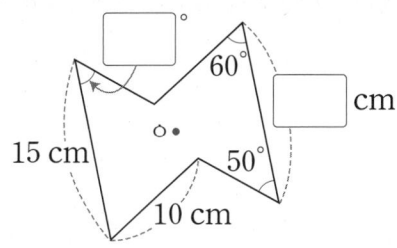

[45~46] 오른쪽은 점 ㅇ을 대칭의 중심으로 하는 점대칭도형입니다. 물음에 답하세요.

45 점대칭도형의 둘레는 몇 cm일까요?

( )

46 선분 ㅇㄹ의 길이가 12 cm라면 선분 ㄱㄹ은 몇 cm일까요?

( )

47 오른쪽은 점 ㅇ을 대칭의 중심으로 하는 점대칭도형입니다. 선분 ㄱㄹ의 길이가 16 cm라면 선분 ㅇㄹ은 몇 cm일까요?

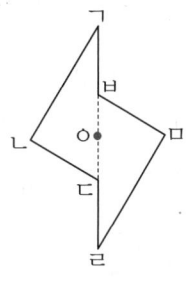

( )

180°만큼 돌리면 도형의 위쪽이 아래쪽으로 이동해.

준비 도형을 시계 방향으로 180°만큼 돌렸을 때의 도형을 그려 보세요.

48 점대칭도형이 되도록 그림을 완성해 보세요.

(1) (2)

😊 내가 만드는 문제

49 점 ㅇ을 대칭의 중심으로 하는 점대칭도형 1개를 자유롭게 그려 보세요.

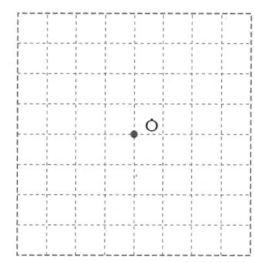

서술형
50 오른쪽은 점 ㅇ을 대칭의 중심으로 하는 점대칭도형입니다. 각 ㄴㄱㄹ은 몇 도인지 풀이 과정을 쓰고 답을 구해 보세요.

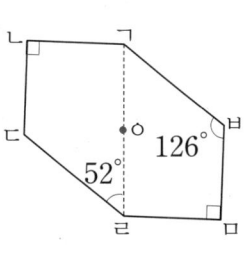

풀이

답

3

3. 합동과 대칭 **79**

합동인 도형 만들기

1 정사각형을 나누어 합동인 도형 4개를 만들어 보세요.

2 정육각형을 나누어 합동인 도형 3개를 만들어 보세요.

3 직각삼각형에 선을 3개 그어서 서로 합동인 삼각형 4개를 만들어 보세요.

합동인 도형에서 각의 크기 구하기

4 삼각형 ㄱㄴㄷ과 삼각형 ㄹㄷㄴ은 서로 합동입니다. 각 ㄴㄷㄹ은 몇 도일까요?

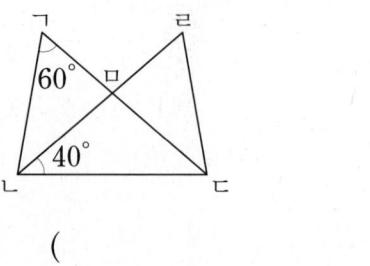

( )

5 삼각형 ㄱㄴㄷ과 삼각형 ㄷㄹㅁ은 서로 합동입니다. 각 ㄱㄷㅁ은 몇 도일까요?

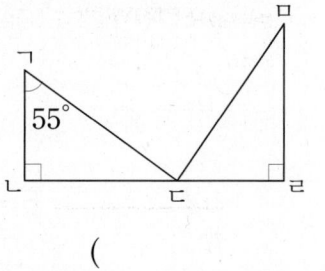

( )

6 삼각형 ㄱㄹㅁ과 삼각형 ㄷㅂㅁ은 서로 합동입니다. 각 ㄴㅂㄱ은 몇 도일까요?

( )

⚡ 대칭축의 수 구하기

7 선대칭도형 가와 나의 대칭축의 수의 차는 몇 개일까요?

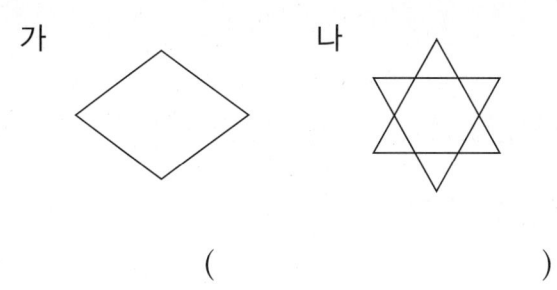

가　　　　나

(　　　　　　)

8 선대칭도형인 글자를 모두 찾아 대칭축의 수의 합은 몇 개인지 구해 보세요.

(　　　　　　)

9 선대칭도형을 보고 대칭축이 많은 것부터 차례로 기호를 써 보세요.

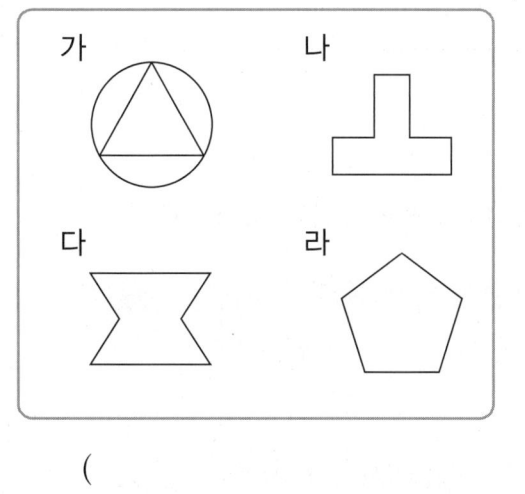

(　　　　　　)

⚡ 선대칭도형에서 각의 크기 구하기

10 직선 ㅁㅂ을 대칭축으로 하는 선대칭도형입니다. 각 ㄴㄱㄹ은 몇 도일까요?

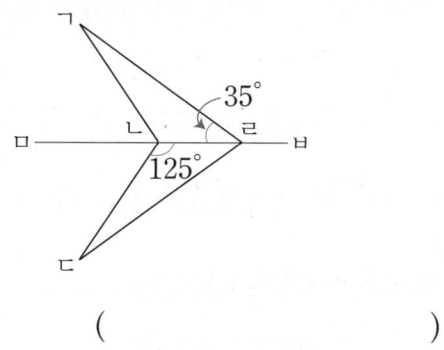

(　　　　　　)

11 오른쪽은 직선 ㅁㅂ을 대칭축으로 하는 선대칭도형입니다. 각 ㄹㄱㄴ은 몇 도일까요?

(　　　　　　)

12 오른쪽은 직선 ㅅㅇ을 대칭축으로 하는 선대칭도형입니다. 각 ㄱㄴㄷ은 몇 도일까요?

(　　　　　　)

⚡ **선대칭도형도 되고 점대칭도형도 되는 것**

13 선대칭도형이면서 점대칭도형인 것을 찾아 기호를 써 보세요.

( )

14 선대칭도형이면서 점대칭도형인 알파벳을 모두 찾아 ○표 하세요.

A B H S X

15 크기가 같은 정사각형 5개를 이어 붙여 만든 펜토미노입니다. 다음 중 선대칭도형도 되고 점대칭도형도 되는 것은 모두 몇 개일까요?

( )

⚡ **점대칭도형에서 선분의 길이 구하기**

16 점 ㅇ을 대칭의 중심으로 하는 점대칭도형입니다. 선분 ㄷㅁ은 몇 cm일까요?

( )

17 점 ㅇ을 대칭의 중심으로 하는 점대칭도형입니다. 선분 ㅂㅇ은 몇 cm일까요?

( )

18 오른쪽은 점 ㅇ을 대칭의 중심으로 하는 점대칭도형입니다. 두 대각선의 길이의 합이 38 cm일 때 선분 ㄷㅇ은 몇 cm일까요?

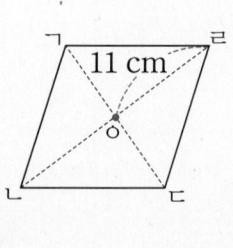

( )

도전1 합동인 도형의 둘레를 이용하여 길이 구하기

1 두 삼각형은 서로 합동인 이등변삼각형입니다. 삼각형 ㄱㄴㄷ의 둘레가 19 cm라면 변 ㄹㅁ은 몇 cm일까요?

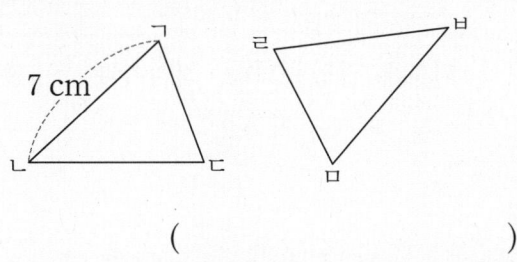

( )

핵심 NOTE
서로 합동인 삼각형은 대응변의 길이가 같으므로 둘레도 같다는 것을 이용합니다.

2 두 사각형은 서로 합동입니다. 사각형 ㄱㄴㄷㄹ의 둘레가 28 cm일 때 변 ㅁㅂ은 몇 cm일까요?

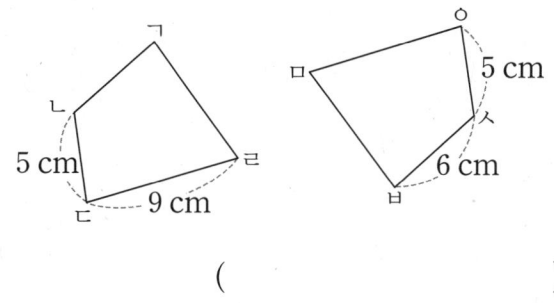

( )

3 삼각형 ㄱㄴㄷ과 삼각형 ㄹㄷㄴ은 서로 합동입니다. 삼각형 ㄱㄴㄷ의 둘레가 24 cm일 때 변 ㄴㄷ은 몇 cm일까요?

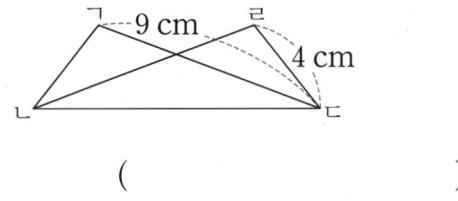

( )

도전2 합동인 도형에서 넓이 구하기

4 두 직사각형은 서로 합동입니다. 직사각형 ㄱㄴㄷㄹ의 넓이는 몇 cm²일까요?

( )

핵심 NOTE
대응변을 찾아 길이를 알아보고, 직사각형의 넓이는 (가로)×(세로)임을 이용합니다.

5 합동인 두 직사각형을 겹쳐 놓은 것입니다. 겹쳐진 부분인 사각형 ㄱㄴㅁㅇ의 넓이는 몇 cm²일까요?

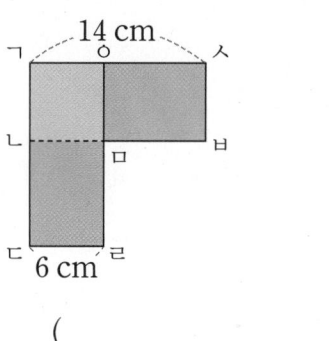

( )

6 삼각형 ㄱㄴㄷ과 삼각형 ㄹㅁㄷ은 서로 합동입니다. 삼각형 ㄹㅁㄷ의 넓이는 몇 cm²일까요?

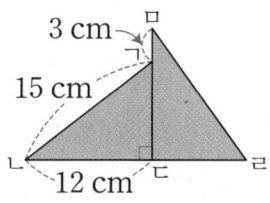

( )

7 그림과 같이 직사각형 모양의 종이를 접었습니다. ㉠의 각도는 몇 도일까요?

(   )

핵심 NOTE
종이를 접은 모양은 접기 전 모양과 합동입니다.

8 오른쪽과 같이 삼각형 모양의 종이를 접었습니다. 각 ㄱㅂㄹ은 몇 도일까요?

(   )

9 오른쪽과 같이 정사각형 모양의 종이를 접었습니다. ㉠과 ㉡의 각도의 차는 몇 도일까요?

(   )

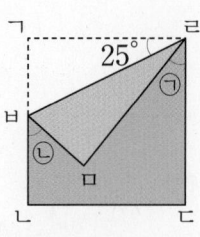

10 오른쪽과 같이 직사각형 모양의 종이를 삼각형 ㄱㄴㅁ과 삼각형 ㄷㅂㅁ이 서로 합동이 되도록 접었습니다. 직사각형 ㄱㄴㄷㄹ의 넓이는 몇 cm²일까요?

(   )

핵심 NOTE
삼각형 ㄱㄴㅁ과 삼각형 ㄷㅂㅁ은 서로 합동임을 이용하여 직사각형 ㄱㄴㄷㄹ의 넓이를 구합니다.

11 오른쪽과 같이 직사각형 모양의 종이를 삼각형 ㄱㄴㅁ과 삼각형 ㄷㅂㅁ이 서로 합동이 되도록 접었습니다. 직사각형 ㄱㄴㄷㄹ의 넓이는 몇 cm²일까요?

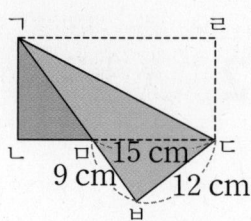

(   )

12 오른쪽과 같이 직사각형 모양의 종이를 삼각형 ㄱㄴㅁ과 삼각형 ㅂㄹㅁ이 서로 합동이 되도록 접었습니다. 삼각형 ㄱㄴㄹ의 넓이는 몇 cm²일까요?

(   )

도전5 **선대칭도형의 둘레 구하기**

13 오른쪽은 직선 ㅅㅇ을 대칭축으로 하는 선대칭도형입니다. 선대칭도형의 둘레는 몇 cm 일까요?

(   )

핵심 NOTE
대응변의 길이가 같다는 성질을 이용하여 대응변의 길이를 구한 후 도형의 둘레를 구합니다.

14 직선 ㅅㅇ을 대칭축으로 하는 선대칭도형입니다. 사각형 ㄱㄴㅂㅁ이 평행사변형일 때 선대칭도형의 둘레는 몇 cm일까요?

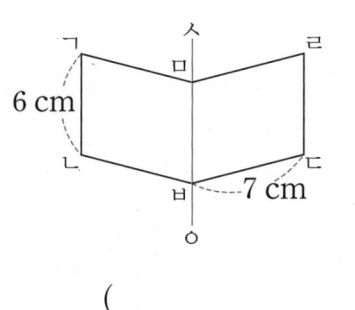

(   )

15 선분 ㅂㄷ을 대칭축으로 하는 선대칭도형의 둘레가 82 cm일 때 선분 ㅂㅁ은 몇 cm일까요?

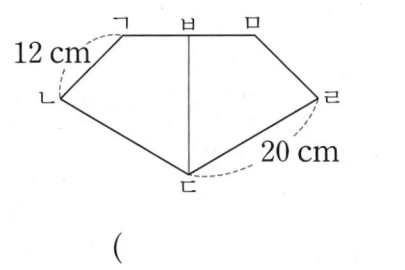

(   )

도전6 **선대칭도형의 넓이 구하기**

16 직선 ㅁㅂ을 대칭축으로 하는 선대칭도형을 완성했을 때 선대칭도형의 넓이는 몇 cm²일까요?

(   )

핵심 NOTE
선대칭도형의 넓이는 주어진 도형의 넓이의 2배와 같습니다.

17 오른쪽은 선분 ㄱㄹ을 대칭축으로 하는 선대칭도형입니다. 삼각형 ㄱㄴㄷ의 넓이가 36 cm²일 때 선분 ㄴㄹ은 몇 cm일까요?

(   )

18 오른쪽 직사각형 ㄱㄴㄷㄹ은 선분 ㅁㅂ을 대칭축으로 하는 선대칭도형입니다. 사각형 ㄱㄴㅂㅁ의 둘레가 96 cm일 때 직사각형 ㄱㄴㄷㄹ의 넓이는 몇 cm²일까요?

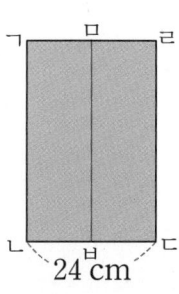

(   )

도전7 점대칭도형의 둘레 구하기

19 점 ㅇ을 대칭의 중심으로 하는 점대칭도형입니다. 점대칭도형의 둘레는 몇 cm일까요?

( )

핵심 NOTE
대응변의 길이가 같다는 성질을 이용하여 대응변의 길이를 구한 후 도형의 둘레를 구합니다.

20 점 ㅇ을 대칭의 중심으로 하는 점대칭도형을 완성했을 때 점대칭도형의 둘레는 몇 cm일까요?

( )

21 점 ㅇ을 대칭의 중심으로 하는 점대칭도형입니다. 점대칭도형의 둘레가 126 cm일 때 변 ㄴㄷ은 몇 cm일까요?

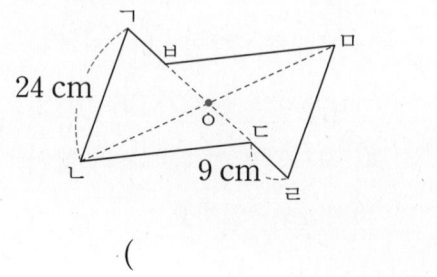

( )

도전8 점대칭도형의 넓이 구하기

22 점 ㅇ을 대칭의 중심으로 하는 점대칭도형을 완성했을 때 점대칭도형의 넓이는 몇 cm^2일까요?

( )

핵심 NOTE
점대칭도형의 넓이는 주어진 도형의 넓이의 2배와 같습니다.

23 점 ㅇ을 대칭의 중심으로 하는 점대칭도형을 완성했을 때 점대칭도형의 넓이는 몇 cm^2일까요?

( )

1 서로 합동인 도형을 모두 찾아 기호를 써 보세요.

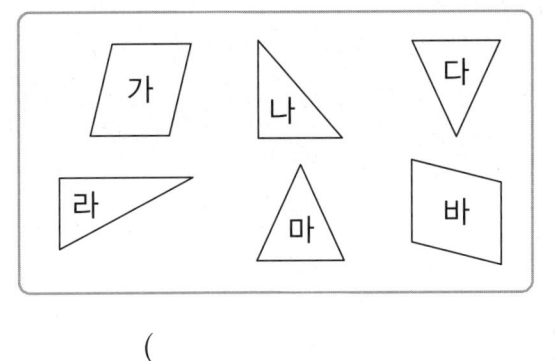

( )

2 두 삼각형은 서로 합동입니다. 대응점, 대응변, 대응각을 각각 써 보세요.

점 ㄴ의 대응점	변 ㄱㄴ의 대응변	각 ㄹㅂㅁ의 대응각

[3~4] 도형을 보고 물음에 답하세요.

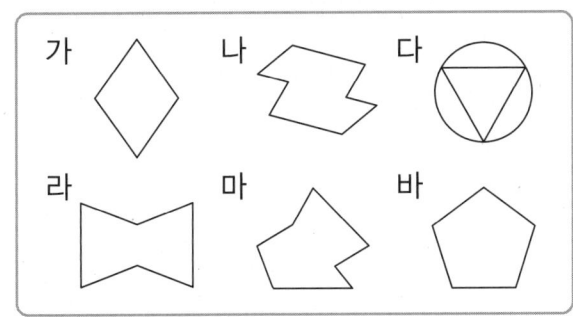

3 선대칭도형을 모두 찾아 기호를 써 보세요.

( )

4 점대칭도형을 모두 찾아 기호를 써 보세요.

( )

5 선대칭도형에서 대칭축은 모두 몇 개일까요?

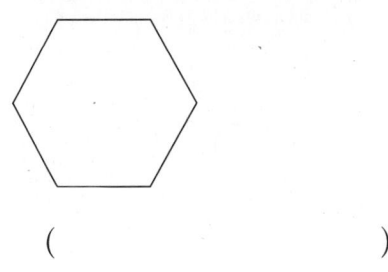

( )

6 점대칭도형에서 대칭의 중심을 찾아 점으로 표시해 보세요.

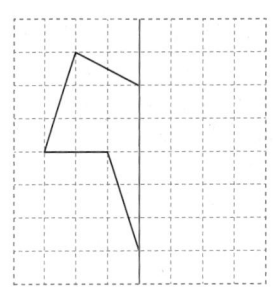

7 선대칭도형이 되도록 그림을 완성해 보세요.

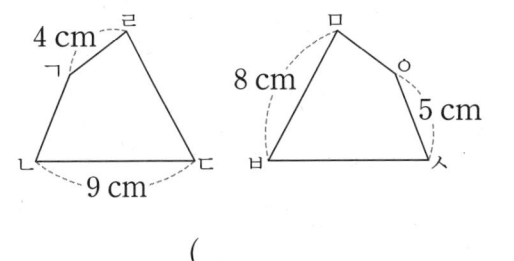

8 두 사각형은 서로 합동입니다. 사각형 ㄱㄴㄷㄹ의 둘레는 몇 cm일까요?

( )

9 오른쪽은 직선 ㅅㅇ을 대칭축으로 하는 선대칭도형입니다. 각 ㄱㅂㅁ은 몇 도일까요?

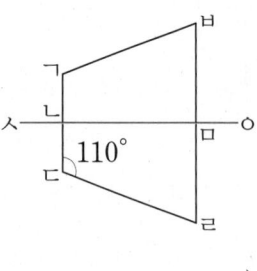

( )

10 선분 ㄴㄹ을 대칭축으로 하는 선대칭도형입니다. 선분 ㄱㄷ은 8 cm이고 선분 ㄴㄹ은 14 cm일 때 사각형 ㄱㄴㄷㄹ의 넓이는 몇 cm²일까요?

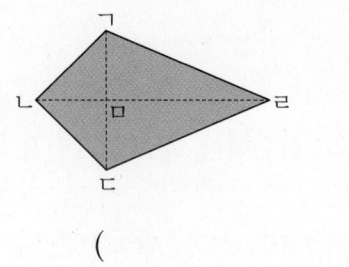

( )

11 다음 중 점대칭도형이 <u>아닌</u> 것은 어느 것일까요? ( )

① 마름모　　② 직사각형　　③ 정오각형
④ 정사각형　　⑤ 평행사변형

12 선대칭도형이면서 점대칭도형인 알파벳을 모두 찾아 써 보세요.

O C N
X Z T

( )

13 오른쪽은 점 ㅇ을 대칭의 중심으로 하는 점대칭도형입니다. 이 도형의 둘레가 44 cm일 때 변 ㄱㄴ은 몇 cm일까요?

( )

14 점대칭도형이 되도록 그림을 완성해 보세요.

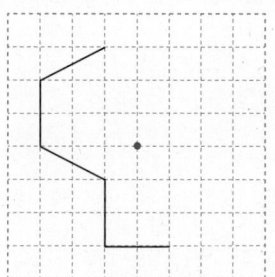

15 삼각형 ㄱㄴㄷ과 삼각형 ㄹㄷㄴ은 서로 합동입니다. 각 ㄱㄴㄹ은 몇 도일까요?

( )

16 삼각형 ㄱㄴㅁ과 삼각형 ㅁㄷㄹ은 서로 합동입니다. 삼각형 ㄱㄴㅁ의 넓이는 몇 cm²일까요?

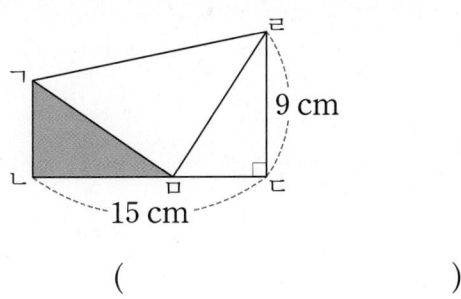

(   )

17 직선 ㅁㅂ을 대칭축으로 하는 선대칭도형을 완성했을 때 완성한 선대칭도형의 넓이는 몇 cm²일까요?

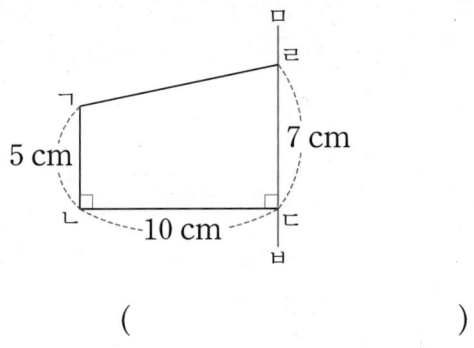

(   )

18 점 ㅇ을 대칭의 중심으로 하는 점대칭도형을 완성했을 때 완성한 점대칭도형의 둘레는 몇 cm일까요?

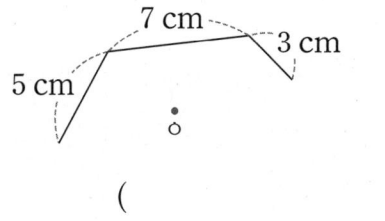

(   )

서술형

19 삼각형 ㄱㄴㄷ과 삼각형 ㄹㅁㅂ은 서로 합동이고 이등변삼각형입니다. 각 ㄹㅁㅂ은 몇 도인지 풀이 과정을 쓰고 답을 구해 보세요.

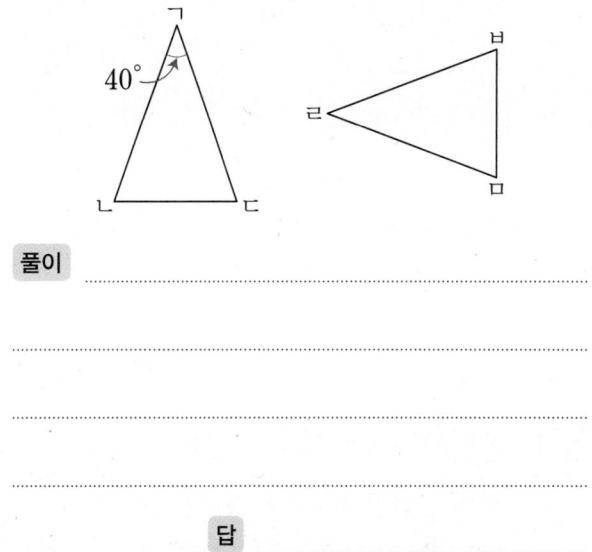

풀이 _____

_____

_____

답 _____

서술형

20 직선 ㅁㅂ에 맞닿도록 사각형 ㄱㄴㄷㄹ을 그렸습니다. 사각형 ㄱㄴㄷㄹ은 점 ㅇ을 대칭의 중심으로 하는 점대칭도형입니다. 각 ㄴㄷㅂ은 몇 도인지 풀이 과정을 쓰고 답을 구해 보세요.

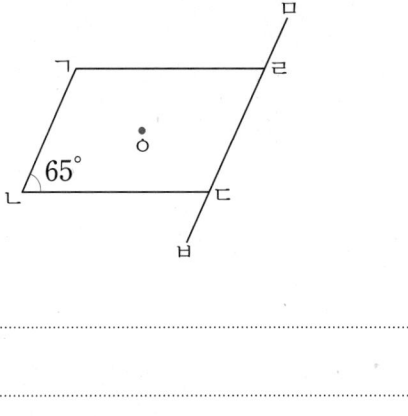

풀이 _____

_____

_____

답 _____

1 서로 합동인 두 도형을 찾아 기호를 써 보세요.

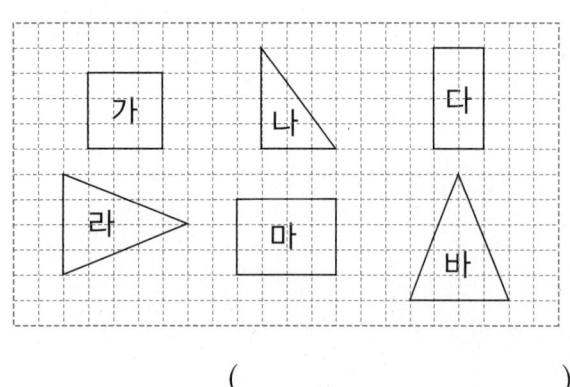

( )

2 오른쪽 정육각형을 점선을 따라 잘랐을 때 잘린 두 도형이 서로 합동이 되는 점선을 찾아 기호를 써 보세요.

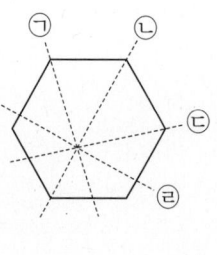

( )

3 두 삼각형은 서로 합동입니다. 각 ㄱㄴㄷ의 대응각을 찾아 써 보세요.

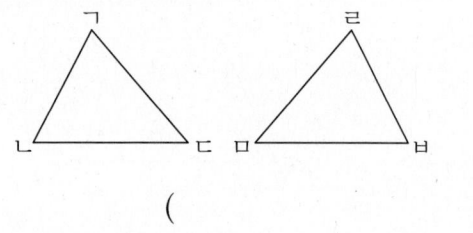

( )

4 선대칭도형의 대칭축은 모두 몇 개일까요?

( )

5 점대칭도형이 되도록 그림을 완성해 보세요.

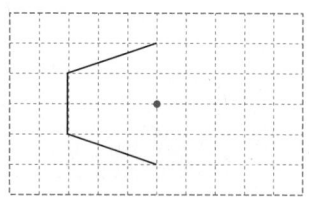

6 두 삼각형은 서로 합동입니다. ☐ 안에 알맞은 수를 써넣으세요.

7 선분 ㅅㅇ을 대칭축으로 하는 선대칭도형입니다. 변 ㅂㅁ은 몇 cm일까요?

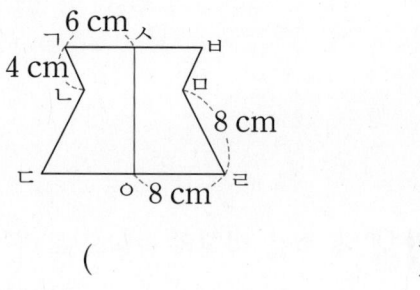

( )

8 두 도형의 넓이가 같으면 항상 서로 합동인 도형에 ○표 하세요.

| 직사각형 | 마름모 | 정사각형 |

9 선대칭도형이면서 점대칭도형인 것을 모두 찾아 기호를 써 보세요.

(   )

10 삼각형 ㄱㄴㅁ과 삼각형 ㅁㄷㄹ은 서로 합동입니다. 선분 ㄴㄷ은 몇 cm일까요?

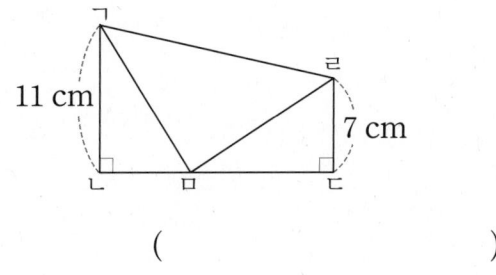

(   )

11 두 사각형은 서로 합동입니다. 각 ㅁㅂㅅ은 몇 도일까요?

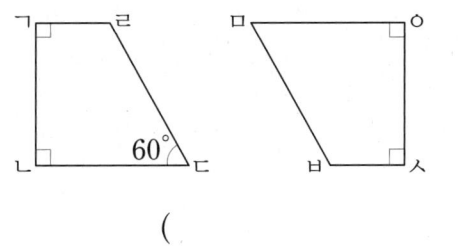

(   )

12 두 삼각형은 서로 합동입니다. 삼각형 ㄹㅁㅂ의 둘레가 30 cm일 때 변 ㅁㅂ은 몇 cm일까요?

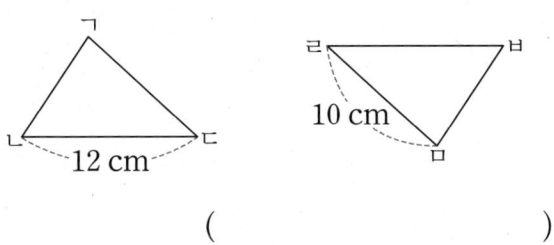

(   )

13 직선 ㅅㅇ을 대칭축으로 하는 선대칭도형입니다. 각 ㄱㅂㅁ은 몇 도일까요?

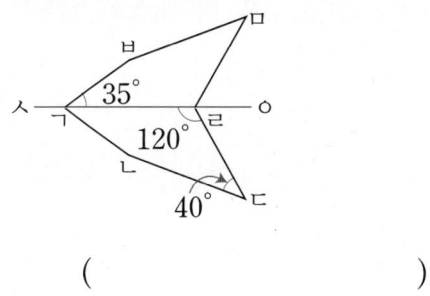

(   )

14 점 ㅇ을 대칭의 중심으로 하는 점대칭도형입니다. 선분 ㅂㄷ은 몇 cm일까요?

(   )

15 삼각형 ㄱㄴㄷ과 삼각형 ㅁㄹㄷ은 서로 합동입니다. 각 ㄱㄷㅁ은 몇 도일까요?

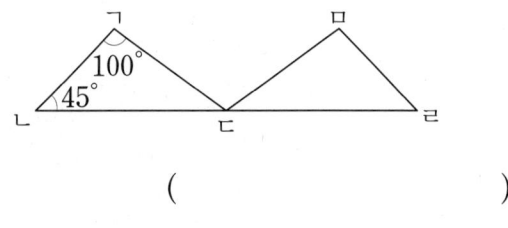

(   )

16 사각형 ㄱㄴㄷㄹ은 점 ㅇ을 대칭의 중심으로 하는 점대칭도형입니다. 두 대각선의 길이의 합이 42 cm일 때 선분 ㄴㅇ은 몇 cm일까요?

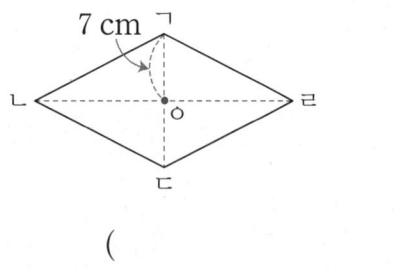

(   )

17 오른쪽은 선분 ㄱㄷ을 대칭축으로 하는 선대칭도형입니다. 선대칭도형의 넓이는 몇 cm²일까요?

(   )

18 점 ㅈ을 대칭의 중심으로 하는 점대칭도형입니다. 점대칭도형의 둘레가 32 cm일 때 변 ㄴㄷ은 몇 cm일까요?

(   )

서술형

19 9116은 점대칭도형이 되는 네 자리 수입니다. 다음 수를 사용하여 점대칭도형이 되는 네 자리 수를 만들려고 합니다. **9116**보다 큰 수는 모두 몇 개인지 풀이 과정을 쓰고 답을 구해 보세요. (단, 같은 수를 여러 번 사용할 수 있습니다.)

0 1 6 8 9

풀이

답

서술형

20 직사각형 모양의 종이를 삼각형 ㄱㄴㅁ과 삼각형 ㅂㄹㅁ이 서로 합동이 되도록 접었습니다. 직사각형 ㄱㄴㄷㄹ의 둘레는 몇 cm인지 풀이 과정을 쓰고 답을 구해 보세요.

풀이

답

4 소수의 곱셈

이번 단원에서 꼭 짚어야 할 **핵심 개념**을 알아보자.

핵심 1 (소수)×(자연수)

0.1의 개수로 계산하거나 분수의 곱셈으로 계산한다.

① $0.3 \times 4 = 0.1 \times 3 \times 4$

$= 0.1 \times \boxed{} = \boxed{}$

② $2.3 \times 2 = \dfrac{23}{10} \times 2 = \dfrac{\boxed{}}{10} = \boxed{}$

핵심 2 (자연수)×(소수)

분수의 곱셈으로 계산하거나 자연수의 곱셈으로 계산한다.

① $4 \times 0.3 = 4 \times \dfrac{3}{10} = \dfrac{\boxed{}}{10} = \boxed{}$

② $2 \times 23 = 46$

$\Big) \dfrac{1}{10}$배 $\Big) \dfrac{1}{10}$배

$2 \times 2.3 = \boxed{}$

핵심 3 (소수)×(소수) (1)

자연수의 곱셈으로 계산한다.

$3 \times 4 = 12$

$\Big) \dfrac{1}{10}$배 $\Big) \dfrac{1}{10}$배 $\Big) \dfrac{1}{100}$배

$0.3 \times 0.4 = \boxed{}$

핵심 4 (소수)×(소수) (2)

두 소수의 소수점 아래 자리 수를 더한 것만큼 곱의 소수점을 찍는다.

$$\begin{array}{r} 3.0\,4 \\ \times\ 1.8 \\ \hline \end{array} \quad \begin{array}{r} 3\,0\,4 \\ \times\ 1\,8 \\ \hline 5\,4\,7\,2 \end{array} \Rightarrow \begin{array}{r} 3.0\,4 \\ \times\ 1.8 \\ \hline \boxed{} \end{array}$$

핵심 5 곱의 소수점의 위치

곱하는 수의 0의 수만큼 소수점을 오른쪽으로 옮기거나 곱하는 수의 소수점 아래 자리 수만큼 소수점이 왼쪽으로 옮겨진다.

$3.75 \times 10 = \boxed{}$

$375 \times 0.01 = \boxed{}$

답 1. 12, 1.2 / 46, 4.6 2. 12, 1.2 / 4.6 3. 0.12 4. 5.472
5. 37.5, 3.75

1. (소수) × (자연수)

● **(1보다 작은 소수) × (자연수)**

· 0.4 × 3의 계산

방법 1 소수의 덧셈으로 계산하기

$$0.4 \times 3 = 0.4 + 0.4 + 0.4 = 1.2$$

3개

방법 2 분수의 곱셈으로 계산하기

$$0.4 \times 3 = \frac{4}{10} \times 3 = \frac{4 \times 3}{10} = \frac{12}{10} = 1.2$$

방법 3 0.1의 개수로 계산하기

0.4는 0.1이 4개이므로 0.4 × 3 = 0.1 × 4 × 3입니다.
0.1이 모두 12개이므로 0.4 × 3 = 1.2입니다.

● **(1보다 큰 소수) × (자연수)**

· 1.5 × 5의 계산

방법 1 소수의 덧셈으로 계산하기

$$1.5 \times 5 = 1.5 + 1.5 + 1.5 + 1.5 + 1.5 = 7.5$$

5개

방법 2 분수의 곱셈으로 계산하기

$$1.5 \times 5 = \frac{15}{10} \times 5 = \frac{15 \times 5}{10} = \frac{75}{10} = 7.5$$

방법 3 0.1의 개수로 계산하기

1.5는 0.1이 15개이므로 1.5 × 5 = 0.1 × 15 × 5입니다.
0.1이 모두 75개이므로 1.5 × 5 = 7.5입니다.

🔵 정답과 풀이 33쪽

① 0.6×4를 여러 가지 방법으로 계산한 것입니다. ☐ 안에 알맞은 수를 써 넣으세요.

4학년 때 배웠어요

소수의 덧셈

0.2는 0.1이 2개, 0.3은 0.1이 3개이므로 0.2＋0.3은 0.1이 모두 2＋3＝5(개)입니다.

➡ 0.2＋0.3＝0.5

> **방법 1** 소수의 덧셈으로 계산하기
>
> $0.6 \times 4 = 0.6 + \boxed{} + \boxed{} + \boxed{} = \boxed{}$

> **방법 2** 분수의 곱셈으로 계산하기
>
> $0.6 \times 4 = \dfrac{\boxed{}}{10} \times 4 = \dfrac{\boxed{} \times \boxed{}}{10} = \dfrac{\boxed{}}{10} = \boxed{}$

> **방법 3** 0.1의 개수로 계산하기
>
> 0.6은 0.1이 ☐ 개인 수이므로 0.6×4＝0.1× ☐ ×4입니다.
>
> 0.1이 모두 ☐ 개이므로 0.6×4＝ ☐ 입니다.

② 어림하여 계산 결과가 8보다 작은 것을 찾아 기호를 써 보세요.

> ㉠ 1.9×4　　㉡ 2.3×4　　㉢ 4.1×2

(　　　　　　　)

③ 주어진 방법으로 계산해 보세요.

소수 한 자리 수는 분모가 10인 분수로 나타낼 수 있어요.

① 1.7×3

소수의 덧셈으로 계산하기

② 4.2×2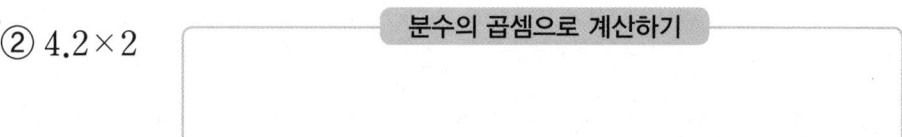

분수의 곱셈으로 계산하기

③ 5.6×4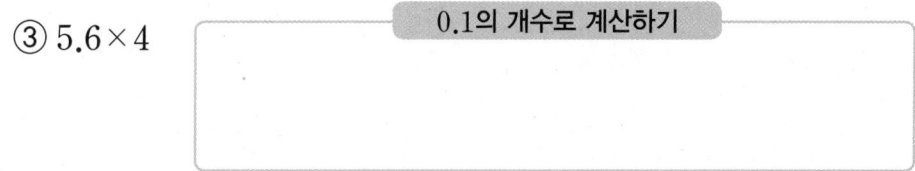

0.1의 개수로 계산하기

2. (자연수) × (소수)

● **(자연수) × (1보다 작은 소수)**

• 2 × 0.7의 계산

방법 1 그림으로 알아보기

한 칸의 크기는 2의 0.1, 2의 $\frac{1}{10}$이고, 두 칸의 크기는 2의 0.2, 2의 $\frac{2}{10}$입니다.

일곱 칸의 크기는 2의 0.7, 2의 $\frac{7}{10}$이므로 $\frac{14}{10}$가 되어 1.4입니다.

방법 2 분수의 곱셈으로 계산하기

$$2 \times 0.7$$
$$= 2 \times \frac{7}{10} = \frac{2 \times 7}{10}$$
$$= \frac{14}{10} = 1.4$$

방법 3 자연수의 곱셈으로 계산하기

$$2 \times 7 = 14$$

$\Bigg\rangle \frac{1}{10}$배 $\Bigg\rangle \frac{1}{10}$배

$$2 \times 0.7 = 1.4$$

→ 곱하는 수가 $\frac{1}{10}$배이면 계산 결과가 $\frac{1}{10}$배입니다.

● **(자연수) × (1보다 큰 소수)**

• 4 × 1.6의 계산

방법 1 그림으로 알아보기

4의 1배는 4이고, 4의 0.6배는 2.4이므로 4의 1.6배는 6.4입니다.

방법 2 분수의 곱셈으로 계산하기

$$4 \times 1.6$$
$$= 4 \times \frac{16}{10} = \frac{4 \times 16}{10}$$
$$= \frac{64}{10} = 6.4$$

방법 3 자연수의 곱셈으로 계산하기

$$4 \times 16 = 64$$

$\Bigg\rangle \frac{1}{10}$배 $\Bigg\rangle \frac{1}{10}$배

$$4 \times 1.6 = 6.4$$

● 정답과 풀이 33쪽

1 서로 다른 방법으로 계산해 보세요.

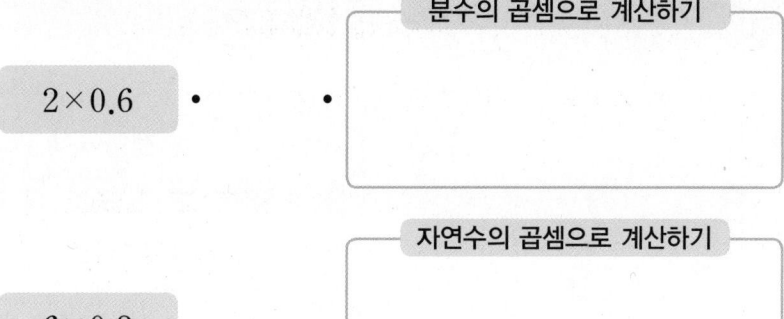

분수의 곱셈으로 계산하기

2×0.6 •

•

자연수의 곱셈으로 계산하기

6×0.3 •

•

주어진 계산 방법 중 하나를 정한 후 그 방법으로 계산해 보아요.

2 계산해 보세요.

① 13×0.4

② 27×0.5

3 어림하여 계산 결과가 8보다 큰 것을 찾아 기호를 써 보세요.

ㄱ 4의 1.87배   ㄴ 3×1.9 ㄷ 4의 2.03

(   )

4 주어진 방법으로 계산해 보세요.

① 3×1.8

분수의 곱셈으로 계산하기

② 40×2.3

자연수의 곱셈으로 계산하기

자연수의 곱셈으로 계산할 때 곱하는 수가 $\frac{1}{10}$ 배이면 계산 결과도 $\frac{1}{10}$ 배예요.

3. (소수) × (소수)

● **(1보다 작은 소수) × (1보다 작은 소수)**

· 0.8 × 0.7의 계산

방법 1 분수의 곱셈으로 계산하기

$$0.8 \times 0.7 = \frac{8}{10} \times \frac{7}{10}$$
$$= \frac{56}{100}$$
$$= 0.56$$

방법 2 자연수의 곱셈으로 계산하기

$$8 \times 7 = 56$$

$\frac{1}{10}$배 $\frac{1}{10}$배 $\frac{1}{100}$배

$$0.8 \times 0.7 = 0.56$$

→ 곱해지는 수와 곱하는 수가 각각 $\frac{1}{10}$배가 되면
계산 결과는 $\frac{1}{100}$배가 됩니다.

방법 3 세로로 계산하기

$$\begin{array}{r} 0.8 \\ \times\, 0.7 \\ \hline 5\,6 \end{array} \quad \rightarrow \quad \begin{array}{r} 0.8 \\ \times\, 0.7 \\ \hline 0.5\,6 \end{array}$$

→ 자연수처럼 생각하고 계산한 다음 소수의 크기를
생각하여 소수점을 찍습니다.

방법 4 소수의 크기를 생각하여 계산하기

자연수의 곱셈 결과에 소수의 크기를
생각하여 소수점을 찍습니다.
$8 \times 7 = 56$인데 0.8에 0.7을 곱하면
0.8보다 작아야 하므로 계산 결과는
0.56입니다.

● **(1보다 큰 소수) × (1보다 큰 소수)**

· 2.4 × 1.9의 계산

방법 1 분수의 곱셈으로 계산하기

$$2.4 \times 1.9 = \frac{24}{10} \times \frac{19}{10}$$
$$= \frac{456}{100}$$
$$= 4.56$$

방법 2 자연수의 곱셈으로 계산하기

$$24 \times 19 = 456$$

$\frac{1}{10}$배 $\frac{1}{10}$배 $\frac{1}{100}$배

$$2.4 \times 1.9 = 4.56$$

방법 3 세로로 계산하기

$$\begin{array}{r} 2.4 \\ \times\, 1.9 \\ \hline 4\,5\,6 \end{array} \quad \rightarrow \quad \begin{array}{r} 2.4 \\ \times\, 1.9 \\ \hline 4.5\,6 \end{array}$$

방법 4 소수의 크기를 생각하여 계산하기

자연수의 곱셈 결과에 소수의 크기를
생각하여 소수점을 찍습니다.
$24 \times 19 = 456$인데 2.4에 1.9를 곱하
면 2.4의 2배인 4.8보다 작아야 하므로
4.56입니다.

정답과 풀이 34쪽

① 0.5×0.9를 여러 가지 방법으로 계산한 것입니다. ☐ 안에 알맞은 수를 써넣으세요.

곱해지는 수와 곱하는 수가 각각 $\frac{1}{10}$배가 되면 계산 결과는 몇 배가 되는지 알아보아요.

방법 1 분수의 곱셈으로 계산하기

$$0.5 \times 0.9 = \frac{5}{10} \times \frac{\boxed{}}{10} = \frac{5 \times \boxed{}}{100} = \frac{\boxed{}}{100} = \boxed{}$$

방법 2 자연수의 곱셈으로 계산하기

② 계산해 보세요.

① 0.3×0.42

②
$$\begin{array}{r} 0.1\,5 \\ \times\ 0.2\,8 \\ \hline \end{array}$$

③ 어림하여 계산 결과가 4보다 작은 것을 찾아 기호를 써 보세요.

㉠ 8.4의 0.5	㉡ 2.9×1.3	㉢ 4.2의 1.2배

(   )

어떤 수에 1보다 큰 수를 곱하면 계산 결과는 어떤 수보다 커지고, 1보다 작은 수를 곱하면 어떤 수보다 작아져요.

④ 주어진 방법으로 계산해 보세요.

① 4.8×5.2

분수의 곱셈으로 계산하기

② 1.35×2.4

소수의 크기를 생각하여 계산하기

4. 곱의 소수점 위치

● (소수) × 1, 10, 100, 1000의 계산

$$2.67 \times 1 = 2.67$$
$$2.67 \times 10 = 26.7$$ → 오른쪽으로 한 칸 이동
$$2.67 \times 100 = 267$$ → 오른쪽으로 2칸 이동
$$2.67 \times 1000 = 2670$$ → 오른쪽으로 3칸 이동

➡ 곱하는 수의 0이 하나씩 늘어날 때마다 곱의 소수점이 오른쪽으로 한 칸씩 옮겨집니다. → 소수점을 오른쪽으로 이동할 때 소수점을 옮길 자리가 없으면 0을 채우면서 옮깁니다.

● (자연수) × 1, 0.1, 0.01, 0.001의 계산

$$452 \times 1 = 452$$
$$452 \times 0.1 = 45.2$$ → 왼쪽으로 한 칸 이동
$$452 \times 0.01 = 4.52$$ → 왼쪽으로 2칸 이동
$$452 \times 0.001 = 0.452$$ → 왼쪽으로 3칸 이동

➡ 곱하는 소수의 소수점 아래 자리 수가 하나씩 늘어날 때마다 곱의 소수점이 왼쪽으로 한 칸씩 옮겨집니다. → 소수점을 왼쪽으로 이동할 때 소수점을 옮길 자리가 없으면 0을 채우면서 옮깁니다.

● (소수) × (소수)에서 소수점의 위치

$$7 \times 6 = 42$$
$$0.7 \times 0.6 = 0.42$$
소수 한 자리 수 ——— 소수 한 자리 수 ——— 소수 두 자리 수
$$0.7 \times 0.06 = 0.042$$
소수 한 자리 수 ——— 소수 두 자리 수 ——— 소수 세 자리 수
$$0.07 \times 0.06 = 0.0042$$
소수 두 자리 수 ——— 소수 두 자리 수 ——— 소수 네 자리 수

➡ 곱하는 두 수의 소수점 아래 자리 수를 더한 값만큼 소수점 아래 자리 수가 정해집니다.

◑ 정답과 풀이 34쪽

1 소수점의 위치를 생각하여 계산해 보세요.

① 2.57×1
2.57×10
2.57×100
2.57×1000

② 1×3.84
10×3.84
100×3.84
1000×3.84

소수와 자연수의 순서가
바뀌어도 구하는 방법은
같아요.

2 소수점의 위치를 생각하여 계산해 보세요.

① 160×1
160×0.1
160×0.01
160×0.001

② 1×720
0.1×720
0.01×720
0.001×720

4

3 다음 식을 두 가지 방법으로 계산하고, 이를 바탕으로 자연수의 곱셈 결과
에서 소수점을 왼쪽으로 세 칸만큼 옮기는 이유를 써 보세요.

$$0.4×0.16$$

┌─ 자연수의 곱셈으로 계산하기 ─┐
4 × 16 = 64

0.1배 0.01배 [ ]배

0.4 × 0.16 = [ ]
└──────────────────────┘

┌─ 분수의 곱셈으로 계산하기 ─┐

└──────────────────────┘

┌─ 이유 ─────────────────────────┐

│

└────────────────────────────────┘

곱하는 수가 0.01배,
곱해지는 수가
0.1배가 되면 계산
결과는 몇 배가 되는지
알아보아요.

1 **(소수) × (자연수)**(1)

1 수직선을 보고 ☐ 안에 알맞은 수를 써넣으세요.

$$0.6 \times 3 = \boxed{}$$

소수는 분모가 10, 100, 1000, ...인 분수로 나타내!

준비 소수를 분수로, 분수를 소수로 나타내어 보세요.

(1) 0.9   (2) $\dfrac{31}{100}$

2 **보기** 와 같은 방법으로 계산해 보세요.

보기

$$0.7 \times 9 = \frac{7}{10} \times 9 = \frac{7 \times 9}{10} = \frac{63}{10} = 6.3$$

(1) $0.4 \times 7 =$

(2) $0.27 \times 6 =$

3 계산해 보세요.

(1) 0.8×7 (2) 0.39×3

4 빈칸에 알맞은 수를 써넣으세요.

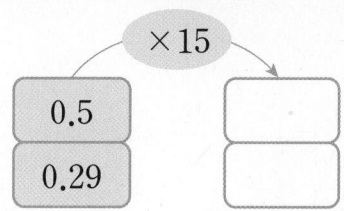

5 내가 만드는 문제

수 카드를 빨간색 상자와 파란색 상자에서 각각 한 장씩 뽑아 두 수의 곱을 구해 보세요.

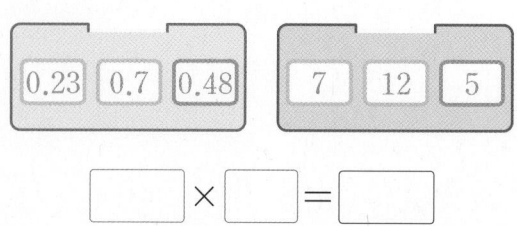

$$\boxed{} \times \boxed{} = \boxed{}$$

6 양팔 저울의 오른쪽에 상자를 올려놓고 왼쪽에 0.7 kg짜리 추 3개를 올려놓았을 때 저울이 수평을 이루었습니다. 상자의 무게는 몇 kg일까요?

( )

7 서술형 연수가 잘못 말한 부분을 바르게 고쳐 보세요.

0.45 × 6의 계산에서 45와 6의 곱은 약 300이니까 0.45와 6의 곱은 30 정도예요.

연수

잘못 말한 부분
_____

_____

바르게 고치기
_____

_____

8 이번 주 승우의 미술 학원 준비물입니다. 이번 주에 사용할 재료를 준비하려면 1 kg짜리 찰흙을 적어도 몇 개 사야 하는지 구해 보세요.

준비물

월요일	화요일	수요일	목요일	금요일
찰흙 0.4 kg, 철사 1 m	지점토 0.3 kg, 노끈 0.5 m	찰흙 0.4 kg, 노끈 2 m	찰흙 0.4 kg, 철사 3 m	지점토 0.3 kg, 노끈 1 m

( )

2 (소수) × (자연수) ⑵

9 그림을 보고 ☐ 안에 알맞은 수를 써넣으세요.

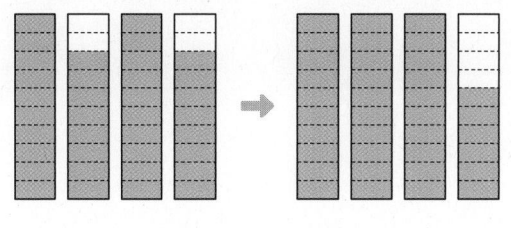

$$1.8 \times 2 = \boxed{}$$

10 1.7×4를 여러 가지 방법으로 계산하려고 합니다. ☐ 안에 알맞은 수를 써넣으세요.

(1) $1.7 \times 4 = \dfrac{\boxed{}}{10} \times 4 = \dfrac{\boxed{} \times 4}{10}$

$$= \dfrac{\boxed{}}{10} = \boxed{}$$

(2) $17 \times 4 = \boxed{}$

　　　 $\downarrow \frac{1}{10}$배　　　 $\downarrow \frac{1}{10}$배

　　$1.7 \times 4 = \boxed{}$

11 계산해 보세요.

(1) 1.4×6　　　　(2) 2.06×8

12 관계있는 것끼리 이어 보세요.

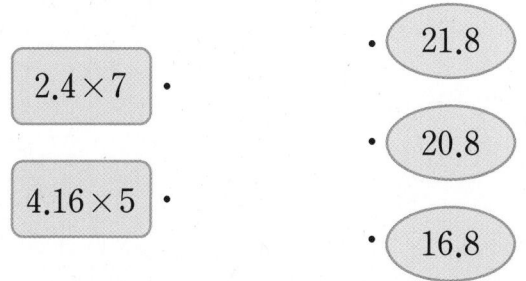

13 계산이 <u>틀린</u> 사람은 누구인지 쓰고, 바르게 계산한 값을 구해 보세요.

> • 민아: $4.65 \times 8 = 37.2$
> • 은우: $2.08 \times 9 = 17.72$

(　　　　), (　　　　)

14 정사각형의 둘레는 몇 cm일까요?

8.92 cm

(　　　　)

서술형
15 어느 날 튀르키예 돈 1리라는 우리나라 돈 77.88원입니다. 이날 5000원을 내고 튀르키예 돈 50리라로 바꾼다면 바꾸고 남은 우리나라 돈은 얼마인지 풀이 과정을 쓰고 답을 구해 보세요.

1리라 ＝ 77.88원

풀이 _____

_____

_____

답 _____

16 그림을 보고 ⬚ 안에 알맞은 수를 써넣으세요.

$$2 \times 0.8 = \boxed{}$$

17 보기 와 같은 방법으로 계산해 보세요.

보기

$$7 \times 0.8 = 7 \times \frac{8}{10} = \frac{7 \times 8}{10} = \frac{56}{10} = 5.6$$

(1) $12 \times 0.6 =$

(2) $9 \times 0.54 =$

18 계산해 보세요.

(1) 4×0.27 (2) 51×0.09

19 빈칸에 알맞은 수를 써넣으세요.

×	
5	0.64
13	0.9

곱셈과 나눗셈의 관계를 이용해.

$$\blacksquare \div \blacktriangle = \bullet \rightarrow \blacksquare = \bullet \times \blacktriangle$$

준비 ⬚ 안에 알맞은 수를 써넣으세요.

$$\boxed{} \div 8 = 13$$

20 빈칸에 알맞은 수를 써넣으세요.

$\div 0.32$

15

21 계산 결과가 자연수인 것을 찾아 기호를 써 보세요.

㉠ 8×0.15	㉡ 5×0.62
㉢ 12×0.5	㉣ 14×0.25

(   )

22 아버지의 몸무게는 72 kg이고 은주의 몸무게는 아버지의 몸무게의 0.5배입니다. 동생의 몸무게는 은주의 몸무게의 0.8배일 때 동생의 몸무게는 몇 kg인지 구해 보세요.

(   )

4 (자연수)×(소수)⑵

23 그림을 보고 □ 안에 알맞은 수를 써넣으세요.

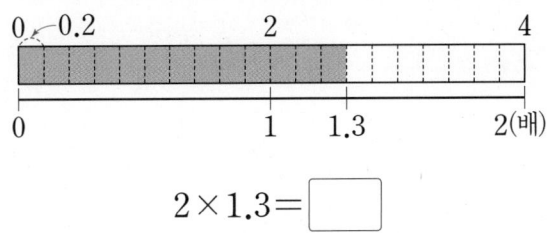

$$2 \times 1.3 = \boxed{}$$

24 4×2.16을 여러 가지 방법으로 계산하려고 합니다. □ 안에 알맞은 수를 써넣으세요.

(1) $4 \times 2.16 = 4 \times \dfrac{\boxed{}}{100} = \dfrac{4 \times \boxed{}}{100}$

$= \dfrac{\boxed{}}{100} = \boxed{}$

(2) $4 \times \boxed{216} = \boxed{}$

$\downarrow \frac{1}{100}$배 $\downarrow \frac{1}{100}$배

$4 \times \boxed{} = \boxed{}$

25 계산해 보세요.

(1) 23×4.1 (2) 40×1.06

☺ 내가 만드는 문제

26 왼쪽 □ 안에 두 자리 자연수를 자유롭게 써넣고, 오른쪽 □ 안에 계산 결과를 알맞게 써넣으세요.

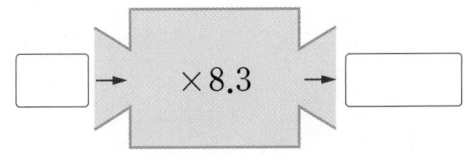

27 두 식의 계산 결과의 차를 구해 보세요.

$$18 \times 3.3 \qquad 21 \times 1.5$$

( )

28 연비는 자동차가 연료 1 L로 갈 수 있는 거리(km)를 말합니다. 어느 자동차의 연비가 11.24일 때 이 자동차가 연료 50 L로 갈 수 있는 거리는 몇 km인지 구해 보세요.

연비: 11.24 km/L

( )

서술형
29 민수는 3700원으로 과자를 사려고 합니다. 사려는 과자의 가격이 다음과 같이 찢어져 있을 때 가진 돈으로 과자를 살 수 있을지 알아보고, 그 이유를 써 보세요.

00원
1g당 8.5원
감자 맛 과자 400 g

과자를 살 수 (있습니다 , 없습니다).

이유
....
....
....

⑤ (소수)×(소수)

30 보기 와 같은 방법으로 계산해 보세요.

> **보기**
>
> $0.3 \times 0.5 = \dfrac{3}{10} \times \dfrac{5}{10} = \dfrac{15}{100} = 0.15$

$0.7 \times 0.12 =$ _____

31 계산해 보세요.

(1) 0.14×0.8

(2) 0.6×0.32

32 빈칸에 알맞은 수를 써넣으세요.

×→	
0.5	0.36
0.12	0.45

33 사다리를 따라 내려가서 만나는 빈칸에 계산 결과를 써넣으세요.

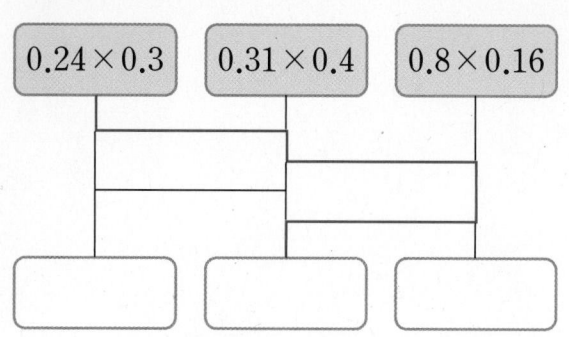

0.24×0.3	0.31×0.4	0.8×0.16

0.01의 개수로 비교해 봐.

준비 소수의 크기를 비교하여 ◯ 안에 >, =, <를 알맞게 써넣으세요.

$$0.7 \bigcirc 0.09$$

34 가장 큰 수와 가장 작은 수의 곱을 구해 보세요.

0.04	0.5	0.2	0.06

( )

35 돼지고기 한 근은 0.6 kg입니다. 어머니께서 돼지고기 세 근 반을 사 오셨습니다. 어머니께서 사 오신 돼지고기는 모두 몇 kg일까요?

( )

서술형
36 ○○ 밀가루 한 봉지의 0.74만큼은 탄수화물 성분입니다. 같은 밀가루 3봉지에 들어 있는 탄수화물 성분은 모두 몇 kg인지 풀이 과정을 쓰고 답을 구해 보세요.

○○밀가루 0.5 kg

풀이 _____

_____

답 _____

37 계산해 보세요.

(1) 1.18×2.4

(2) 1.9×32.7

38 계산에서 잘못된 곳을 찾아 바르게 계산해 보세요.

$$0.14 \times 0.3 = \frac{14}{10} \times \frac{3}{10} = \frac{42}{100} = 0.42$$

$0.14 \times 0.3 = $ _____

☺ 내가 만드는 문제

39 수 카드 3 , 8 , 1 , 6 을 □ 안에 자유롭게 한 번씩만 써넣어 곱셈식을 만든 다음 계산해 보세요.

□.□ × □.□

( )

40 빈칸에 알맞은 수를 써넣으세요.

41 주성이가 다음과 같은 순서로 오른쪽 계산기를 눌렀습니다. 주성이의 계산 결과는 얼마인지 풀이 과정을 쓰고 답을 구해 보세요.

1 . 6 × 4 . 3 7 =

풀이 _____

_____

_____

답 _____

42 가장 큰 수와 두 번째로 작은 수의 곱을 구해 보세요.

| 2.76 | 1.8 | 4.25 | 3.2 |

( )

43 인선이가 태어났을 때의 몸무게는 $3.3\,\mathrm{kg}$이었습니다. 인선이가 태어난 지 1년 후의 몸무게는 태어났을 때 몸무게의 2.8배였습니다. 인선이가 태어난 지 1년 후의 몸무게는 몇 kg인지 구해 보세요.

( )

6 곱의 소수점 위치

44 빈칸에 알맞은 수를 써넣으세요.

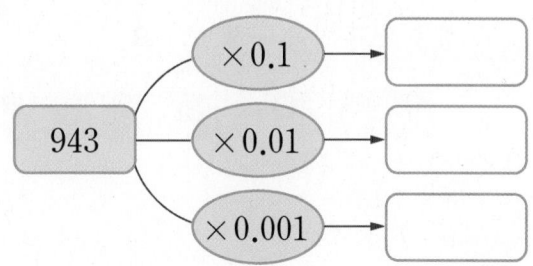

45 □ 안에 알맞은 수가 더 큰 것에 ○표 하세요.

$$20.8 \times \square = 208 \qquad (\qquad)$$

$$0.079 \times \square = 7.9 \qquad (\qquad)$$

46 계산 결과가 다른 것을 찾아 기호를 써 보세요.

┌─────────────────────────────────┐
│ ㉠ 59의 0.1   ㉡ 590의 0.001배 │
│ ㉢ 0.59×10   ㉣ 0.0059의 1000배 │
└─────────────────────────────────┘

(   )

😊 내가 만드는 문제

47 보기 와 같이 곱하는 두 수에 자유롭게 소수점을 찍은 다음, 계산 결과에 알맞게 소수점을 찍어 보세요.

┌─ 보기 ────────────────────┐
│ 0.28 × 0.17 = 0.0476   │
└────────────────────────────┘

| 2 8 | × | 1 7 | = | 4 7 6 |

48 □ 안에 알맞은 수를 써넣으세요.

(1) $\boxed{} \times 10 = 5.4$

(2) $604 \times \boxed{} = 6.04$

49 계산 결과의 소수점 아래 자리 수가 많은 것부터 차례로 기호를 써 보세요.

┌─────────────────────────────────┐
│ ㉠ 2.33×1.87   ㉡ 23.3×1.87   │
│ ㉢ 2.33×187   ㉣ 233×18.7   │
└─────────────────────────────────┘

(   )

50 계산 결과를 비교하여 ○ 안에 >, =, <를 알맞게 써넣으세요.

$$3.7 \times 14.6 \bigcirc 0.037 \times 146$$

서술형

51 은서는 52.48 g짜리 막대사탕 10개를, 지호는 9.4 g짜리 초콜릿 100개를 각각 포장했습니다. 두 사람이 포장한 간식은 모두 몇 g인지 풀이 과정을 쓰고 답을 구해 보세요.

풀이 _____

_____

_____

답 _____

⚡ 세 소수의 곱셈 계산하기

1 다음을 계산하면 얼마일까요?

$$0.8 \times 3.9 \times 1.15$$

( )

2 빈칸에 알맞은 수를 써넣으세요.

3 ㉠과 ㉡의 계산 결과의 합을 구해 보세요.

㉠ $3.6 \times 5.2 \times 0.45$
㉡ $2.05 \times 4.6 \times 1.2$

( )

⚡ 계산 결과의 크기 비교하기

4 계산 결과를 비교하여 ◯ 안에 >, =, <를 알맞게 써넣으세요.

$$0.369 \times 0.04 \bigcirc 36.9 \times 0.004$$

5 계산 결과가 가장 큰 것을 찾아 기호를 써 보세요.

㉠ 2.7×4.3 ㉡ 0.27×430
㉢ 27×0.043 ㉣ 0.0027×4.3

( )

4

6 계산 결과가 작은 것부터 차례로 기호를 써 보세요.

㉠ $1.2 \times 0.036 \times 58$
㉡ $0.12 \times 3.6 \times 0.58$
㉢ $120 \times 0.036 \times 5.8$

( )

⚡ 도형의 넓이 구하기

7 직사각형의 넓이는 몇 cm²일까요?

2.25 cm
6 cm

(   )

8 오른쪽 평행사변형의 넓이는 몇 m²일까요?

0.6 m
0.27 m

(   )

9 직사각형과 평행사변형의 넓이의 차는 몇 cm²일까요?

7 cm
4.8 cm
6.25 cm
5.6 cm

(   )

⚡ 전체의 0.■만큼 구하기

10 어머니께서 쌀 4.7 kg의 0.4만큼을 떡을 만드는 데 사용하셨습니다. 떡을 만드는 데 사용한 쌀은 몇 kg일까요?

(   )

11 지영이는 모빌을 만드는 데 철사 6.8 m의 0.9만큼을 사용하였습니다. 모빌을 만드는 데 사용한 철사는 몇 m일까요?

(   )

12 아버지의 키는 180 cm입니다. 어머니의 키는 아버지의 키의 0.9만큼이고 수현이의 키는 어머니의 키의 0.85만큼입니다. 수현이의 키는 몇 cm일까요?

(   )

⚡ 계산 결과를 어림하기

13 어림하여 계산 결과가 1보다 작은 것의 기호를 써 보세요.

> ㉠ 0.21×8 ㉡ 0.27×3 ㉢ 0.33×4

(   )

14 어림하여 계산 결과가 12보다 작은 것을 찾아 ○표 하세요.

> 4.1×4.6 5.8×1.9 2.3×7.2

15 어림하여 계산 결과가 15보다 큰 것을 모두 찾아 기호를 써 보세요.

> ㉠ 5×0.95 ㉡ 8×2.3
> ㉢ 6×1.84 ㉣ 4×4.62

(   )

⚡ ☐ 안에 들어갈 수 있는 수 구하기

16 ☐ 안에 들어갈 수 있는 가장 큰 자연수를 구해 보세요.

> $4.4 \times 0.65 >$ ☐

(   )

17 ☐ 안에 들어갈 수 있는 가장 작은 자연수를 구해 보세요.

> $2.8 \times 1.05 <$ ☐

(   )

18 ☐ 안에 들어갈 수 있는 자연수를 모두 구해 보세요.

> $4.5 \times 9 <$ ☐ $< 25 \times 1.7$

(   )

4

⚡ **곱의 소수점 위치 활용하기**

19 $32 \times 18 = 576$입니다. ☐ 안에 알맞은 수를 구해 보세요.

$$320 \times \boxed{} = 5.76$$

(   )

20 $26 \times 43 = 1118$입니다. ☐ 안에 알맞은 수를 구해 보세요.

$$0.26 \times \boxed{} = 0.1118$$

(   )

21 두 식의 계산 결과가 같을 때 ㉠에 알맞은 수를 구해 보세요.

| 59×2.6 | $0.59 \times ㉠$ |

(   )

⚡ **㉠은 ㉡의 몇 배인지 구하기**

22 ㉠은 ㉡의 몇 배일까요?

㉠ 4.9×2.3
㉡ 0.49×0.023

(   )

23 ㉠은 ㉡의 몇 배일까요?

㉠ 0.019×5.7
㉡ 1.9×0.57

(   )

24 ㉠은 ㉡의 몇 배일까요?

㉠ $1.6 \times 0.37 \times 2.4$
㉡ $0.016 \times 3.7 \times 0.24$

(   )

최상위 도전 유형

도전1 **직사각형의 둘레 구하기**

1 직사각형의 세로는 가로의 0.8배입니다. 이 직사각형의 둘레는 몇 cm일까요?

7.4 cm

(   )

핵심 NOTE
직사각형의 둘레는 (가로＋세로)×2입니다.

2 직사각형의 가로는 세로의 1.4배입니다. 이 직사각형의 둘레는 몇 cm일까요?

3.8 cm

(   )

3 정사각형의 가로는 0.8배로 줄이고, 세로는 1.5배로 늘여 새로운 직사각형을 만들려고 합니다. 새로운 직사각형의 둘레는 몇 cm일까요?

5.6 cm

(   )

도전2 **바르게 계산한 값 구하기**

4 어떤 수에 0.7을 곱해야 할 것을 잘못하여 더 했더니 2.7이 되었습니다. 바르게 계산하면 얼마인지 구해 보세요.

(   )

핵심 NOTE
① 어떤 수를 ☐라고 하여 잘못 계산한 식을 세웁니다.
② 어떤 수를 구합니다.
③ 바르게 계산한 값을 구합니다.

5 어떤 수에 2.4를 곱해야 할 것을 잘못하여 어떤 수에서 2.4를 뺐더니 5.2가 되었습니다. 바르게 계산하면 얼마인지 구해 보세요.

(   )

6 어떤 수에 0.75를 곱해야 할 것을 잘못하여 어떤 수를 0.75로 나누었더니 0.8이 되었습니다. 바르게 계산하면 얼마인지 구해 보세요.

(   )

7 떨어진 높이의 0.6배만큼 튀어 오르는 공이 있습니다. 이 공을 12 m 높이에서 떨어뜨렸다면 두 번째로 튀어 오른 공의 높이는 몇 m일까요?

(   )

핵심 NOTE
떨어진 높이의 ■배만큼 튀어 오르는 공을 ●cm 높이에서 떨어뜨렸을 때 처음 튀어 오른 높이는 (●×■)cm입니다.

8 떨어진 높이의 0.75배만큼 튀어 오르는 공이 있습니다. 이 공을 8 m 높이에서 떨어뜨렸다면 세 번째로 튀어 오른 공의 높이는 몇 m일까요?

(   )

9 떨어진 높이의 0.5배만큼 튀어 오르는 공이 있습니다. 이 공을 18 m 높이에서 떨어뜨렸을 때, 첫 번째로 튀어 오른 공의 높이와 세 번째로 튀어 오른 공의 높이의 차는 몇 m일까요?

(   )

10 4장의 수 카드를 한 번씩만 사용하여 곱이 가장 큰 곱셈식을 만들고 계산해 보세요.

6   5   3   9

□.□ × □.□ = □

핵심 NOTE
곱하는 두 소수의 자연수 부분이 클수록 곱이 커집니다.

11 4장의 수 카드를 한 번씩만 사용하여 곱이 가장 작은 곱셈식을 만들고 계산해 보세요.

2   7   8   4

□.□ × □.□ = □

12 4장의 수 카드를 한 번씩만 사용하여 곱이 가장 큰 곱셈식을 만들고 계산해 보세요.

2   5   7   9

0.□□ × 0.□□ = □

도전5 **시간의 단위를 바꾸어 구하기**

13 1시간에 $87.5\,km$를 갈 수 있는 자동차가 있습니다. 같은 빠르기로 이 자동차가 4시간 24분 동안 갈 수 있는 거리는 몇 km일까요?

( )

핵심 NOTE
■시간 ▲분은 몇 시간인지 소수로 나타내어 식을 세웁니다.

14 1시간에 물 $0.36\,L$를 사용하는 가습기가 있습니다. 이 가습기를 3시간 45분 동안 사용했다면 사용된 물의 양은 몇 L일까요?

( )

15 어떤 승용차가 $1\,km$를 달리는 데 휘발유를 $0.08\,L$ 사용한다고 합니다. 이 승용차가 한 시간에 $90\,km$를 가는 빠르기로 2시간 36분 동안 달리면 휘발유를 몇 L 사용하게 될까요?

( )

도전6 **이어 붙인 색 테이프의 전체 길이 구하기**

16 색 테이프 15장을 그림과 같이 겹치게 이어 붙였습니다. 이어 붙인 색 테이프의 전체 길이는 몇 cm일까요?

( )

핵심 NOTE
색 테이프의 길이의 합에서 겹친 부분의 길이의 합을 빼서 구합니다.

17 색 테이프 20장을 그림과 같이 겹치게 이어 붙였습니다. 이어 붙인 색 테이프의 전체 길이는 몇 cm일까요?

( )

18 직사각형 모양의 종이 5장을 그림과 같이 겹치게 이어 붙였습니다. 이어 붙여서 만든 직사각형의 둘레는 몇 cm일까요?

( )

1 ☐ 안에 알맞은 수를 써넣으세요.

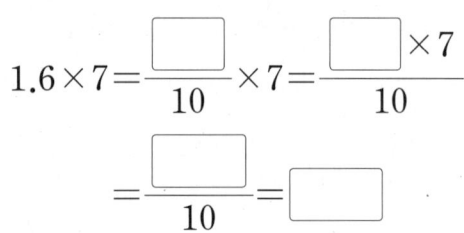

$$1.6 \times 7 = \dfrac{\boxed{}}{10} \times 7 = \dfrac{\boxed{} \times 7}{10}$$

$$= \dfrac{\boxed{}}{10} = \boxed{}$$

2 ☐ 안에 알맞은 수를 써넣으세요.

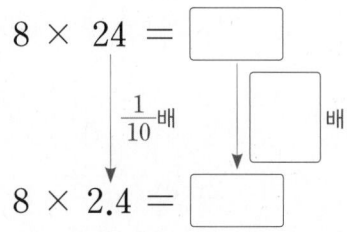

$$8 \times 24 = \boxed{}$$

$\dfrac{1}{10}$배 ↓ ☐배

$$8 \times 2.4 = \boxed{}$$

3 계산해 보세요.

(1) 0.7×3

(2) 6×3.54

4 잘못 계산한 곳을 찾아 바르게 계산해 보세요.

$$0.4 \times 0.14 = \dfrac{4}{10} \times \dfrac{14}{10} = \dfrac{56}{100} = 0.56$$

➡ $0.4 \times 0.14 =$

5 어림하여 계산 결과가 18보다 작은 것을 찾아 기호를 써 보세요.

㉠ 3.1×6.2 ㉡ 1.6×8.5 ㉢ 4.2×7.3

(   )

6 빈칸에 두 수의 곱을 써넣으세요.

4.5	8.2

7 계산 결과를 비교하여 ◯ 안에 >, =, <를 알맞게 써넣으세요.

$$8 \times 0.9 \bigcirc 2 \times 3.05$$

8 계산해 보세요.

$$593 \times 0.1 = \boxed{}$$

$$593 \times 0.01 = \boxed{}$$

$$593 \times 0.001 = \boxed{}$$

9 빈칸에 알맞은 수를 써넣으세요.

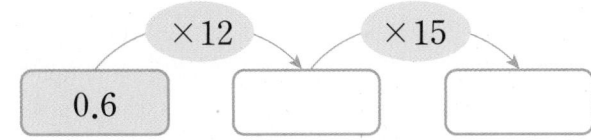

10 바르게 계산한 것은 어느 것일까요? (   )

① $0.6 \times 17 = 11.2$ ② $26 \times 0.45 = 12.7$
③ $13 \times 1.6 = 21.8$ ④ $3.4 \times 4.9 = 17.76$
⑤ $5.12 \times 2.5 = 12.8$

11 계산 결과가 같은 것끼리 이어 보세요.

5×0.009 ·	· 50×0.09
0.5×9 ·	· 0.05×0.9

12 진수는 이번 주 월요일부터 목요일까지 하루에 1시간 15분씩 자전거를 탔습니다. 진수가 이번 주에 자전거를 탄 시간은 모두 몇 시간인지 구해 보세요.

(   )

13 마름모의 둘레는 몇 cm일까요?

(   )

14 어느 날 덴마크 돈 10크로네가 우리나라 돈으로 1805.4원이라고 합니다. 이 날 덴마크 돈 1000크로네는 우리나라 돈으로 얼마인지 구해 보세요.

(   )

15 $436 \times 18 = 7848$을 이용하여 식을 완성할 때 ㉠과 ㉡에 알맞은 수의 곱을 구해 보세요.

- $㉠ \times 1.8 = 78.48$
- $4.36 \times ㉡ = 0.7848$

(   )

16 다음 정사각형의 가로는 1.2배로 늘이고, 세로는 0.6배로 줄여서 새로운 직사각형을 만들었습니다. 새로 만든 직사각형의 넓이는 몇 cm^{2}인지 구해 보세요.

9 cm

(   )

17 어떤 수에 4.7을 곱해야 할 것을 잘못하여 더했더니 8.9가 되었습니다. 바르게 계산한 값은 얼마인지 구해 보세요.

(   )

18 길이가 5.45 cm인 색 테이프 8장을 0.8 cm씩 겹치게 한 줄로 이어 붙였습니다. 이어 붙인 색 테이프의 전체 길이는 몇 cm인지 구해 보세요.

5.45 cm   5.45 cm

0.8 cm   0.8 cm

(   )

서술형
19 □ 안에 들어갈 수 있는 자연수는 모두 몇 개인지 풀이 과정을 쓰고 답을 구해 보세요.

$$3.4 \times 12 < \square < 7.35 \times 6$$

풀이

답

서술형
20 아버지의 몸무게는 65 kg이고, 어머니의 몸무게는 아버지의 몸무게의 0.82만큼입니다. 지아의 몸무게가 어머니의 몸무게의 0.7만큼일 때 지아의 몸무게는 몇 kg인지 풀이 과정을 쓰고 답을 구해 보세요.

풀이

답

1 □ 안에 알맞은 수를 써넣으세요.

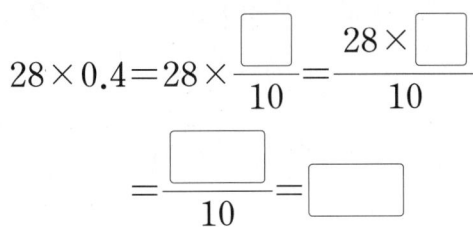

$$28 \times 0.4 = 28 \times \frac{\boxed{}}{10} = \frac{28 \times \boxed{}}{10}$$

$$= \frac{\boxed{}}{10} = \boxed{}$$

2 1.95 × 2.3을 자연수의 곱셈으로 계산하려고 합니다. □ 안에 알맞은 수를 써넣으세요.

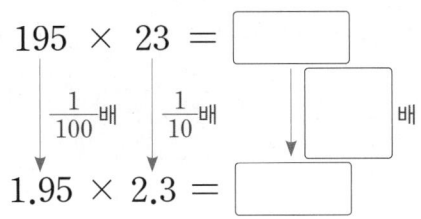

$$195 \times 23 = \boxed{}$$

$\frac{1}{100}$배 $\frac{1}{10}$배 □배

$$1.95 \times 2.3 = \boxed{}$$

3 계산해 보세요.

(1) 1.6×8 (2) 9×0.38

4 빈칸에 알맞은 수를 써넣으세요.

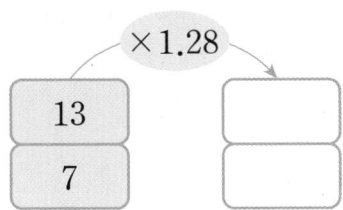

×1.28

13

7

5 두 수의 곱을 구해 보세요.

7.2 0.38

(   )

6 계산 결과를 비교하여 ◯ 안에 >, =, <를 알맞게 써넣으세요.

$$5.1 \times 9 \;\bigcirc\; 8.36 \times 5$$

7 계산 결과가 다른 하나를 찾아 기호를 써 보세요.

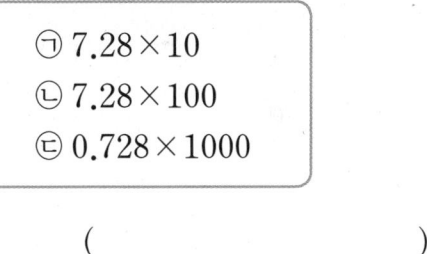

ⓒ 7.28×10
ⓒ 7.28×100
ⓒ 0.728×1000

(   )

8 곱의 소수점 아래 자리 수가 다른 하나를 찾아 ◯표 하세요.

0.8×0.9 1.5×0.6 0.7×2.4

9 계산 결과가 같은 것끼리 이어 보세요.

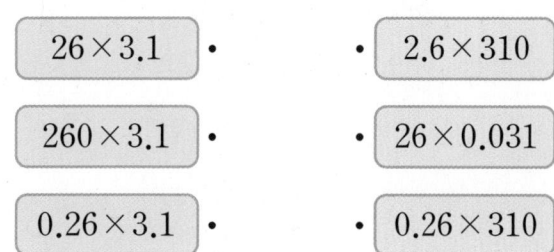

26 × 3.1 •	• 2.6 × 310
260 × 3.1 •	• 26 × 0.031
0.26 × 3.1 •	• 0.26 × 310

10 빈칸에 알맞은 수를 써넣으세요.

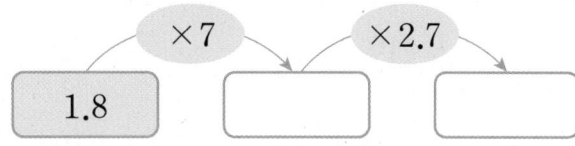

11 정사각형의 넓이는 몇 m^2일까요?

3.4 m

(   )

12 ☐ 안에 알맞은 수가 가장 작은 것의 기호를 써 보세요.

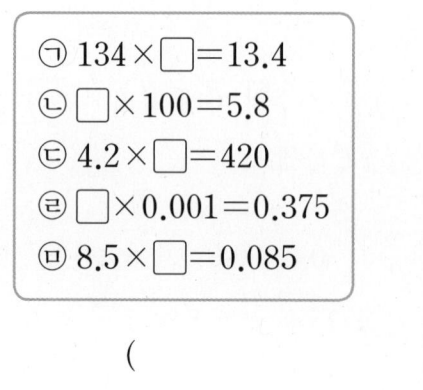

㉠ 134 × ☐ = 13.4
㉡ ☐ × 100 = 5.8
㉢ 4.2 × ☐ = 420
㉣ ☐ × 0.001 = 0.375
㉤ 8.5 × ☐ = 0.085

(   )

13 두부 한 모는 0.6 kg이고, 두부 한 모의 0.095 만큼이 단백질 성분입니다. 두부 한 모에 들어 있는 단백질 성분은 몇 kg일까요?

(   )

14 하은이가 계산기로 0.6 × 0.45를 계산하려고 하는데 0.6과 0.45 중 하나의 소수점 위치를 잘못 눌러서 2.7이 되었습니다. 계산기에 누른 두 수를 써 보세요.

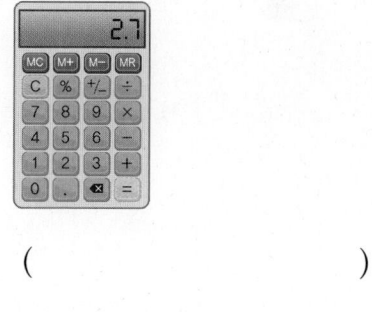

(   )

15 ☐ 안에 들어갈 수 있는 가장 큰 자연수를 구해 보세요.

2.8 × 3.15 > ☐

(   )

16 상우는 1분에 43.2 m를 걸어갈 수 있습니다. 같은 빠르기로 상우가 5분 48초 동안 갈 수 있는 거리는 몇 m일까요?

(   )

17 물을 주성이는 3 L의 0.38만큼 마셨고, 서진 이는 1.3 L를 마셨습니다. 물을 누가 몇 L 더 많이 마셨을까요?

(   ), (   )

18 4장의 수 카드를 한 번씩만 사용하여 곱이 가장 작은 곱셈식을 만들고 계산해 보세요.

☐.☐ × ☐.☐ = ☐☐☐

19 ^{서술형} 직사각형의 가로는 0.8배로 줄이고, 세로는 1.5배로 늘여서 새로운 직사각형을 만들려고 합니다. 새로운 직사각형의 넓이는 몇 cm^2인 지 풀이 과정을 쓰고 답을 구해 보세요.

풀이

답

20 ^{서술형} 어떤 수에 0.5를 곱해야 할 것을 잘못하여 어떤 수를 0.5로 나누었더니 1.84가 되었습니다. 바르게 계산하면 얼마인지 풀이 과정을 쓰고 답을 구해 보세요.

풀이

답

사고력이 반짝

● 미션 내용

❶ 숫자의 개수만큼 주변(위, 아래, 옆, 대각선)에 보물이 숨겨져 있어요.
❷ 보물이 있는 칸에 ○표, 보물이 없는 칸에 ×표 하세요.

예시 문제　8개의 보물을 찾아라!

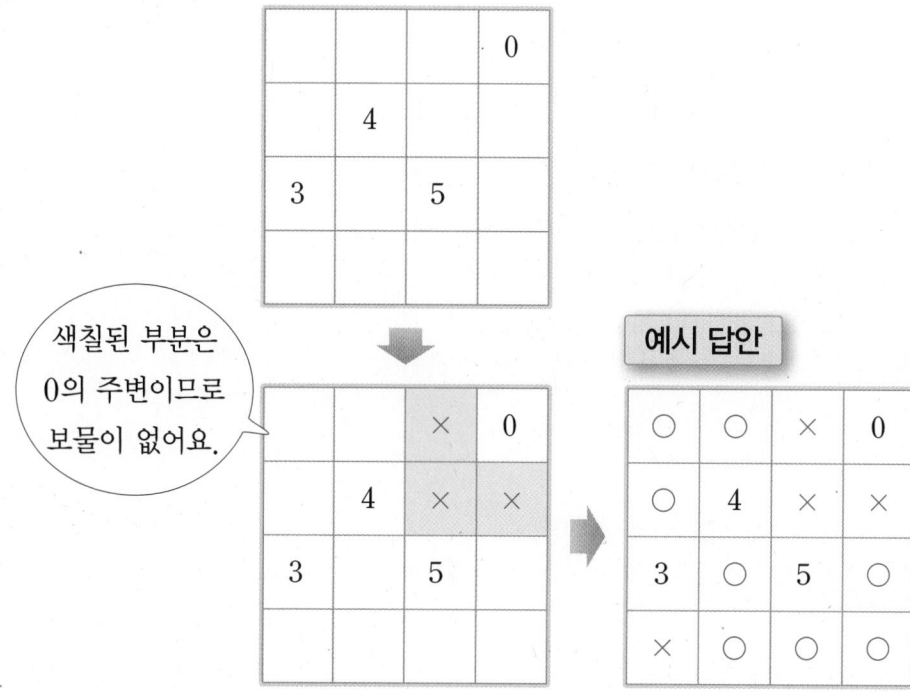

색칠된 부분은 0의 주변이므로 보물이 없어요.

예시 답안

● 미션 내용

첫 번째
7개의 보물을 찾아라!

0			
		6	
1		4	

두 번째
9개의 보물을 찾아라!

0		2		
			3	
	5		2	
	5		2	

5 직육면체

이번 단원에서 꼭 짚어야 할 **핵심 개념**을 알아보자.

핵심 1 직사각형, 정사각형 6개로 둘러싸인 도형

[   ] : 직사각형 6개로 둘러싸인 도형

[   ] : 정사각형 6개로 둘러싸인 도형

꼭짓점
면
모서리

핵심 2 직육면체의 성질

밑면

① 서로 평행한 면은 모두 [   ]쌍이다.

② 한 면과 수직인 면은 모두 [   ]개이다.

핵심 3 직육면체의 겨냥도

겨냥도: 보이는 모서리는 [   ]으로, 보이지 않는 모서리는 [   ]으로 그려 직육면체의 모양을 잘 알 수 있도록 나타낸 그림

핵심 4 정육면체의 전개도

정육면체의 전개도: 정육면체의 모서리를 잘라서 펼친 그림

가		
나	다	라	마

바

면 가와 평행한 면은 면 [   ]이다.

핵심 5 직육면체의 전개도

직육면체의 전개도: 직육면체의 모서리를 잘라서 펼친 그림

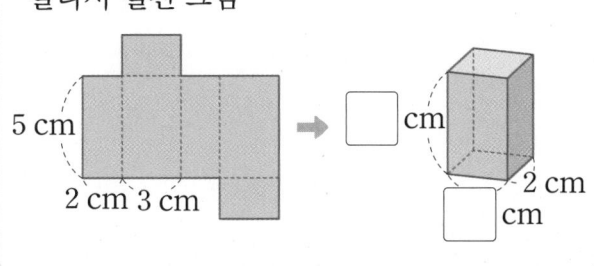

5 cm

2 cm 3 cm

→ [   ] cm

2 cm

[   ] cm

답1. 직육면체, 정육면체 2. 3, 4 3. 실선, 점선 4. 바 5. (왼쪽에서부터) 5, 3

1. 직육면체, 정육면체 알아보기

● 직육면체 알아보기

- **직육면체**: 직사각형 6개로 둘러싸인 도형
- 직육면체의 구성 요소

  면: 선분으로 둘러싸인 부분

  모서리: 면과 면이 만나는 선분

  꼭짓점: 모서리와 모서리가 만나는 점

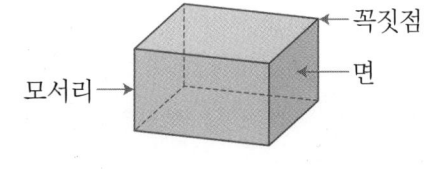

- 직육면체의 면의 모양, 면, 모서리, 꼭짓점의 수

면의 모양	면의 수(개)	모서리의 수(개)	꼭짓점의 수(개)
직사각형	6	12	8

● 정육면체 알아보기

- **정육면체**: 정사각형 6개로 둘러싸인 도형
- 정육면체의 면의 모양, 면, 모서리, 꼭짓점의 수

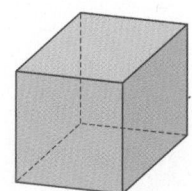

면의 모양	면의 수(개)	모서리의 수(개)	꼭짓점의 수(개)
정사각형	6	12	8

↳ 모양이 모두 같습니다. ↳ 길이가 모두 같습니다.

● 직육면체와 정육면체의 공통점과 차이점

공통점	차이점
• 면의 수는 모두 같습니다. • 모서리의 수는 모두 같습니다. • 꼭짓점의 수는 모두 같습니다.	• 면의 모양이 직육면체는 직사각형이고, 정육면체는 정사각형으로 다릅니다. • 직육면체는 모서리의 길이가 다르지만 정육면체는 모서리의 길이가 모두 같습니다.

개념 자세히 보기

• **정사각형은 직사각형이므로 정육면체는 직육면체라고 할 수 있어요!**

⊙ 정답과 풀이 **42쪽**

1 직육면체의 각 부분의 이름을 ☐ 안에 알맞게 써넣으세요.

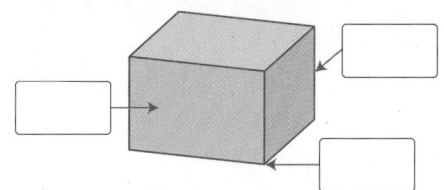

2 그림을 보고 직육면체를 모두 찾아 기호를 써 보세요.

모든 면의 모양이
직사각형인 도형을
찾아보아요.

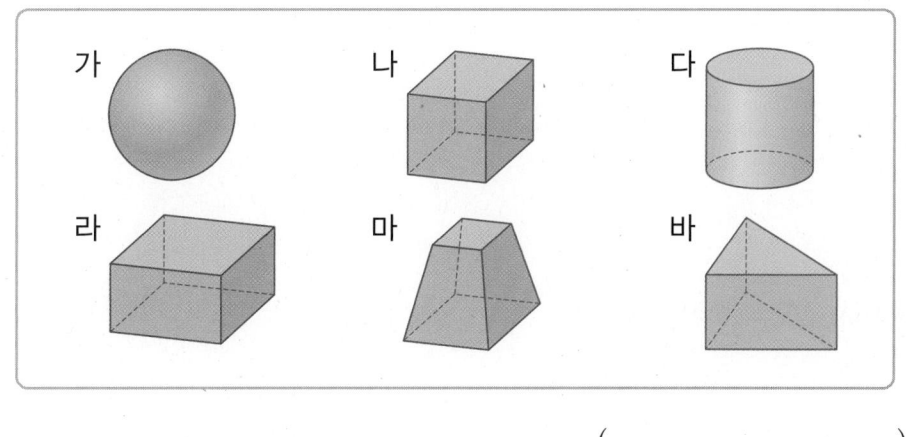

가   나   다

라   마   바

(   )

3 오른쪽 그림과 같이 정사각형 6개로 둘러싸인 도형을 무엇이라고 할까요?

(   )

4학년 때 배웠어요

• 다각형: 선분으로만 둘러싸인 도형
• 정다각형: 변의 길이가 모두 같고, 각의 크기가 모두 같은 다각형

4 그림을 보고 정육면체를 모두 찾아 기호를 써 보세요.

정육면체는 크기가
같은 정사각형 6개로
둘러싸여 있어요.

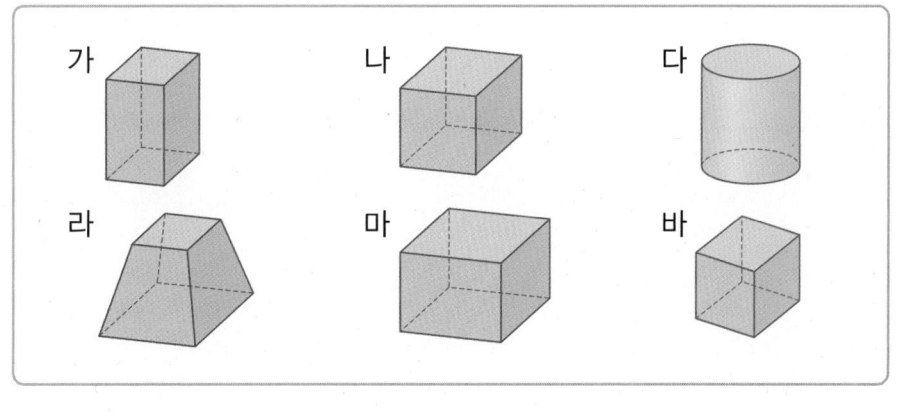

가   나   다

라   마   바

(   )

2. 직육면체의 성질, 직육면체의 겨냥도 알아보기

● 직육면체의 성질 알아보기

• 직육면체의 **밑면**: 직육면체에서 색칠한 두 면처럼 계속 늘여도 만나지 않는 평행한 두 면

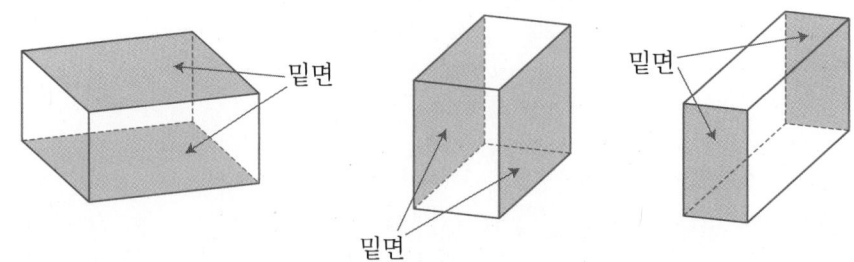

➡ 직육면체에는 평행한 면이 3쌍 있고 이 평행한 면은 각각 밑면이 될 수 있습니다.

• 삼각자 3개를 그림과 같이 놓았을 때 면 ㄱㄴㄷㄹ과 면 ㄷㅅㅇㄹ은 수직입니다.

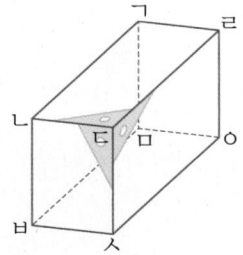

➡ 면 ㄴㅂㅅㄷ과 면 ㄷㅅㅇㄹ, 면 ㄱㄴㄷㄹ과 면 ㄴㅂㅅㄷ도 수직입니다.

• 직육면체의 **옆면**: 직육면체에서 밑면과 수직인 면

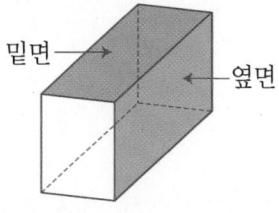

➡ 직육면체에서 한 면에 수직인 면은 4개입니다.

● 직육면체의 겨냥도 알아보기

• 직육면체의 **겨냥도**: 직육면체 모양을 잘 알 수 있도록 나타낸 그림

➡ 겨냥도에서 보이는 모서리는 실선으로, 보이지 않는 모서리는 점선으로 그립니다.

면의 수(개)		모서리의 수(개)		꼭짓점의 수(개)	
보이는 면	보이지 않는 면	보이는 모서리	보이지 않는 모서리	보이는 꼭짓점	보이지 않는 꼭짓점
3	3	9	3	7	1

◐ 정답과 풀이 42쪽

1 직육면체에서 색칠한 면과 평행한 면을 찾아 색칠해 보세요.

①

②

 직육면체에서 한 면과 평행한 면은 1개뿐이에요.

2 직육면체를 보고 물음에 답하세요.

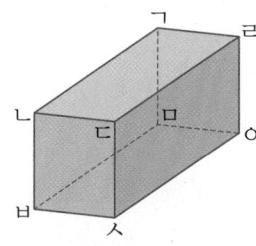

① 꼭짓점 ㄷ과 만나는 면을 모두 써 보세요.

( )

② ☐ 안에 알맞은 말을 써넣으세요.

꼭짓점 ㄷ과 만나는 면들에 삼각자를 대어 보면 꼭짓점 ㄷ을 중심으로 모두 ☐ 입니다.

3 ☐ 안에 알맞은 말을 써넣으세요.

직육면체의 겨냥도는 직육면체 모양을 잘 알 수 있도록 보이는 모서리는 ☐ (으)로, 보이지 않는 모서리는 ☐ (으)로 그린 그림입니다.

4 직육면체의 겨냥도를 바르게 그린 것을 찾아 기호를 써 보세요.

 보이는 모서리와 보이지 않는 모서리를 바르게 나타내었는지 살펴보아요.

( )

5

3. 정육면체와 직육면체의 전개도 알아보기

● 정육면체의 전개도 알아보기

• 정육면체의 **전개도**: 정육면체의 모서리를 잘라서 펼친 그림

➡ 정육면체의 전개도에서 잘린 모서리는 실선으로, 잘리지 않는 모서리는
점선으로 표시합니다.

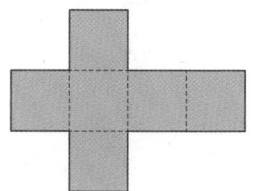

● 여러 가지 정육면체의 전개도의 공통점

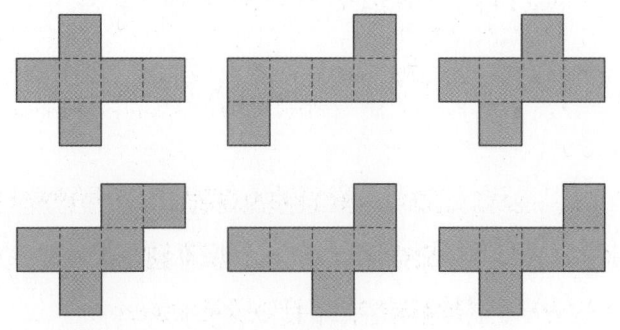

→ 정육면체의 전개도는 11가지입니다.

• 정사각형 6개로 이루어져 있습니다.
• 모든 모서리의 길이가 같습니다.
• 접었을 때 서로 겹치는 부분이 없습니다.
• 접었을 때 마주 보며 평행한 면이 서로 3쌍이
있습니다.
• 접었을 때 만나는 모서리의 길이가 같습니다.
• 접었을 때 한 면과 수직인 면이 4개입니다.

● 직육면체의 전개도 알아보기

• 전개도를 접었을 때 면 가와 면 바, 면 나와 면 라, 면 다와 면 마는
각각 평행합니다.
• 전개도를 접었을 때 한 면에 수직인 면은 4개, 한 꼭짓점에서 만나는
모서리는 3개, 한 꼭짓점에서 만나는 면은 3개입니다.

● 직육면체의 전개도 그리기

• 밑에 놓을 면을 어디로 정하는지에 따라 또는 모서리를 어떤 방법으로 자르는지에 따라 전개도의 모양은
다릅니다.
• 전개도를 그리고 난 후 모양과 크기가 같은 면이 3쌍 있는지, 접었을 때 만나는 모서리의 길이가 같은지,
겹치는 면은 없는지 확인합니다.

◆ 정답과 풀이 42쪽

1 ☐ 안에 알맞은 말을 써넣으세요.

정육면체의 모서리를 잘라서 펼친 그림을
정육면체의 ☐ (이)라고 합니다.

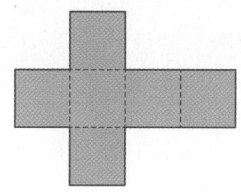

2 전개도를 접어서 정육면체를 만들었을 때 색칠한 면과 평행한 면에 색칠해 보세요.

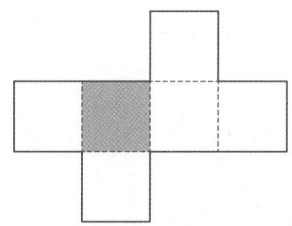

전개도를 접었을 때 마주
보는 면을 찾아보아요.

3 직육면체의 전개도를 그린 것입니다. ☐ 안에 알맞은 수를 써넣으세요.

☐ cm

☐ cm

☐ cm

6cm
4cm
8cm

5

4 직육면체의 전개도를 완성해 보세요.

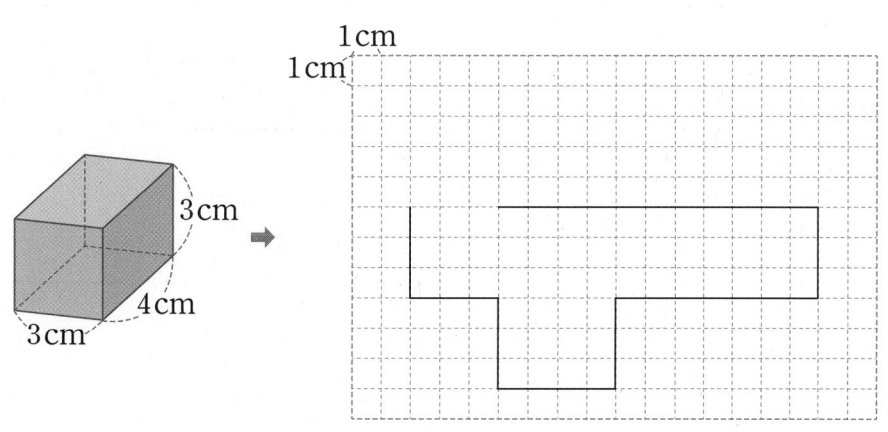

1cm
1cm

3cm
4cm
3cm

직육면체의 전개도에서
마주 보는 면은 모양과
크기가 같게 그려요.

1 직육면체

1 직육면체를 모두 찾아 기호를 써 보세요.

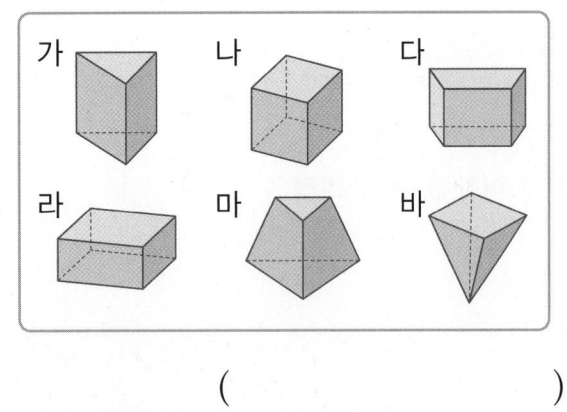

(   )

2 직육면체의 각 부분의 이름을 ☐ 안에 알맞게 써넣으세요.

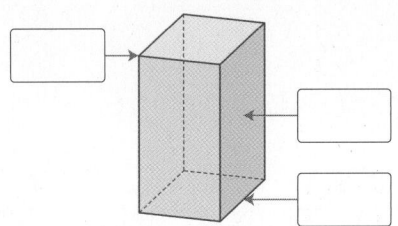

직사각형은 네 각의 크기가 모두 같아.

 준비 직사각형을 모두 찾아 ○표 하세요.

(   ) (   ) (   ) (   )

3 직육면체의 면이 될 수 있는 도형을 모두 찾아 기호를 써 보세요.

가   나   다   라

(   )

4 직육면체를 보고 빈칸에 알맞은 수를 써넣으세요.

면의 수(개)	모서리의 수(개)	꼭짓점의 수(개)

서술형
5 준서가 미술 시간에 만든 모양입니다. 준서가 만든 모양이 직육면체가 <u>아닌</u> 이유를 써 보세요.

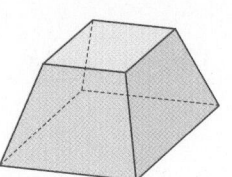

이유 ┈┈┈┈┈┈┈┈┈┈┈┈┈┈┈┈┈┈

┈┈┈┈┈┈┈┈┈┈┈┈┈┈┈┈┈┈┈┈

6 직육면체에서 면 ㄴㅂㅅㄷ의 모서리의 길이의 합은 몇 cm일까요?

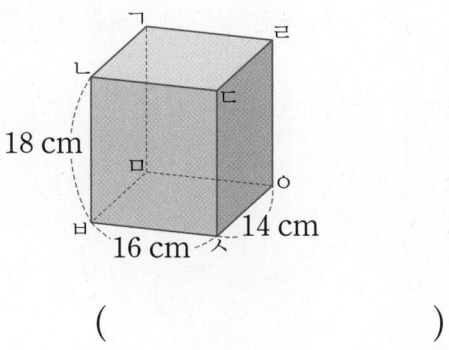

18 cm
16 cm
14 cm

(   )

② 정육면체

7 정육면체를 모두 찾아 기호를 써 보세요.

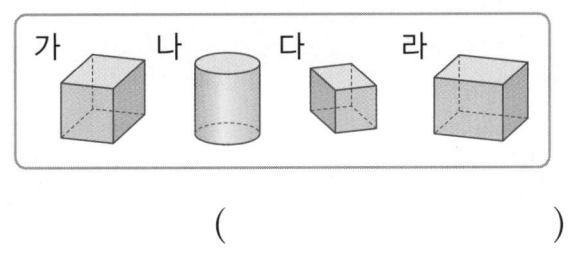

( )

8 정육면체에서 면 ㉮를 본뜬 모양은 어떤 도형 인지 써 보세요.

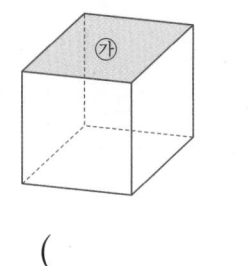

( )

9 정육면체를 보고 ☐ 안에 알맞은 수를 써넣으 세요.

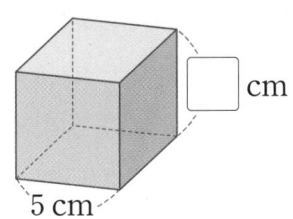

10 정육면체에 대한 설명으로 <u>틀린</u> 것을 찾아 기 호를 써 보세요.

> ㉠ 모서리의 길이가 모두 같습니다.
> ㉡ 면의 모양과 크기가 다릅니다.
> ㉢ 꼭짓점은 8개입니다.

( )

11 직육면체와 정육면체에 대하여 바르게 설명한 사람은 누구인지 써 보세요.

직육면체는 정육면체라고 말할 수 있어. 미서

정육면체는 직육면체라고 말할 수 있어. 정호

( )

12 직육면체와 정육면체의 <u>다른</u> 점을 모두 찾아 기호를 써 보세요.

> ㉠ 모서리의 길이   ㉡ 면의 수
> ㉢ 면의 모양   ㉣ 꼭짓점의 수
> ㉤ 모서리의 수

( )

☺ 내가 만드는 문제

13 주변에서 정육면체 모양의 물건을 찾아 쓰고, 찾은 물건의 면과 꼭짓점의 수의 합은 몇 개인 지 구해 보세요.

( ), ( )

14 정육면체에서 보이는 모서리와 보이는 꼭짓점 의 수의 합은 몇 개일까요?

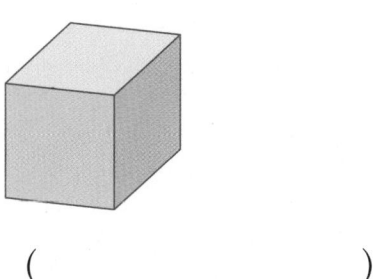

( )

5

3 직육면체의 성질

15 오른쪽 직육면체에서 색칠한 면과 수직인 면을 <u>잘못</u> 색칠한 것을 찾아 기호를 써 보세요.

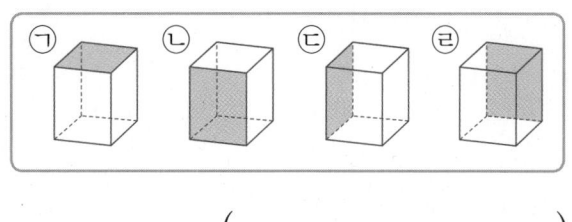

(   )

계속 늘여도 만나지 않는 두 직선을 평행하다고 해.

준비 서로 평행한 두 직선을 찾아 써 보세요.

(   )

😊 내가 만드는 문제

16 직육면체에서 한 면을 골라 색칠하고 색칠한 면과 평행한 면에 빗금을 그어 보세요.

17 오른쪽 직육면체를 보고 ☐ 안에 알맞은 수를 써넣으세요.

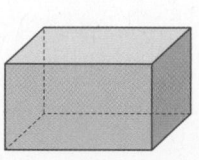

(1) 직육면체에서 평행한 면은 모두 ☐ 쌍입니다.

(2) 직육면체에서 한 면과 수직인 면은 모두 ☐ 개입니다.

[18~20] 직육면체를 보고 물음에 답하세요.

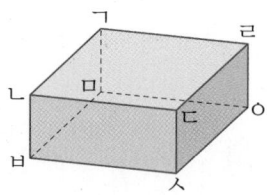

18 면 ㄴㅂㅅㄷ과 평행한 면을 찾아 써 보세요.

(   )

19 면 ㄴㅂㅁㄱ과 수직인 면을 모두 찾아 써 보세요.

(   )

20 꼭짓점 ㅂ에서 만나는 면은 모두 몇 개일까요?

(   )

서술형
21 주사위에서 서로 평행한 두 면의 눈의 수의 합은 7입니다. 5의 눈이 그려진 면과 수직인 면들의 눈의 수의 합은 얼마인지 풀이 과정을 쓰고 답을 구해 보세요.

풀이 ....

....

답 ....

4 직육면체의 겨냥도

22 직육면체의 겨냥도를 바르게 그린 것을 찾아 기호를 써 보세요.

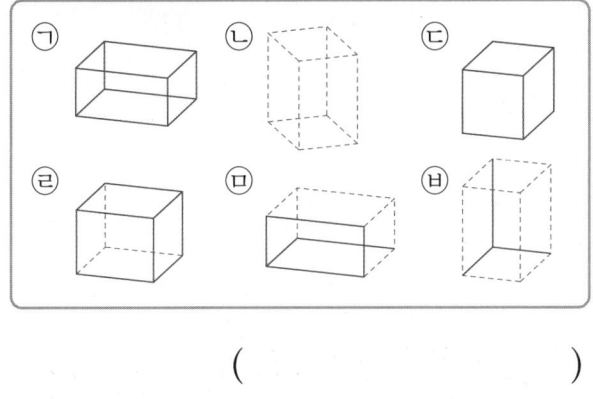

(   )

23 직육면체에서 보이지 않는 모서리를 점선으로 그려 넣으세요.

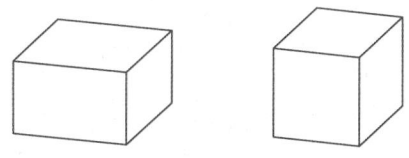

24 정육면체의 겨냥도를 보고 빈칸에 알맞은 수를 써넣으세요.

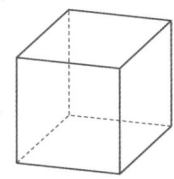

보이는 면의 수(개)	
보이지 않는 면의 수(개)	
보이는 꼭짓점의 수(개)	
보이지 않는 꼭짓점의 수(개)	

서술형
25 직육면체의 겨냥도를 잘못 그린 것입니다. 그 이유를 써 보세요.

이유 _____

26 그림에서 빠진 부분을 그려 넣어 직육면체의 겨냥도를 완성하려고 합니다. 더 그려야 하는 실선과 점선은 각각 몇 개일까요?

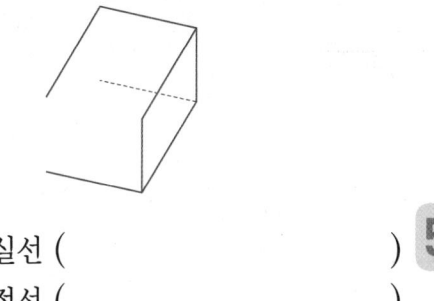

실선 (   )
점선 (   )

😊 내가 만드는 문제
27 주변에서 직육면체 모양의 물건을 찾아 그 물건의 겨냥도를 그려 보세요.

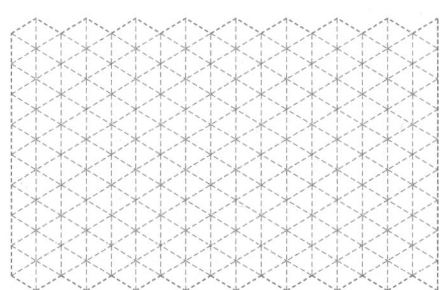

5 정육면체의 전개도

28 정육면체의 전개도가 <u>아닌</u> 것을 모두 찾아 기호를 써 보세요.

(   )

두 직선이 만나서 이루는 각이 직각일 때
두 직선을 서로 수직이라고 해.

준비 서로 수직인 두 직선이 만나서 이루는 각도는 몇 도일까요?

(   )

[29~30] 전개도를 접어 정육면체를 만들었습니다. 물음에 답하세요.

29 면 마와 평행한 면을 찾아 써 보세요.

(   )

30 면 라와 수직인 면을 모두 찾아 써 보세요.

(   )

31 정육면체의 모서리를 잘라 정육면체의 전개도를 만들었습니다. ☐ 안에 알맞은 기호를 써넣으세요.

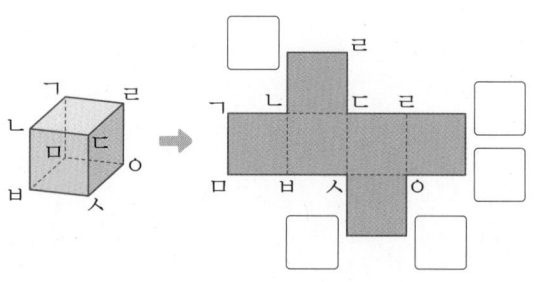

😊 내가 만드는 문제

32 정육면체의 전개도를 접었을 때 서로 평행한 두 면에 같은 모양을 그려 넣으려고 합니다. 자유롭게 모양을 정하여 서로 평행한 두 면에 모양을 그려 보세요.

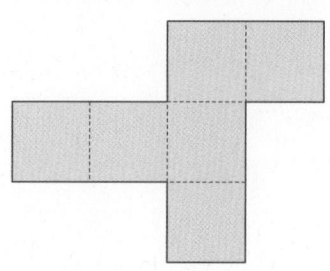

33 한 모서리의 길이가 2 cm인 정육면체의 전개도를 그려 보세요.

1 cm
1 cm

6 직육면체의 전개도

34 직육면체의 전개도를 모두 찾아 기호를 써 보세요.

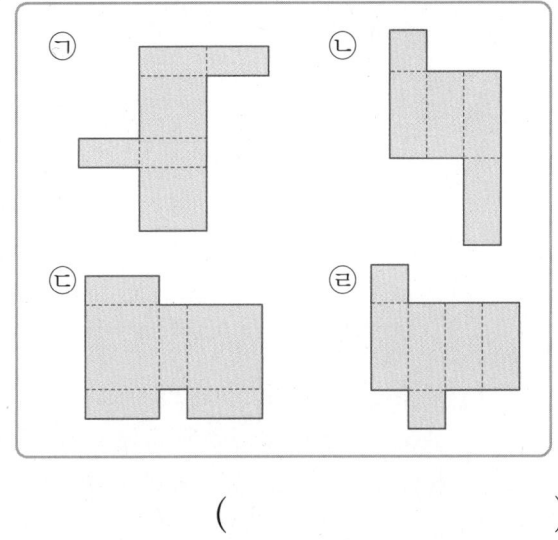

( )

35 직육면체의 전개도를 그린 것입니다. ☐ 안에 알맞은 수를 써넣으세요.

서술형
36 다음은 직육면체의 전개도가 아닙니다. 그 이유를 써 보세요.

이유

[37~38] 전개도를 접어 직육면체를 만들었습니다. 물음에 답하세요.

37 색칠한 면과 마주 보는 면을 찾아 써 보세요.

( )

38 색칠한 면과 수직인 면을 모두 찾아 써 보세요.

( )

39 직육면체의 전개도를 완성해 보세요.

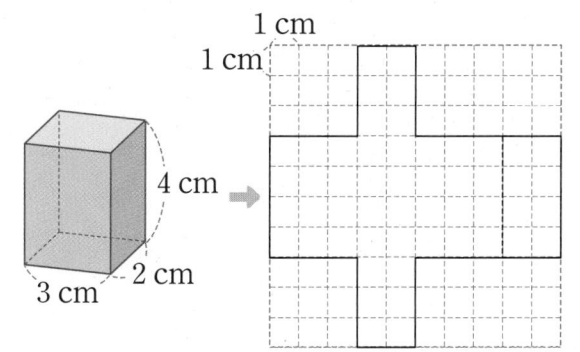

40 직육면체의 전개도를 그려 보세요.

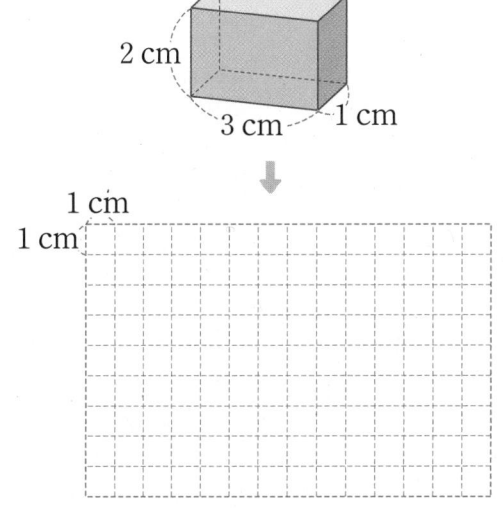

STEP 3 자주 틀리는 유형

⚡ 직육면체의 모서리의 길이

1 직육면체에서 모서리 ㄷㅅ의 길이는 몇 cm일까요?

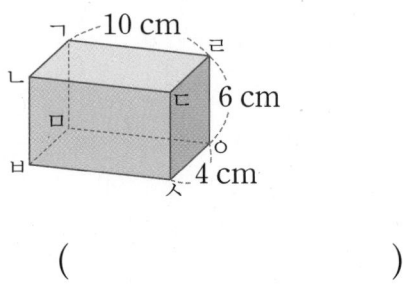

( )

2 직육면체에서 길이가 4 cm인 모서리는 모두 몇 개일까요?

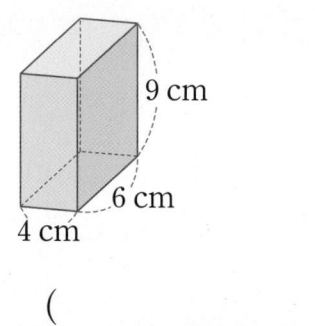

( )

3 직육면체에서 면 ㄱㅁㅇㄹ과 평행한 면의 모서리 길이의 합은 몇 cm일까요?

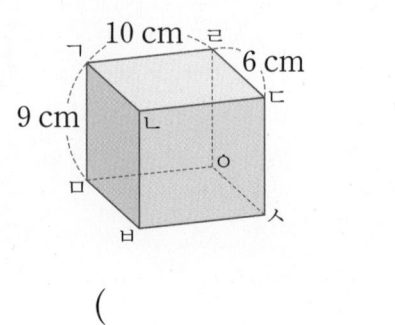

( )

⚡ 두 면에 공통으로 수직인 면

4 직육면체에서 색칠한 두 면에 공통으로 수직인 면을 모두 찾아 ○표 하세요.

면 ㄱㅁㅇㄹ	면 ㅁㅂㅅㅇ
면 ㄴㅂㅁㄱ	면 ㄴㅂㅅㄷ

5 직육면체에서 면 ㅁㅂㅅㅇ과 면 ㄴㅂㅁㄱ에 공통으로 수직인 면을 모두 찾아 써 보세요.

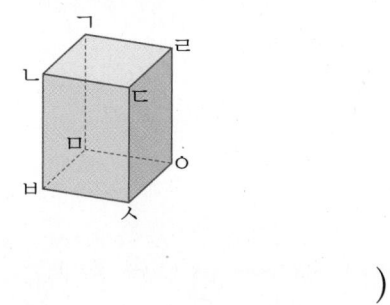

( )

6 주사위에서 서로 평행한 두 면의 눈의 수의 합은 7입니다. 눈의 수가 1인 면과 3인 면에 공통으로 수직인 면에 쓰여진 눈의 수를 모두 구해 보세요.

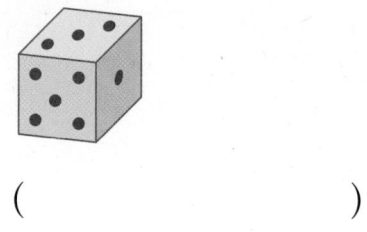

( )

⚡ **겨냥도에서 보이지 않는 모서리의 길이**

7 직육면체의 겨냥도에서 보이지 않는 모서리의 길이의 합은 몇 cm일까요?

( )

8 오른쪽 직육면체의 겨냥도에서 보이지 않는 모서리의 길이의 합은 몇 cm일까요?

( )

9 직육면체의 겨냥도에서 보이지 않는 모서리의 길이의 합이 19 cm일 때 모서리 ㄴㅂ의 길이는 몇 cm일까요?

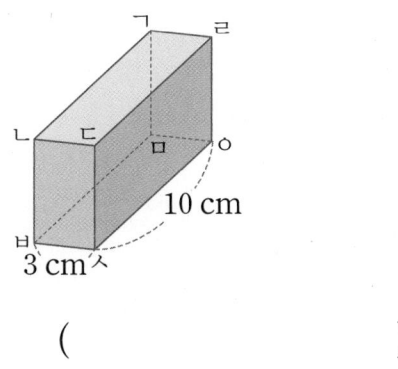

( )

⚡ **모든 모서리의 길이의 합**

10 정육면체의 모든 모서리의 길이의 합은 몇 cm일까요?

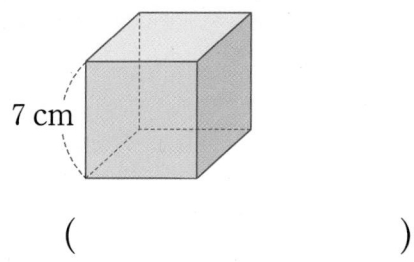

( )

11 한 모서리의 길이가 12 cm인 정육면체의 모든 모서리의 길이의 합은 몇 cm일까요?

( )

12 직육면체의 모든 모서리의 길이의 합은 몇 cm일까요?

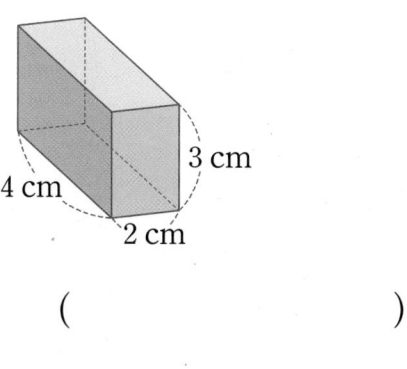

( )

5

⚡ **전개도를 접었을 때 겹치는 부분**

13 전개도를 접어서 직육면체를 만들었을 때 선분 ㅌㅋ과 겹치는 선분을 찾아 써 보세요.

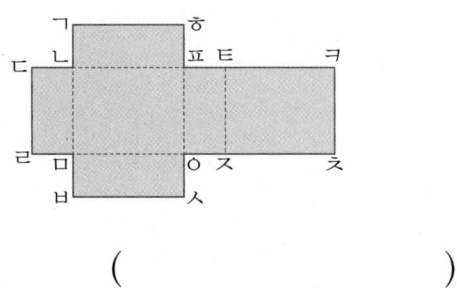

(   )

14 전개도를 접어서 정육면체를 만들었을 때 선분 ㅊㅋ과 겹치는 선분을 찾아 써 보세요.

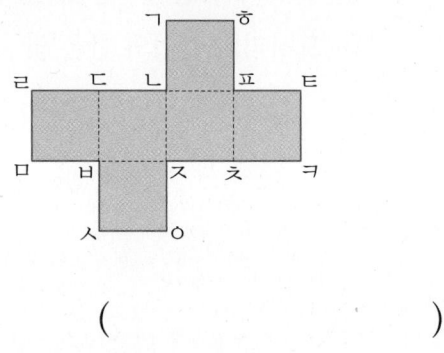

(   )

15 전개도를 접어서 직육면체를 만들었을 때 점 ㅋ과 만나는 점을 모두 찾아 써 보세요.

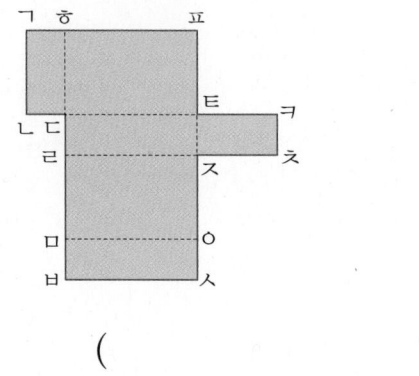

(   )

⚡ **주사위의 전개도에서 눈의 수의 합**

16 전개도를 접어서 만든 주사위에서 서로 평행한 두 면의 눈의 수의 합은 7입니다. 정육면체 전개도의 빈 곳에 주사위의 눈을 알맞게 그려 넣으세요.

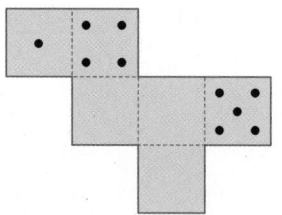

17 전개도를 접어서 만든 주사위에서 서로 평행한 두 면의 눈의 수의 합은 7입니다. 정육면체 전개도의 빈 곳에 주사위의 눈을 알맞게 그려 넣으세요.

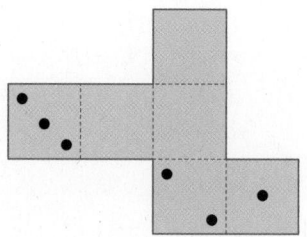

18 전개도를 접어서 만든 정육면체에서 서로 평행한 두 면의 눈의 수의 합이 모두 같습니다. ㉠과 ㉡의 눈의 수의 합을 구해 보세요.

(   )

4 최상위 도전 유형

최상위 유형에 자주 나오는 문제로 학습함으로써 수학의 실력을 완성해 보세요.

도전1 한 모서리의 길이 구하기

1 직육면체의 모든 모서리의 길이의 합은 52 cm 입니다. 모서리 ㅅㅇ의 길이는 몇 cm일까요?

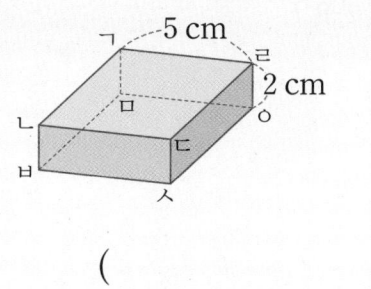

( )

핵심 NOTE
직육면체에는 길이가 같은 모서리가 4개씩 3쌍 있음을 이용합니다.

2 직육면체의 모든 모서리의 길이의 합은 80 cm 입니다. 모서리 ㄴㅂ의 길이는 몇 cm일까요?

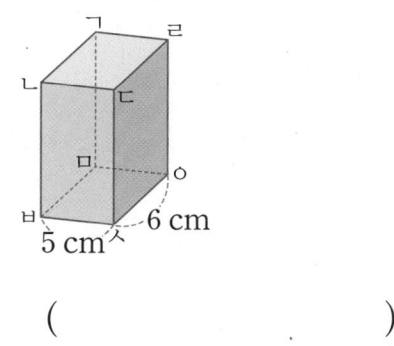

( )

3 모든 모서리의 길이의 합이 120 cm인 정육면체가 있습니다. 이 정육면체의 한 면의 둘레는 몇 cm일까요?

( )

도전2 평행한 면 찾기

4 각 면에 서로 다른 색을 칠한 정육면체를 세 방향에서 본 모양을 나타낸 것입니다. 주황색 면과 평행한 면은 무슨 색인지 구해 보세요.

( )

핵심 NOTE
색칠한 면과 평행한 면은 색칠한 면과 수직이 아닌 면입니다.

5 각 면에 서로 다른 색을 칠한 정육면체를 세 방향에서 본 모양을 나타낸 것입니다. 초록색 면과 평행한 면은 무슨 색인지 구해 보세요.

( )

6 각 면에 서로 다른 수가 쓰여진 정육면체를 세 방향에서 본 모양을 나타낸 것입니다. 5가 쓰여진 면과 평행한 면에 쓰여진 수는 얼마인지 구해 보세요.

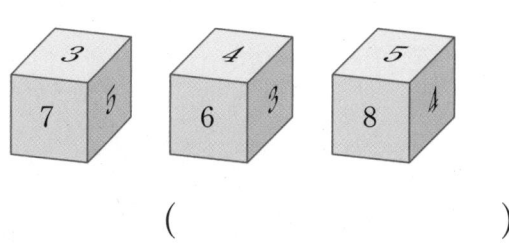

( )

7 그림과 같이 정육면체 모양의 상자를 끈으로 묶었습니다. 매듭으로 사용한 끈의 길이가 15 cm일 때 사용한 끈의 길이는 몇 cm일까요?

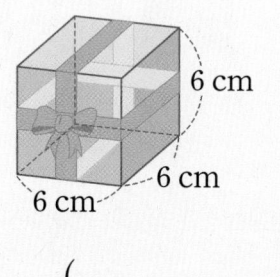

( )

핵심 NOTE
모서리와 평행하게 끈을 묶었다는 것을 생각하여 각각의 면마다 필요한 끈의 길이를 알아봅니다.

8 그림과 같이 직육면체 모양의 상자를 끈으로 묶었습니다. 매듭으로 사용한 끈의 길이가 20 cm일 때 사용한 끈의 길이는 몇 cm일까요?

( )

9 그림과 같이 직육면체 모양의 상자에 색 테이프를 겹치지 않게 붙였습니다. 사용한 색 테이프의 길이는 몇 cm일까요?

( )

10 어떤 직육면체를 앞과 옆에서 본 모양입니다. 직육면체를 위에서 본 모양의 둘레는 몇 cm일까요?

( )

핵심 NOTE
위에서 본 모양을 구하려면 앞과 옆에서 본 모양이 만나는 모서리를 찾습니다.

11 어떤 직육면체를 앞과 옆에서 본 모양입니다. 직육면체를 위에서 본 모양의 둘레는 몇 cm일까요?

( )

12 어떤 직육면체를 위와 앞에서 본 모양입니다. 직육면체를 옆에서 본 모양의 둘레는 몇 cm일까요?

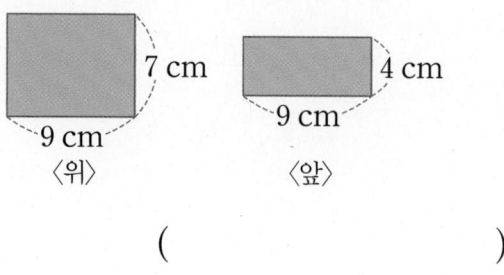

( )

도전5 **전개도에 선이 지나간 자리 그리기**

13 왼쪽과 같이 정육면체에 색 테이프를 붙였습니다. 정육면체의 전개도가 오른쪽과 같을 때 색 테이프가 지나간 자리를 바르게 그려 넣으세요.

핵심 NOTE
전개도를 접었을 때 평행한 면과 수직인 면을 생각하여 색 테이프가 지나간 자리를 표시합니다.

14 왼쪽과 같이 직육면체에 색 테이프를 붙였습니다. 직육면체의 전개도가 오른쪽과 같을 때 색 테이프가 지나간 자리를 바르게 그려 넣으세요.

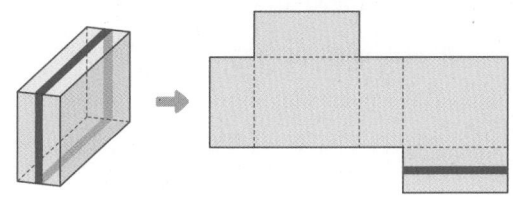

15 왼쪽과 같이 정육면체의 면에 선을 그었습니다. 정육면체의 전개도가 오른쪽과 같을 때 선이 지나간 자리를 바르게 그려 넣으세요.

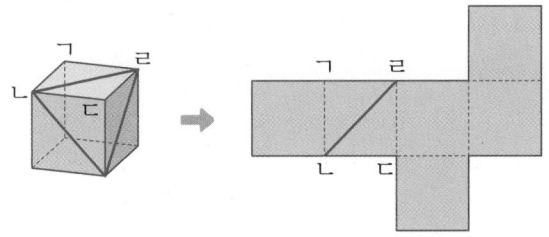

도전6 **전개도의 둘레 구하기**

16 직육면체의 전개도입니다. 전개도의 둘레는 몇 cm일까요?

(   )

핵심 NOTE
전개도를 접었을 때 서로 겹치는 선분의 길이는 각각 같습니다.

17 한 면의 둘레가 28 cm인 정육면체의 전개도입니다. 전개도의 둘레는 몇 cm일까요?

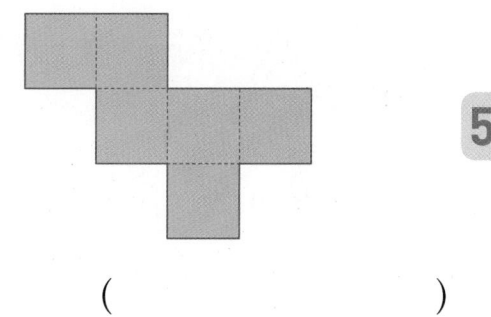

(   )

18 직육면체의 전개도입니다. 전개도의 둘레는 몇 cm일까요?

(   )

1 직육면체를 모두 고르세요. (   )

①   ②   ③

④   ⑤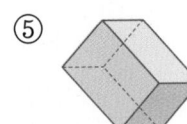

2 직육면체를 보고 ☐ 안에 알맞은 수를 써넣으세요.

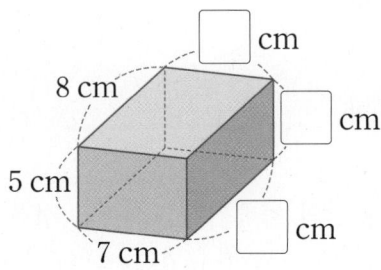

3 오른쪽 정육면체를 보고 빈칸에 알맞은 수를 써넣으세요.

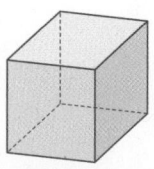

면의 수(개)	모서리의 수(개)	꼭짓점의 수(개)

4 직육면체에서 면 ㄷㅅㅇㄹ과 평행한 면을 찾아 써 보세요.

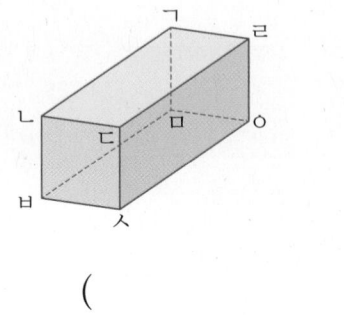

(   )

5 직육면체의 성질을 잘못 설명한 친구의 이름을 써 보세요.

> 민우: 서로 평행한 면은 3쌍이야.
> 다현: 한 꼭짓점에서 만나는 모서리는 모두 3개야.
> 지희: 한 면과 수직으로 만나는 면은 모두 3개야.

(   )

6 한 모서리의 길이가 7 cm인 정육면체의 모든 모서리의 길이의 합은 몇 cm일까요?

(   )

7 직육면체에서 빠진 부분을 그려 넣어 직육면체의 겨냥도를 완성해 보세요.

8 정육면체에서 보이는 모서리의 수와 보이지 않는 꼭짓점의 수의 합은 몇 개인지 구해 보세요.

(   )

[9~10] 전개도를 접어서 정육면체를 만들었습니다. 물음에 답하세요.

9 면 나와 마주 보는 면을 찾아 써 보세요.

( )

10 면 다와 면 라에 공통으로 수직인 면을 모두 찾아 써 보세요.

( )

11 오른쪽 직육면체에서 모든 모서리의 길이의 합은 92 cm입니다. ㉠에 알맞은 수를 구해 보세요.

( )

12 다음 그림은 직육면체의 전개도가 아닙니다. 전개도가 될 수 있도록 면을 옮겨 그려 보세요.

13 전개도를 접어서 만든 주사위에서 서로 평행한 두 면의 눈의 수의 합은 7입니다. ㉠, ㉡, ㉢에 알맞은 눈의 수를 각각 구해 보세요.

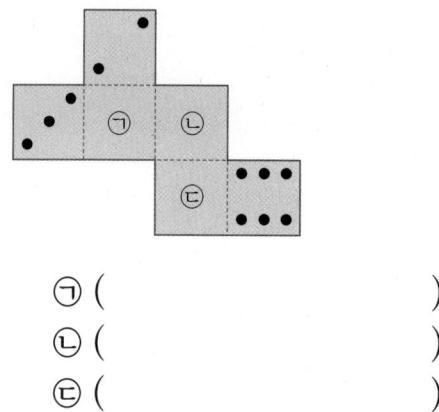

㉠ ( )
㉡ ( )
㉢ ( )

14 직육면체의 겨냥도를 보고 전개도를 그려 보세요.

15 직육면체 모양의 상자를 보고 보이는 세 면 중 두 면을 그린 것입니다. 보이는 나머지 한 면의 네 변의 길이의 합은 몇 cm일까요?

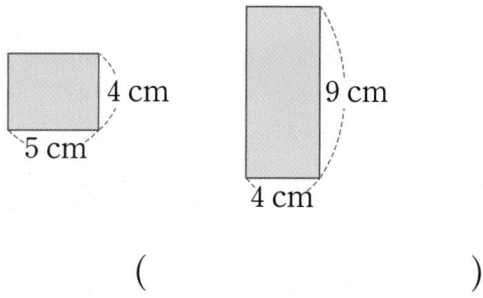

( )

16 그림과 같이 직육면체 모양의 상자를 끈으로 묶었습니다. 매듭으로 사용한 끈의 길이가 18 cm일 때 사용한 끈의 길이는 몇 cm일까요?

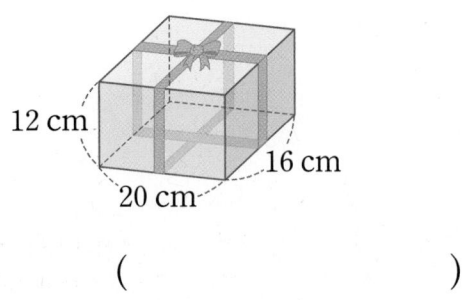

(   )

17 다음 직육면체와 모든 모서리의 길이의 합이 같은 정육면체가 있습니다. 이 정육면체의 한 모서리의 길이는 몇 cm일까요?

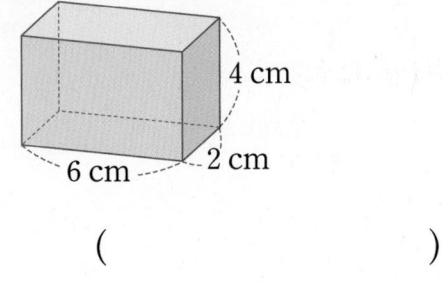

(   )

18 왼쪽과 같이 직육면체의 면에 선을 그었습니다. 직육면체의 전개도가 오른쪽과 같을 때 선이 지나간 자리를 바르게 그려 넣으세요.

19 직육면체와 정육면체에 대해 잘못 설명한 것을 모두 찾아 기호를 쓰고, 바르게 고쳐 보세요.

> ㉠ 꼭짓점이 8개로 같습니다.
> ㉡ 모서리가 12개로 같습니다.
> ㉢ 면의 모양이 같습니다.
> ㉣ 직육면체는 정육면체라고 할 수 있습니다.

기호 ....

바르게 고치기 ....

....

....

20 전개도를 접어서 만든 정육면체의 모든 모서리의 길이의 합은 몇 cm인지 풀이 과정을 쓰고 답을 구해 보세요.

풀이 ....

....

....

답 ....

[1~2] 도형을 보고 물음에 답하세요.

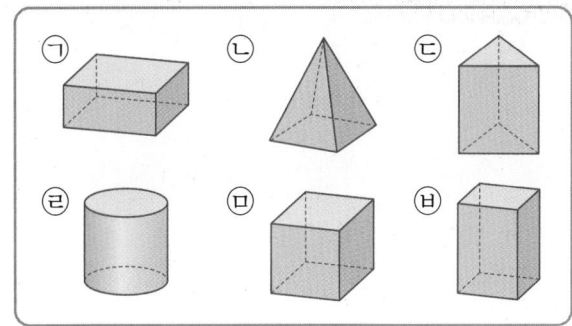

1 직육면체를 모두 찾아 기호를 써 보세요.

( )

2 정육면체를 찾아 기호를 써 보세요.

( )

3 직육면체를 보고 ☐ 안에 알맞은 수를 써넣으세요.

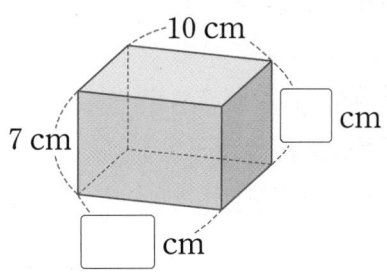

4 정육면체에 대한 설명으로 옳은 것을 모두 찾아 기호를 써 보세요.

> ㉠ 모서리의 길이가 다릅니다.
> ㉡ 꼭짓점은 6개입니다.
> ㉢ 직육면체라고 할 수 있습니다.
> ㉣ 정사각형 8개로 둘러싸여 있습니다.
> ㉤ 모든 면의 모양과 크기가 같습니다.

( )

5 수가 가장 많은 것을 찾아 기호를 써 보세요.

> ㉠ 직육면체에서 한 면과 수직인 면의 수
> ㉡ 정육면체의 모서리의 수
> ㉢ 직육면체의 꼭짓점의 수

( )

[6~7] 직육면체를 보고 물음에 답하세요.

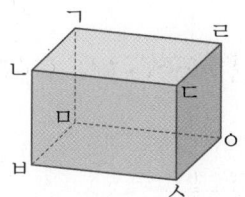

6 면 ㄷㅅㅇㄹ과 평행한 면을 찾아 써 보세요.

( )

7 면 ㄴㅂㅅㄷ과 수직인 면을 모두 찾아 써 보세요.

( )

8 오른쪽 정육면체의 모든 모서리의 길이의 합은 몇 cm일까요?

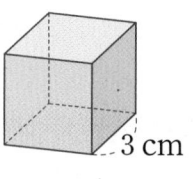

( )

9 그림에서 빠진 부분을 그려 넣어 직육면체의 겨냥도를 완성해 보세요.

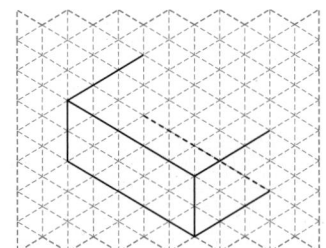

10 직육면체의 겨냥도를 보고 보이는 모서리의 수와 보이지 않는 면의 수의 합은 몇 개인지 구해 보세요.

(   )

[11~12] 전개도를 접어서 직육면체를 만들었습니다. 물음에 답하세요.

11 면 ㄱㄴㄷㅎ과 평행한 면을 찾아 써 보세요.

(   )

12 선분 ㅁㅂ과 겹치는 선분을 찾아 써 보세요.

(   )

13 전개도를 접어서 정육면체를 만들었습니다. 색칠한 면을 밑면이라고 할 때 옆면을 모두 찾아 색칠해 보세요.

14 직육면체에서 색칠한 두 면에 공통으로 수직인 면을 모두 찾아 써 보세요.

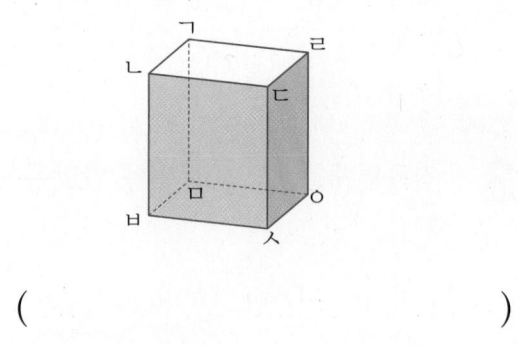

(   )

15 주사위에서 서로 평행한 두 면의 눈의 수의 합은 7입니다. 눈의 수가 4인 면과 수직인 면의 눈의 수 중 가장 큰 수와 가장 작은 수의 차를 구해 보세요.

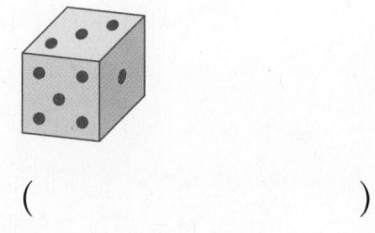

(   )

16 오른쪽 직육면체를 보고 전개도를 그려 보세요.

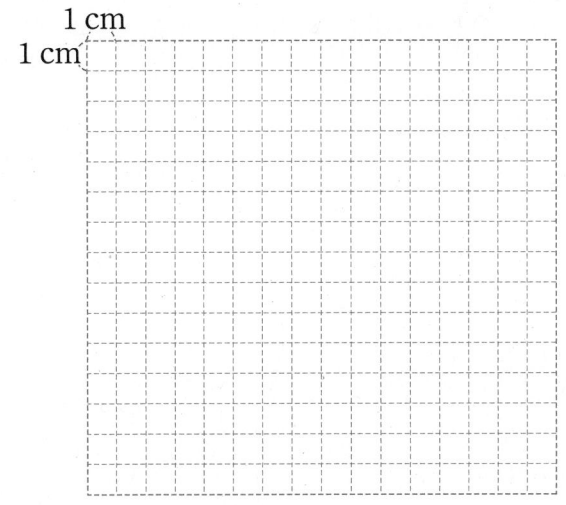

17 그림과 같이 직육면체 모양의 상자에 색 테이프를 둘렀습니다. 사용한 색 테이프의 길이는 몇 cm일까요?

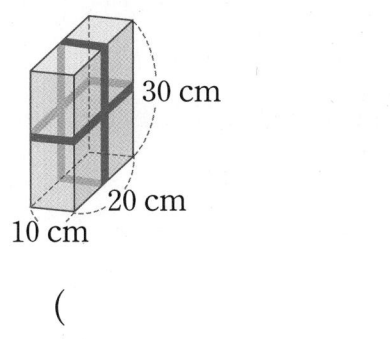

(   )

18 직육면체의 모든 모서리의 길이의 합이 76 cm일 때 ☐ 안에 알맞은 수를 구해 보세요.

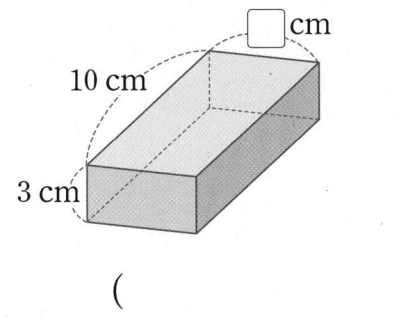

(   )

서술형

19 직육면체의 겨냥도에서 보이지 않는 모서리의 길이의 합은 몇 cm인지 풀이 과정을 쓰고 답을 구해 보세요.

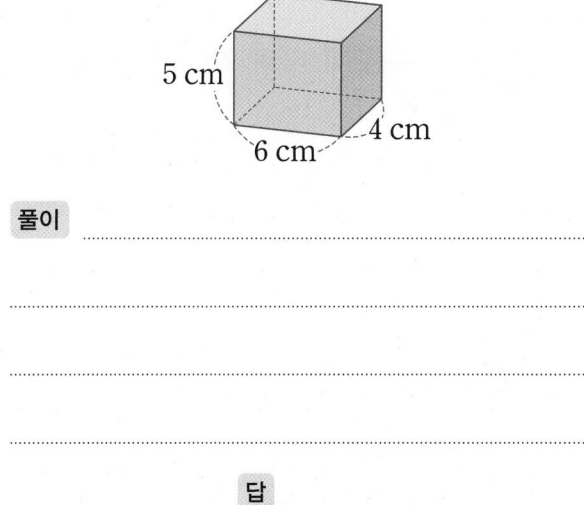

풀이 _____

_____

_____

답 _____

서술형

20 직육면체의 전개도입니다. 전개도의 둘레는 몇 cm인지 풀이 과정을 쓰고 답을 구해 보세요.

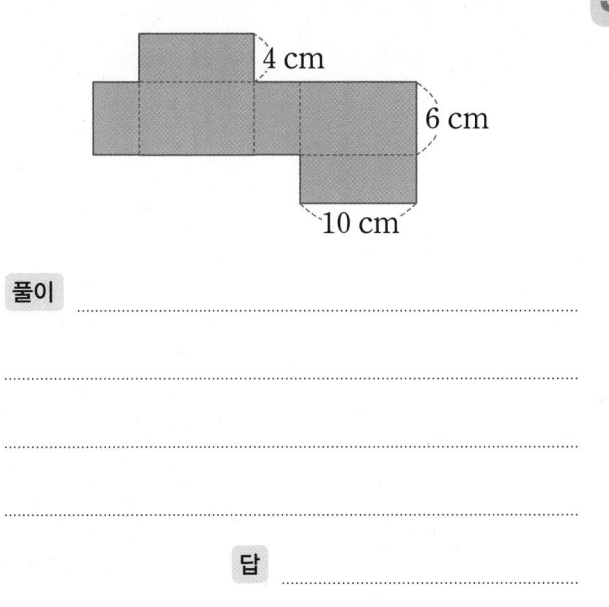

풀이 _____

_____

_____

답 _____

사고력이 반짝

● 암호란 당사자끼리만 알 수 있도록 꾸민 약속 기호를 말해요. 문자를 일정한 규칙에 따라 새로운 기호로 바꾸어 원래 메시지를 알아볼 수 없도록 한 다음 규칙을 알고 있는 사람끼리만 이해할 수 있도록 하는 것이죠.

　다음은 남순이가 흥수에게 보낸 쪽지예요. 암호표를 이용하여 남순이와 흥수가 만날 시각과 장소를 알아보세요.

〈암호표〉

암호	해독	암호	해독	암호	해독	암호	해독
00000	A	00111	H	01110	O	10101	V
00001	B	01000	I	01111	P	10110	W
00010	C	01001	J	10000	Q	10111	X
00011	D	01010	K	10001	R	11000	Y
00100	E	01011	L	10010	S	11001	Z
00101	F	01100	M	10011	T		
00110	G	01101	N	10100	U		

흥수에게

중요하게 할 말이 있으니 아래의 시각과
장소에서 만나자.
　시각: 오후 10011101100110시
　장소: 11001011100110

답 _____

6 평균과 가능성

이번 단원에서
꼭 짚어야 할
핵심 개념을 알아보자.

핵심 1 평균 알아보기

[   ] : 자료의 값을 모두 더해 자료의 수로
나눈 값

(평균)=(자료의 값을 모두 더한 수)÷(자료의 수)

핵심 2 평균 구하기 (1)

학생들의 몸무게

이름	수현	서영	영민
몸무게(kg)	38	42	37

(평균)=(38+[   ]+37)÷3

=[   ](kg)

핵심 3 평균 구하기 (2)

과녁 맞히기 선수의 점수

| 1회 | 2회 | 3회 | 4회 |

(선수의 점수의 평균)=[   ]점

핵심 4 일이 일어날 가능성을 말로 표현하기

가능성의 정도는 불가능하다, ~ 아닐 것 같
다, 반반이다, ~일 것 같다, 확실하다로 표
현할 수 있다.

예 2시에서 한 시간 후는 3시이다.

→ [   ]

핵심 5 일이 일어날 가능성을 수로 표현하기

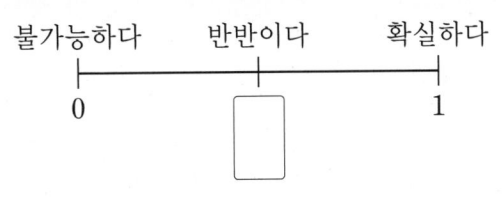

불가능하다   반반이다   확실하다

0   [   ]   1

답 1. 평균 2. 42, 39 3. 2 4. 확실하다 5. $\frac{1}{2}$

1. 평균 알아보기, 평균 구하기

● **평균 알아보기**

- **평균**: 자료의 값을 모두 더해 자료의 수로 나눈 값으로 그 자료를 대표하는 값

민주네 모둠이 한 달 동안 읽은 책 수

이름	민주	수아	정윤	진수
책 수(권)	4	5	3	4

(민주네 모둠이 한 달 동안 읽은 책 수의 합)=4+5+3+4=16(권)

(민주네 모둠원의 수)=4명

➡ 16÷4=4는 민주네 모둠이 한 달 동안 읽은 책 수를 대표하는 값으로 정할 수 있습니다.

$$\boxed{\textbf{(평균)=(자료의 값을 모두 더한 수)÷(자료의 수)}}$$

● **평균 구하기**

- 자료의 값이 고르게 되도록 모형을 옮겨 평균 구하기

지우네 모둠의 제기차기 기록

이름	지우	태민	효빈	기윤
제기차기 기록(회)	2	4	1	5

➡ 지우네 모둠 친구들의 제기차기 기록을 고르게 하면 3회가 되므로
 지우네 모둠의 제기차기 기록의 평균은 3회입니다.

- 자료의 값을 모두 더하고 자료의 수로 나누어 평균 구하기

재윤이네 모둠의 윗몸 말아 올리기 기록

이름	재윤	아영	현주	은호
윗몸 말아 올리기 기록(회)	40	45	40	35

(재윤이네 모둠의 윗몸 말아 올리기 기록의 합)=40+45+40+35=160(회)

(재윤이네 모둠원의 수)=4명

➡ (재윤이네 모둠의 윗몸 말아 올리기 기록의 평균)=160÷4=40(회)

◐ 정답과 풀이 **50쪽**

① 은지네 학교 5학년 학급별 학생 수를 나타낸 표입니다. 물음에 답하세요.

2학년 때 배웠어요
• 표: 조사한 자료별 수량과 합계를 알아보기 쉽습니다.

학급별 학생 수

학급(반)	1	2	3	4	5
학생 수(명)	25	23	26	25	26

① 대표적으로 한 학급에 몇 명의 학생이 있다고 말할 수 있을까요?

(   )

② 한 학급당 학생 수를 정하는 올바른 방법을 말한 친구는 누구일까요?

> 은지: 각 학급의 학생 수 25, 23, 26, 25, 26 중 가장 작은 수인 23으로 정해.
> 민용: 각 학급의 학생 수 25, 23, 26, 25, 26 중 가장 큰 수인 26으로 정해.
> 세진: 각 학급의 학생 수 25, 23, 26, 25, 26을 고르게 하면 25, 25, 25, 25, 25가 되므로 25로 정해.

(   )

③ 은지네 학교 5학년 한 학급의 학생 수의 평균을 구해 보세요.

(   )

평균은 자료의 값을 모두 더해 자료의 수로 나누어 구할 수 있어요.

6

② 지수의 주별 최고 타자 기록을 나타낸 표입니다. 지수의 주별 최고 타자 기록의 평균을 여러 가지 방법으로 구해 보세요.

예상한 평균을 기준으로 수 옮기기를 하여 평균을 구하거나 평균을 구하는 식을 이용하는 등 여러 가지 방법으로 평균을 구해 보아요.

지수의 주별 최고 타자 기록

주	첫째	둘째	셋째	넷째
기록(타)	130	125	125	120

방법 1

예상한 평균 (   )

방법 2

2. 평균을 이용하여 문제 해결하기

● **평균을 이용하여 문제 해결하기**

강수네 모둠과 진아네 모둠의 등교 시간을 나타낸 표입니다. 두 모둠의 등교 시간의 평균이 같을 때 민지의 등교 시간을 구해 보세요.

강수네 모둠의 등교 시간

이름	등교 시간(분)
강수	22
종하	20
찬우	30
지희	32

진아네 모둠의 등교 시간

이름	등교 시간(분)
진아	20
준기	29
민지	
영진	33

(1) 강수네 모둠의 등교 시간의 평균 구하기

(평균)=(22+20+30+32)÷4=104÷4=26(분)

(2) 진아네 모둠의 등교 시간의 합 구하기

진아네 모둠의 등교 시간의 평균이 강수네 모둠의 등교 시간의 평균과 같은 26분이므로

진아네 모둠의 등교 시간의 합은 모두 26×4=104(분)입니다.

(3) 민지의 등교 시간 구하기

민지의 등교 시간은 104−(20+29+33)=22(분)입니다.

선화의 과목별 단원 평가 점수를 나타낸 표입니다. 선화의 과목별 단원 평가 점수의 평균이 90점일 때 선화의 수학 점수를 구해 보세요.

선화의 과목별 단원 평가 점수

과목	국어	수학	사회	과학
점수(점)	90		85	95

(1) 선화의 과목별 단원 평가 점수의 합 구하기

평균 점수가 90점이므로 과목별 단원 평가 점수의 합은 90×4=360(점)입니다.

(2) 선화의 수학 점수 구하기

선화의 수학 점수는 360−(90+85+95)=90(점)입니다.

개념 자세히 보기

● **평균을 알면 모르는 자료의 값을 구할 수 있어요!**

(자료의 값을 모두 더한 수)=(평균)×(자료의 수)

➡ (모르는 자료의 값)=(자료의 값을 모두 더한 수)−(아는 자료의 값을 모두 더한 수)

정답과 풀이 50쪽

1 하은이네 모둠 학생들이 지난해 읽은 책 수를 나타낸 표입니다. 물음에 답하세요.

자료의 값을 모두 더한 수는 평균과 자료의 수의 곱으로 구할 수 있어요.

모둠 학생별 읽은 책 수

이름	하은	동수	지연	은지	평균
책 수(권)		74	91	69	80

① 하은이네 모둠 학생들이 읽은 책은 모두 몇 권일까요?

$$\boxed{} \times 4 = \boxed{} \text{(권)}$$

② 하은이가 읽은 책은 몇 권일까요?

$$\boxed{} - (74+91+69) = \boxed{} \text{(권)}$$

2 진혁이와 한별이의 팔굽혀펴기 기록입니다. 두 사람의 팔굽혀펴기 기록의 평균이 같을 때 진혁이의 3회 기록을 알아보세요.

평균이 같음을 이용하여 서로 다른 집단의 기록을 알 수 있어요.

진혁이의 기록

회	팔굽혀펴기 기록(회)
1회	24
2회	27
3회	

한별이의 기록

회	팔굽혀펴기 기록(회)
1회	30
2회	18
3회	25
4회	19

① 한별이의 팔굽혀펴기 기록의 평균은 $\boxed{}$ 회입니다.

② 진혁이는 팔굽혀펴기를 모두 $\boxed{} \times 3 = \boxed{}$ (회) 했습니다.

③ 진혁이는 3회에 팔굽혀펴기를 $\boxed{} - (24+27) = \boxed{}$ (회) 했습니다.

3 건우의 100 m 달리기 기록을 나타낸 표입니다. 100 m 달리기 기록의 평균이 15초일 때 3회의 100 m 달리기 기록을 구해 보세요.

100 m 달리기 기록

회	1회	2회	3회	4회
기록(초)	15	19		12

( )

3. 일이 일어날 가능성을 말로 표현하기, 비교하기

● 일이 일어날 가능성을 말로 표현하기

- **가능성**: 어떠한 상황에서 특정한 일이 일어나길 기대할 수 있는 정도
- 가능성의 정도는 **불가능하다, ~ 아닐 것 같다, 반반이다, ~일 것 같다, 확실하다** 등으로 표현할 수 있습니다.

예

일 \ 가능성	불가능하다	~ 아닐 것 같다	반반이다	~일 것 같다	확실하다
2월 1일 다음에 2월 2일이 올 것입니다.					○
동전을 던지면 그림면이 나올 것입니다.			○		
주사위를 굴리면 주사위 눈의 수가 2 이상 6 이하로 나올 것입니다.				○	
탁구공만 5개 들어 있는 상자에서 꺼낸 공은 야구공일 것입니다.	○				
동전을 세 번 던지면 세 번 모두 숫자 면이 나올 것입니다.		○			

● 일이 일어날 가능성을 비교하기

- 여러 가지 회전판에 화살이 멈출 가능성 비교하기

가   나   다   라   마

	화살이 초록색에 멈출 가능성	화살이 주황색에 멈출 가능성
가	확실하다	불가능하다
나	~일 것 같다	~ 아닐 것 같다
다	반반이다	반반이다
라	~ 아닐 것 같다	~일 것 같다
마	불가능하다	확실하다

화살이 초록색에 멈출 가능성이 높은 회전판을 차례로 쓰면 가, 나, 다, 라, 마입니다.
화살이 주황색에 멈출 가능성이 높은 회전판을 차례로 쓰면 마, 라, 다, 나, 가입니다.

정답과 풀이 **50쪽**

1 ☐ 안에 일이 일어날 가능성의 정도를 알맞게 써넣으세요.

← 일이 일어날
　가능성이 낮습니다.

일이 일어날 →
가능성이 높습니다.

~ 아닐 것 같다	☐

☐　　　　　　　반반이다　　　　　　확실하다

2 일이 일어날 가능성을 생각해 보고, 알맞게 표현한 곳에 ○표 하세요.

주사위의 눈의 수는 1부터 6까지예요.

가능성 일	불가능 하다	~ 아닐 것 같다	반반 이다	~일 것 같다	확실 하다
강아지는 동물일 것입니다.					
주사위를 2번 굴리면 주사위 눈의 수가 모두 3이 나올 것입니다.					
곧 태어날 동생은 남자 아이일 것입니다.					
개나리는 곤충일 것입니다.					
여름에는 반팔 옷을 입은 사람들이 긴팔 옷을 입은 사람보다 많을 것입니다.					

6

3 일이 일어날 가능성을 비교해 보려고 합니다. 물음에 답하세요.

가능성의 정도는 불가능하다, ~ 아닐 것 같다, 반반이다, ~일 것 같다, 확실하다 등으로 표현할 수 있어요.

> ㉠ 내일 비가 온다던데, 친구들은 우산을 안 가지고 올 것입니다.
> ㉡ 해는 서쪽에서 떠서 동쪽으로 질 것입니다.
> ㉢ 2학년인 내 동생은 내년에 4학년이 될 것입니다.
> ㉣ 주사위를 한 번 굴리면 홀수가 나올 것입니다.

① 일이 일어날 가능성이 '불가능하다'인 경우를 모두 찾아 기호를 써 보세요.

(　　　　　　　　　)

② 일이 일어날 가능성이 '반반이다'인 경우를 찾아 기호를 써 보세요.

(　　　　　　　　　)

4. 일이 일어날 가능성을 수로 표현하기

● 일이 일어날 가능성을 수로 표현하기

- 일이 일어날 가능성을 $0, \frac{1}{2}, 1$과 같은 수로 표현할 수 있습니다.

가능성	불가능하다	반반이다	확실하다
수	0	$\frac{1}{2}$	1

● 일이 일어날 가능성을 수직선에 나타내기

- 일이 일어날 가능성을 수직선에 각각 나타내면 다음과 같습니다.

불가능하다	반반이다	확실하다
0	$\frac{1}{2}$	1

예 주사위를 한 번 굴릴 때 일이 일어날 가능성을 말과 수로 표현하기

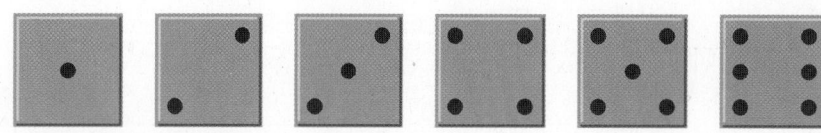

일	가능성	
	말	수
주사위 눈의 수가 0이 나올 것입니다.	불가능하다	0
주사위 눈의 수가 짝수가 나올 것입니다.	반반이다	$\frac{1}{2}$
주사위 눈의 수가 6 이하일 것입니다.	확실하다	1
주사위 눈의 수가 9가 나올 것입니다.	불가능하다	0

개념 자세히 보기

- '~ 아닐 것 같다', '~일 것 같다'도 수로 표현할 수 있어요!

~ 아닐 것 같다 ➡ 0보다 크고 $\frac{1}{2}$보다 작은 수로 표현할 수 있습니다.

~일 것 같다 ➡ $\frac{1}{2}$보다 크고 1보다 작은 수로 표현할 수 있습니다.

◑ 정답과 풀이 51쪽

1 세 주머니에서 각각 공을 한 개씩 꺼내려고 합니다. 일이 일어날 가능성이 '불가능하다'이면 0, '반반이다'이면 $\frac{1}{2}$, '확실하다'이면 1로 표현할 때, 물음에 답하세요.

각각의 일이 일어날 가능성을 먼저 말로 표현해 보아요.

가   나   다

① 가 주머니에서 공을 한 개 꺼낼 때 꺼낸 공이 검은색 공일 가능성을 ↓로 나타내어 보세요.

0          $\frac{1}{2}$ 1

② 나 주머니에서 공을 한 개 꺼낼 때 꺼낸 공이 검은색 공일 가능성을 ↓로 나타내어 보세요.

0          $\frac{1}{2}$ 1

③ 다 주머니에서 공을 한 개 꺼낼 때 꺼낸 공이 검은색 공일 가능성을 ↓로 나타내어 보세요.

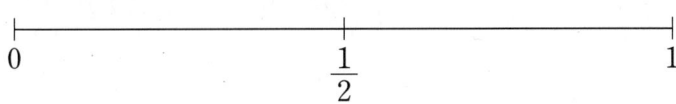

0          $\frac{1}{2}$ 1

2 빨간색 색연필만 2자루 들어 있는 상자에서 색연필 한 자루를 꺼낼 때, 물음에 답하세요.

일이 일어날 가능성을 말로 표현한 후 일이 일어날 가능성이 '불가능하다'이면 0, '반반이다'이면 $\frac{1}{2}$, '확실하다'이면 1로 표현해요.

① 꺼낸 색연필이 파란색 색연필일 가능성을 말과 수로 표현해 보세요.

말 (   )
수 (   )

② 꺼낸 색연필이 빨간색 색연필일 가능성을 말과 수로 표현해 보세요.

말 (   )
수 (   )

1 평균

1 진욱이가 5일 동안 푼 문제집 쪽수를 나타낸 표입니다. 물음에 답하세요.

진욱이가 푼 문제집 쪽수

요일	월	화	수	목	금
쪽수(쪽)	14	9	20	17	15

(1) 진욱이가 5일 동안 푼 문제집은 모두 몇 쪽일까요?

( )

(2) 진욱이는 문제집을 하루에 평균 몇 쪽 풀었나요?

( )

2 어느 해 11월의 요일별 최고 기온을 막대그래 프로 나타낸 것입니다. 요일별 최고 기온의 평균은 몇 ℃일까요?

요일별 최고 기온

( )

3 자료의 평균을 두 가지 방법으로 구해 보세요.

27	19	25	17	22

방법 1

방법 2

4 규석이의 월별 저금액을 나타낸 것입니다. 3월 부터 6월까지 규석이의 월별 저금액의 평균은 얼마인지 구해 보세요.

[3월]   [4월]   [5월]   [6월]

( )

☺ 내가 만드는 문제

5 우리 반 친구 4명의 키를 조사하여 표를 완성하고, 친구들의 키의 평균을 구해 보세요.
(단, 반올림하여 일의 자리까지 나타냅니다.)

친구들의 키

이름				
키(cm)				

( )

2 평균을 이용하여 문제 해결하기

6 선희네 반에서 모둠별로 먹은 귤 수를 나타낸 표입니다. 물음에 답하세요.

모둠 친구 수와 먹은 귤 수

모둠	가	나	다
모둠 친구 수(명)	4	5	6
먹은 귤 수(개)	36	55	48

(1) 모둠별 1인당 먹은 귤 수의 평균을 구하여 표를 완성해 보세요.

모둠	가	나	다
평균(개)			

(2) 1인당 먹은 귤 수가 가장 많은 모둠은 어느 모둠일까요?

( )

7 지후네 학교 5학년 학급별 학생 수를 나타낸 표입니다. 한 학급당 학생 수의 평균이 32명일 때 5반의 학생 수는 몇 명일까요?

학급별 학생 수

학급(반)	1	2	3	4	5
학생 수(명)	30	34	33	29	

( )

8 윤지네 모둠과 민기네 모둠이 과녁 맞히기를 하여 얻은 점수입니다. 각 모둠의 점수의 평균은 어느 모둠이 몇 점 더 높을까요?

윤지네 모둠

5점 7점 4점 8점

민기네 모둠

6점 2점 7점 5점

( ), ( )

9 진화가 6개월 동안 읽은 책 수를 나타낸 표입니다. 7월에 책을 더 열심히 읽어서 1월부터 6월까지 읽은 책 수의 평균보다 전체 평균을 1권이라도 늘리려고 합니다. 7월에 최소 몇 권을 읽어야 할까요?

읽은 책 수

월	1	2	3	4	5	6
책 수(권)	10	9	6	1	8	2

( )

10 준희의 영어 시험 점수를 나타낸 표입니다. 1회부터 5회까지의 평균 점수가 90점이 되려면 5회에는 몇 점을 받아야 할까요?

영어 시험 점수

회	1회	2회	3회	4회	5회
점수(점)	95	85	80	90	

( )

서술형
11 주성이는 3일 동안 하루에 평균 30분씩 타자 연습을 했습니다. 수요일에 타자 연습이 끝난 시각은 오후 몇 시 몇 분인지 풀이 과정을 쓰고 답을 구해 보세요.

	시작 시각	끝난 시각
월요일	오후 5시 20분	오후 6시
화요일	오후 4시 40분	오후 5시 10분
수요일	오후 5시 10분	

풀이

답

3 일이 일어날 가능성을 말로 표현하기

12 일이 일어날 가능성을 생각해 보고, 알맞게 표현한 곳에 ○표 하세요.

가능성 일	불가능 하다	반반 이다	확실 하다
내일 아침에 해가 서쪽에서 뜰 것입니다.			
동전을 던지면 숫자 면이 나올 것입니다.			

13 일이 일어날 가능성을 찾아 이어 보세요.

12월에 10월보다 눈이 자주 올 가능성	• 확실하다
	• ~일 것 같다
내년에 내 나이가 언니 나이보다 많을 가능성	• 불가능하다

14 상자 안에서 번호표를 한 개 꺼낼 때 7번 번호표를 꺼낼 가능성을 말로 표현해 보세요.

상자 안에는 1번부터 6번까지의 번호표가 있어.

어떤 수를 나누어떨어지게 하는 수를 약수라고 해.

준비 10의 약수를 모두 구해 보세요.

( )

15 주사위 한 개를 굴릴 때 일이 일어날 가능성을 찾아 기호를 써 보세요.

> ㉠ 불가능하다 ㉡ 반반이다 ㉢ 확실하다

(1) 주사위 눈의 수가 4의 약수로 나올 가능성

( )

(2) 주사위 눈의 수가 8의 배수로 나올 가능성

( )

서술형
16 일이 일어날 가능성을 <u>잘못</u> 말한 사람의 이름을 쓰고, 그 이유를 써 보세요.

> 지효: 한 달이 32일일 가능성은 불가능해.
> 남진: 검은색 구슬만 들어 있는 주머니에서 흰색 구슬을 꺼낼 가능성은 반반이야.

답 _____

이유 _____
_____

17 가능성에 알맞은 일을 주변에서 찾아 써 보세요.

가능성	상황
확실하다	
불가능하다	

4 일이 일어날 가능성을 비교하기

18 일이 일어날 가능성이 더 높은 것에 ○표 하세요.

> 주사위 한 개를 굴리면 주사위 눈의 수가 2가 나올 것입니다. ( )

> 내일 전학 오는 학생은 여학생 일 것입니다. ( )

[19~21] 5학년 친구들이 말한 일이 일어날 가능성을 비교해 보려고 합니다. 물음에 답하세요.

내년 3월에는 6학년이 될 거야.
선우

지금은 오전 9시 니까 1시간 후에는 11시가 될 거야.
민지

주사위를 2번 굴리면 주사위 눈의 수가 모두 1이 나올 거야.
우영

19 일이 일어날 가능성이 '불가능하다'인 경우를 말한 친구는 누구일까요?

( )

20 **19**와 같은 상황에서 일이 일어날 가능성이 '확실하다'가 되도록 친구의 말을 바꿔 보세요.

---

21 일이 일어날 가능성이 높은 순서대로 친구의 이름을 써 보세요.

( )

22 일이 일어날 가능성을 판단하여 해당하는 ☐ 안에 기호를 써넣으세요.

> ㉠ 계산기에 ''을 차례로 누르면 7이 나올 것입니다.
> ㉡ 주사위 한 개를 굴릴 때 나온 눈의 수는 3보다 클 것입니다.
> ㉢ 내일 우리집에 공룡이 놀러 올 것입니다.

불가능하다   반반이다   확실하다
☐   ☐   ☐

23 회전판을 60회 돌려 화살이 멈춘 횟수를 나타낸 표입니다. 일이 일어날 가능성이 비슷한 회전판의 기호를 써 보세요.

색깔	빨간색	파란색	노란색
횟수(회)	45	7	8

가

나
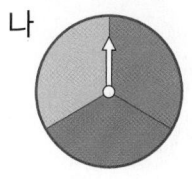

( )

😊 내가 만드는 문제

24 [조건]에 알맞은 회전판이 되도록 자유롭게 회전판에 선을 긋고 세 가지 색으로 색칠해 보세요.

> **조건**
> • 화살이 파란색에 멈출 가능성이 가장 높습니다.
> • 화살이 빨간색에 멈출 가능성과 노란색에 멈출 가능성은 같습니다.

5 일이 일어날 가능성을 수로 표현하기

[25~26] 당첨 제비만 6개 들어 있는 제비뽑기 상자에서 제비 1개를 뽑았습니다. 물음에 답하세요.

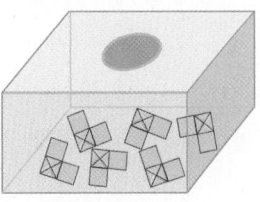

25 뽑은 제비가 당첨 제비일 가능성에 ↓로 나타내어 보세요.

26 뽑은 제비가 당첨 제비가 아닐 가능성에 ↓로 나타내어 보세요.

 일의 자리가 짝수이면 그 수는 짝수야.

🏃 준비 10보다 크고 20보다 작은 수 중 짝수는 모두 몇 개일까요?

( )

서술형
27 상자에 1 , 2 , 3 , 4 의 수 카드가 1장씩 들어 있습니다. 이 중에서 수 카드 1장을 꺼낼 때 짝수가 나올 가능성을 수로 표현하면 얼마인지 풀이 과정을 쓰고 답을 구해 보세요.

풀이 _____

_____

_____

답 _____

28 주사위 한 개를 굴릴 때 주사위 눈의 수가 7 이상으로 나올 가능성을 수로 표현해 보세요.

( )

29 어느 악보의 한 마디를 나타낸 것입니다. 이 마디를 리코더로 연주할 때 '미' 소리를 낼 가능성을 수로 표현해 보세요.

( )

30 보라색 구슬만 2개 들어 있는 상자에 노란색 구슬 2개를 더 넣고 구슬을 1개 꺼낼 때, 꺼낸 구슬이 노란색일 가능성을 말과 수로 표현해 보세요.

말 ( )
수 ( )

31 화살이 빨간색에 멈출 가능성이 0보다 크고 $\frac{1}{2}$보다 작은 회전판이 되도록 회전판을 색칠해 보세요.

⚡ 평균을 알 때 자료값의 합 구하기

1 민서는 11월 한 달 동안 매일 윗몸 말아 올리기를 평균 25번씩 했습니다. 민서가 11월 한 달 동안 한 윗몸 말아 올리기 횟수는 모두 몇 번일까요?

( )

2 선영이는 4월 한 달 동안 매일 우유를 평균 200 mL씩 마셨습니다. 선영이가 4월 한 달 동안 마신 우유는 모두 몇 mL일까요?

( )

3 어느 미술관에 3월 한 달 동안 하루 평균 170명씩 방문했습니다. 3월 한 달 동안 미술관을 방문한 사람은 모두 몇 명일까요?

( )

⚡ 두 집단의 평균 비교

4 현아네 모둠과 민주네 모둠의 음악 실기 점수의 합을 나타낸 표입니다. 어느 모둠의 성적이 더 좋다고 할 수 있을까요?

	학생 수(명)	실기 점수의 합(점)
현아네 모둠	9	792
민주네 모둠	11	924

( )

5 재희네 밭과 주리네 밭에서 수확한 고구마의 양을 나타낸 표입니다. 누구네 밭에서 고구마를 더 잘 수확했다고 할 수 있을까요?

	밭의 넓이(m^2)	고구마 수확량(kg)
재희네 밭	50	900
주리네 밭	140	2100

( )

6 완희와 재원이가 공부한 시간의 합을 나타낸 표입니다. 누가 하루에 더 많이 공부했다고 할 수 있을까요?

	공부한 날수(일)	공부한 시간의 합(시간)
완희	7	28
재원	10	30

( )

⚡ ~가 아닐 가능성

7 흰색 바둑돌만 5개 들어 있는 상자가 있습니다. 이 상자에서 바둑돌을 한 개 꺼낼 때 꺼낸 바둑돌이 흰색이 아닐 가능성을 수로 표현해 보세요.

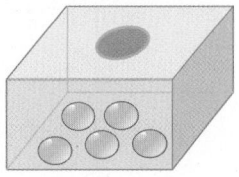

(   )

8 빨간색 구슬 1개와 보라색 구슬 1개가 들어 있는 주머니가 있습니다. 이 주머니에서 구슬을 한 개 꺼낼 때 꺼낸 구슬이 빨간색이 아닐 가능성을 수로 표현해 보세요.

(   )

9 수 카드 12, 25, 10, 9 가 들어 있는 주머니가 있습니다. 이 주머니에서 수 카드를 한 장 꺼낼 때 꺼낸 카드의 수가 짝수가 아닐 가능성을 수로 표현해 보세요.

(   )

⚡ 평균을 이용하여 기록 비교

10 은수의 오래 매달리기 기록을 나타낸 표입니다. 기록의 평균이 13초일 때, 은수의 기록이 가장 좋은 때는 몇 회인지 구해 보세요.

오래 매달리기 기록

회	1회	2회	3회	4회
기록(초)	12	16		10

(   )

11 지호네 모둠의 멀리 던지기 기록을 나타낸 표입니다. 기록의 평균이 24 m일 때, 기록이 가장 낮은 친구는 누구인지 구해 보세요.

멀리 던지기 기록

이름	지호	혜빈	승우	민진
기록(m)	22	27		26

(   )

12 준모의 요일별 줄넘기 기록을 나타낸 표입니다. 기록의 평균이 286회일 때, 준모가 줄넘기를 가장 많이 한 날은 무슨 요일인지 구해 보세요.

준모의 줄넘기 기록

요일	월	화	수	목	금
기록(회)	290		284	288	295

(   )

도전1 전체 평균 구하기

1 국어와 수학의 평균 점수는 91점이고, 사회와 과학의 평균 점수는 87점입니다. 네 과목의 평균 점수는 몇 점일까요?

( )

핵심 **NOTE**
네 과목의 점수의 합과 점수의 평균을 구합니다.

2 은빛, 초록, 싱싱, 빛나, 행복의 다섯 과수원이 있습니다. 은빛, 싱싱, 행복 세 과수원의 평균 사과 수확량은 638상자이고, 초록과 빛나 두 과수원의 평균 사과 수확량은 653상자입니다. 다섯 과수원의 평균 사과 수확량은 몇 상자일까요?

( )

3 정호네 초등학교 5학년 선생님과 6학년 선생님의 평균 나이를 나타낸 것입니다. 5학년과 6학년 선생님 전체의 평균 나이를 구해 보세요.

5학년 선생님 15명	35세
6학년 선생님 10명	30세

( )

도전2 평균을 높이는 방법 구하기

4 민서네 모둠의 공 던지기 기록을 나타낸 표입니다. 민서의 기록으로 4명의 평균 기록보다 5명의 평균 기록을 1 m 늘리려면 민서는 공을 몇 m 던져야 할까요?

공 던지기 기록

이름	희영	동수	미소	영모
기록(m)	15	9	14	10

( )

핵심 **NOTE**
① 4명의 공 던지기 기록의 평균을 구합니다.
② 기록의 평균을 1 m 늘렸을 때 5명의 공 던지기 기록의 합을 구한 뒤 민서의 공 던지기 기록을 구합니다.

5 영희의 수학 단원 평가 점수를 나타낸 표입니다. 6단원 점수로 5단원까지의 평균 점수보다 6단원까지의 평균 점수를 1점 올리려면 6단원 평가에서 몇 점을 받아야 할까요?

수학 단원 평가 점수

단원	1	2	3	4	5
점수(점)	85	90	88	90	92

( )

6 재진이의 저금액을 나타낸 표입니다. 7월의 저금액으로 4달 동안의 평균 저금액보다 5달 동안의 평균 저금액을 1000원 늘리려면 7월에 얼마를 저금해야 할까요?

저금액

월	3	4	5	6
저금액(원)	5000	3500	2500	3000

( )

7 일이 일어날 가능성이 더 높은 것을 찾아 기호를 써 보세요.

> ㉠ 동전을 던졌을 때 그림면이 나올 가능성
> ㉡ 수 카드 1 이 4장 들어 있는 주머니에서 뽑은 카드가 1 일 가능성

( )

핵심 NOTE
각각의 일이 일어날 가능성을 수로 표현하고 수가 가장 큰 것을 찾습니다.

8 일이 일어날 가능성이 가장 낮은 것을 찾아 기호를 써 보세요.

> ㉠ 흰색 공 4개가 들어 있는 주머니에서 흰색 공을 꺼낼 가능성
> ㉡ 흰색 공 2개와 검은색 공 2개가 있는 주머니에서 흰색 공을 꺼낼 가능성
> ㉢ 흰색 공 3개와 검은색 공 1개가 들어 있는 주머니에서 노란색 공을 꺼낼 가능성

( )

9 4장의 수 카드 1 , 2 , 3 , 4 중에서 1장을 뽑았습니다. 가능성이 높은 것부터 차례로 기호를 써 보세요.

> ㉠ 5가 나올 가능성
> ㉡ 홀수가 나올 가능성
> ㉢ 1 이상 4 이하인 수가 나올 가능성

( )

10 지호와 승기의 고리 걸기 기록의 평균이 같을 때 승기가 2회에 걸은 고리는 몇 개일까요?

지호의 기록
8개   6개   4개

승기의 기록
2개   □개   8개   9개

( )

핵심 NOTE
① 지호의 고리 걸기의 평균을 구합니다.
② 지호의 고리 걸기의 평균을 이용하여 승기가 2회에 걸은 고리의 수를 구합니다.

11 유라와 선호의 훌라후프 돌리기 기록의 평균이 같을 때 선호의 3회의 기록은 몇 번일까요?

유라의 기록
9번   15번   12번

선호의 기록
13번   11번   □번   15번

( )

12 은수와 민규의 제자리 멀리뛰기 기록의 평균이 같을 때 은수의 4회의 기록은 몇 cm일까요?

은수의 기록
162 cm   148 cm   154 cm   □cm

민규의 기록
160 cm   152 cm   156 cm

( )

도전5 **자료의 합계와 평균의 관계**

13 동수의 중간 평가 점수를 나타낸 표입니다. 동수는 다음 시험에서 중간 평가보다 평균 5점을 올리려고 합니다. 각 과목을 몇 점씩 받으면 되는지 2가지 방법을 알아보세요.

중간 평가 점수

과목	국어	수학	사회	과학
점수(점)	70	80	95	85

↓

방법 \ 과목	국어	수학	사회	과학
1				
2				

핵심 NOTE
① 평균 5점을 올리려면 점수의 합을 몇 점 올려야 하는지 구합니다.
② 평균 5점을 올릴 수 있는 방법을 알아봅니다.

14 가게별로 일주일 동안 판매한 햄버거의 개수를 나타낸 표입니다. 다음 일주일 동안 다섯 가게의 평균 햄버거 판매량을 40개 늘리려고 합니다. 각 가게에서 햄버거를 몇 개씩 팔면 되는지 2가지 방법을 알아보세요.

햄버거 판매량

가게	가	나	다	라	마
판매량(개)	680	920	840	720	880

↓

방법 \ 가게	가	나	다	라	마
1					
2					

도전6 **일이 일어날 가능성 활용하기**

15 상자 안에 노란색 공 1개, 초록색 공 1개, 파란색 공 몇 개가 있습니다. 그중에서 공을 1개 꺼낼 때 꺼낸 공이 파란색일 가능성을 수로 표현하면 $\frac{1}{2}$입니다. 파란색 공은 몇 개일까요?

( )

핵심 NOTE
공 한 개를 꺼냈을 때 파란색일 가능성이 $\frac{1}{2}$이면 전체 공의 $\frac{1}{2}$이 파란색입니다.

16 상자 안에 빨간색 공깃돌 3개, 노란색 공깃돌 1개, 분홍색 공깃돌 몇 개가 있습니다. 그중에서 공깃돌을 1개 꺼낼 때 꺼낸 공깃돌이 분홍색일 가능성을 수로 표현하면 $\frac{1}{2}$입니다. 분홍색 공깃돌을 몇 개일까요?

( )

17 두 주머니에 바둑돌이 각각 10개씩 들어 있습니다. 왼쪽 주머니에서 바둑돌을 1개 꺼낼 때 꺼낸 바둑돌이 검은색일 가능성은 0이고, 오른쪽 주머니에서 바둑돌 1개를 꺼낼 때 꺼낸 바둑돌이 흰색일 가능성은 1입니다. 두 주머니에 들어 있는 흰색 바둑돌은 모두 몇 개일까요? (단, 바둑돌은 검은색 또는 흰색뿐입니다.)

( )

[1~2] 정수네 모둠의 공 던지기 기록을 나타낸 표 입니다. 물음에 답하세요.

공 던지기 기록

이름	정수	지희	건형	수아	민아
기록(m)	24	30	21	34	26

1 정수네 모둠의 공 던지기 기록의 합은 몇 m일까요?

(   )

2 정수네 모둠의 공 던지기 기록의 평균은 몇 m 일까요?

(   )

[3~4] 사건이 일어날 가능성을 생각해 보고, 알맞게 표현한 곳에 ○표 하세요.

3

> 내년에는 6월이 7월보다 빨리 올 것입니다.

불가능 하다	~아닐 것 같다	반반 이다	~일 것 같다	확실 하다

4

> 우리 집 고양이가 알을 낳을 것입니다.

불가능 하다	~아닐 것 같다	반반 이다	~일 것 같다	확실 하다

5 진수네 모둠 학생들이 고리 던지기를 하여 걸린 고리 수를 막대그래프로 나타낸 것입니다. 진수네 모둠의 걸린 고리 수의 평균은 몇 개일까요?

걸린 고리 수

(   )

[6~7] 당첨 제비만 6개 들어 있는 제비뽑기 상자에서 제비 1개를 뽑았습니다. 물음에 답하세요.

6 뽑은 제비가 당첨 제비일 가능성을 말로 표현해 보세요.

(   )

7 뽑은 제비가 당첨 제비가 아닐 가능성에 ↓로 나타내어 보세요.

[8~9] 윤화와 지은이의 과목별 점수를 나타낸 표입니다. 물음에 답하세요.

윤화와 지은이의 과목별 점수

과목	국어	수학	사회	과학
윤화의 점수(점)	80	82	90	88
지은이의 점수(점)	84	92	78	90

8 윤화와 지은이 중에서 평균 점수가 더 높은 학생은 누구일까요?

( )

9 윤화가 평균을 2점 더 올리려면 점수의 합을 몇 점 더 올려야 할까요?

( )

10 화살이 빨간색에 멈출 가능성이 가장 높은 회전판을 찾아 기호를 써 보세요.

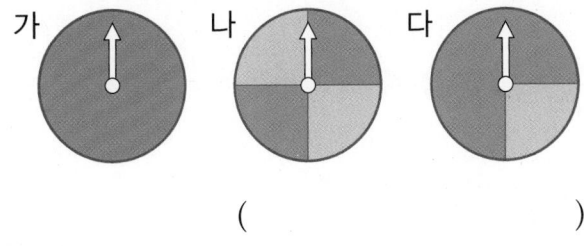

( )

11 카드 중 한 장을 뽑을 때 ♣ 모양의 카드를 뽑을 가능성을 말과 수로 표현해 보세요.

말 ( )

수 ( )

12 주사위를 한 번 굴릴 때 일이 일어날 가능성이 높은 것부터 차례로 기호를 써 보세요.

┌─────────────────────────────┐
│ ⊙ 주사위 눈의 수가 2의 배수로 나올 가능성 │
│ ⓛ 주사위 눈의 수가 6 초과로 나올 가능성 │
│ ⓒ 주사위 눈의 수가 7 미만으로 나올 가능성 │
└─────────────────────────────┘

( )

13 조건 에 알맞은 회전판이 되도록 색칠해 보세요.

조건
• 화살이 빨간색에 멈출 가능성이 가장 높습니다.
• 화살이 초록색에 멈출 가능성은 노란색에 멈출 가능성보다 높습니다.

14 은지와 주희의 100 m 달리기 기록의 평균이 같을 때 주희의 3회 기록은 몇 초인지 구해 보세요.

은지의 기록		
17초	18초	16초

주희의 기록			
20초	17초	□초	15초

( )

15 주머니 안에 파란색 구슬 3개, 노란색 구슬 3개, 빨간색 구슬 몇 개가 있습니다. 이 주머니에서 구슬을 1개 꺼낼 때 꺼낸 구슬이 빨간색일 가능성을 수로 표현하면 $\frac{1}{2}$입니다. 빨간색 구슬은 몇 개일까요?

( )

16 수아네 반 모둠 중 한 학기 동안 1인당 읽은 책 수가 가장 많은 모둠에게 상을 주려고 합니다. 상을 받을 모둠을 구해 보세요.

모둠 친구 수와 읽은 책 수

모둠	가	나	다	라
모둠 친구 수(명)	5	4	7	6
읽은 책 수(권)	40	36	35	42

( )

17 준석이네 모둠의 키를 나타낸 표입니다. 지우가 준석이네 모둠에 들어와서 키의 평균이 1 cm 더 커졌다면 지우의 키는 몇 cm인지 구해 보세요.

준석이네 모둠의 키

이름	준석	효주	태양	지훈	규성
키(cm)	144	140	150	152	149

( )

18 현수네 모둠 남학생과 여학생의 훌라후프 돌리기 기록의 평균을 나타낸 표입니다. 현수네 모둠 전체의 훌라후프 돌리기 기록의 평균은 몇 번인지 구해 보세요.

훌라후프 돌리기 기록의 평균

남학생(2명)	18번
여학생(4명)	15번

( )

서술형

19 유빈이의 타자 기록을 나타낸 표입니다. 유빈이의 타자 기록의 평균이 310타일 때 타자 기록이 가장 좋았을 때는 몇 회인지 풀이 과정을 쓰고 답을 구해 보세요.

타자 기록

회	1회	2회	3회	4회	5회
기록(타)	305	300		298	323

풀이 _____

_____

_____

_____

답 _____

서술형

20 민주는 바둑돌의 개수 맞히기를 하고 있습니다. 바둑돌 10개가 들어 있는 상자에서 바둑돌을 꺼낼 때 꺼낸 바둑돌의 개수가 짝수일 가능성을 수로 표현하면 얼마인지 풀이 과정을 쓰고 답을 구해 보세요.

풀이 _____

_____

_____

_____

답 _____

[1~2] 영미네 모둠의 몸무게를 나타낸 표입니다. 물음에 답하세요.

몸무게

이름	영미	진수	미라	철수	정화
몸무게(kg)	42	38	36	45	39

1 영미네 모둠의 몸무게의 합은 몇 kg일까요?

( )

2 영미네 모둠의 몸무게의 평균은 몇 kg일까요?

( )

[3~4] 일이 일어날 가능성을 생각해 보고, 알맞게 표현한 곳에 ○표 하세요.

3

내년에는 2월이 31일까지 있을 것입니다.

불가능 하다	~아닐 것 같다	반반 이다	~일 것 같다	확실 하다

4

우리 학년 학생 수는 짝수일 것입니다.

불가능 하다	~아닐 것 같다	반반 이다	~일 것 같다	확실 하다

5 지성이네 반의 요일별 지각한 학생 수를 나타낸 표입니다. 지성이네 반의 지각한 학생 수는 하루에 평균 몇 명일까요?

지각한 학생 수

요일	월	화	수	목	금
지각생 수(명)	5	2	3	1	4

( )

6 주머니 속에 빨간색 공이 3개, 파란색 공이 3개 들어 있습니다. 이 중에서 1개를 꺼낼 때 꺼낸 공이 파란색 공일 가능성에 ↓로 나타내어 보세요.

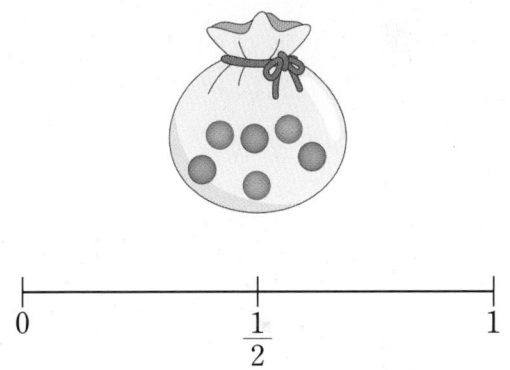

7 주영이는 168쪽인 위인전을 일주일 동안 모두 읽으려고 합니다. 하루에 평균 몇 쪽씩 읽어야 할까요?

( )

8 박하 맛 사탕만 3개 들어 있는 병에서 사탕 1개를 꺼냈습니다. 꺼낸 사탕이 오렌지 맛일 가능성을 말과 수로 표현해 보세요.

말 ( )

수 ( )

9 어느 식물원의 하루 동안 입장한 관람객 수의 평균은 520명입니다. 20일 동안 입장한 관람객은 모두 몇 명일까요?

( )

10 은주네 모둠 학생들의 수학 점수의 평균이 84점일 때 은주의 점수는 몇 점일까요?

은주네 모둠의 수학 점수

이름	지후	승우	준서	은주
점수(점)	86	90	82	

( )

11 카드 중 한 장을 뽑을 때 ◆ 모양의 카드를 뽑을 가능성을 수로 표현해 보세요.

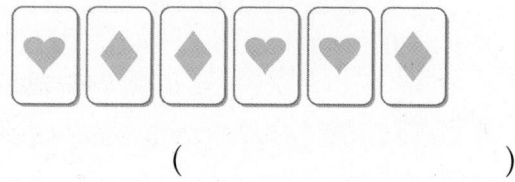

( )

12 일이 일어날 가능성이 더 높은 것의 기호를 써 보세요.

> ㉠ 흰색 공 4개와 검은색 공 4개가 들어 있는 주머니에서 검은색 공을 꺼낼 가능성
> ㉡ 검은색 공 3개가 들어 있는 주머니에서 검은색 공을 꺼낼 가능성

( )

13 봉투 안에 노란색 딱지가 3장, 보라색 딱지가 3장 들어 있습니다. 봉투에서 딱지 한 장을 꺼낼 때 꺼낸 딱지가 보라색이 아닐 가능성을 수로 표현해 보세요.

( )

14 조건 에 알맞은 회전판이 되도록 색칠해 보세요.

> **조건**
> • 화살이 초록색에 멈출 가능성이 가장 높습니다.
> • 화살이 빨간색에 멈출 가능성은 노란색에 멈출 가능성의 2배입니다.

15 윤기와 정국이의 오래 매달리기 기록의 평균이 같을 때 정국이의 4회 기록은 몇 초인지 구해 보세요.

( )

16 한결이네 모둠과 준서네 모둠의 투호 던지기 기록을 나타낸 표입니다. 어느 모둠이 더 잘했다고 할 수 있을까요?

한결이네 모둠

이름	한결	동호	미정	진서	신혜
넣은 화살 수(개)	3	7	5	8	2

준서네 모둠

이름	준서	휘결	지민	서중
넣은 화살 수(개)	5	7	4	8

(   )

17 회전판에서 화살이 파란색에 멈출 가능성이 낮은 것부터 차례로 기호를 써 보세요.

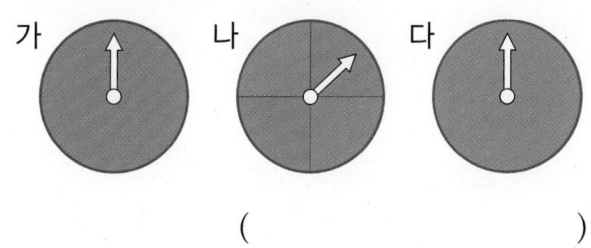

가　　　　나　　　　다

(   )

18 경진이네 반 남학생과 여학생의 평균 앉은키를 나타낸 표입니다. 경진이네 반 전체 학생들의 앉은키의 평균은 몇 cm일까요?

남학생 12명	85 cm
여학생 8명	80 cm

(   )

서술형
19 주사위 한 개를 굴릴 때 일이 일어날 가능성이 높은 것부터 차례로 기호를 쓰려고 합니다. 풀이 과정을 쓰고 답을 구해 보세요.

> ㉠ 주사위 눈의 수가 4 미만으로 나올 가능성
> ㉡ 주사위 눈의 수가 1 이상 6 이하로 나올 가능성
> ㉢ 주사위 눈의 수가 9의 배수로 나올 가능성

풀이

답

서술형
20 명수의 국어 단원 평가 점수를 나타낸 표입니다. 5단원까지의 평균 점수가 86점 이상이 되려면 5단원은 적어도 몇 점을 받아야 하는지 풀이 과정을 쓰고 답을 구해 보세요.

국어 단원 평가 점수

단원	1	2	3	4	5
점수(점)	92	84	76	88	

풀이

답

계산이 아닌

개념을 깨우치는

수학을 품은 연산

디딤돌
연산은
수학이다.

1~6학년(학기용)

수학 공부의 새로운 패러다임

상위권의 기준

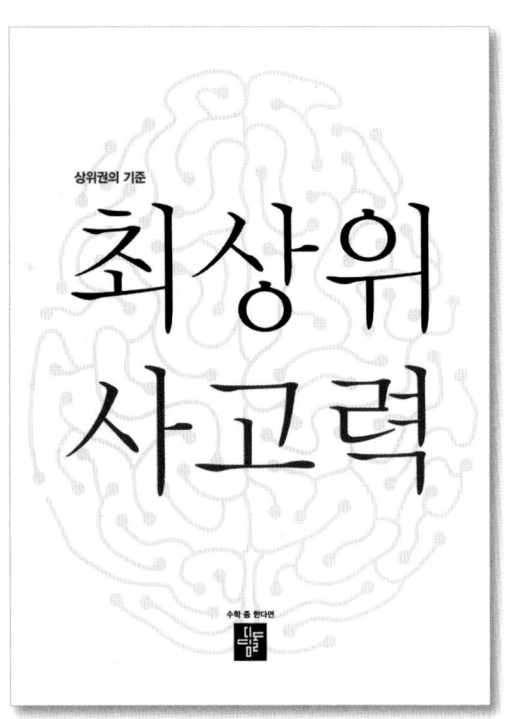

상위권의 기준

최상위
사고력

수학 좀 한다면

디딤돌

도도한 직선길

친절한 곡선길

수학 좀 한다면

수시 평가 자료집

5

2

수학 좀 한다면

디딤돌

초등수학 기본+유형

수시평가 자료집

$\dfrac{5}{2}$

1 15 미만인 수에 ○표, 20 초과인 수에 △표 하세요.

| 11 | 13 | 15 | 17 |
| 20 | 21 | 23 | 25 |

2 수직선에 나타낸 수의 범위를 써 보세요.

(1)

50 51 52 53 54 55 56 57 58 59 60 61

( )

(2)
10 11 12 13 14 15 16 17 18 19 20 21

( )

3 4863을 올림하여 주어진 자리까지 나타내어 보세요.

십의 자리	백의 자리	천의 자리

4 주어진 수를 반올림하여 나타내어 보세요.

| 2368 |

(1) 반올림하여 백의 자리까지 나타내기

( )

(2) 반올림하여 천의 자리까지 나타내기

( )

5 현우네 모둠 학생들의 수학 점수를 나타낸 표입니다. 수학 점수가 70점 초과인 학생은 모두 몇 명일까요?

수학 점수

이름	점수(점)	이름	점수(점)
현우	75	상진	50
경민	68	선영	95
기연	60	유경	80

( )

6 버림하여 십의 자리까지 나타낸 수가 다른 것은 어느 것일까요? ( )

① 3680   ② 3681   ③ 3685

④ 3688   ⑤ 3690

7 25 이상 35 이하인 수는 모두 몇 개일까요?

| 20.9 | 26.1 | 30 | 43.5 |
| 21 | 32.2 | 35.2 | 29.4 |

( )

8 수직선에 나타내어 보세요.

14 초과 18 이하인 수

9 통제 제한 높이가 2 m인 터널이 있습니다. 이 터널을 통과할 수 있는 자동차를 모두 찾아 기호를 써 보세요.

자동차	㉠	㉡	㉢	㉣	㉤
높이(cm)	175	198	200	210	205

(   )

10 어림한 후, 어림한 수의 크기를 비교하여 ○ 안에 >, =, <를 알맞게 써넣으세요.

11 수직선에 나타낸 수의 범위에 속하지 <u>않는</u> 수는 어느 것일까요? (   )

① 34   ② 34.8   ③ 35.1
④ 36.4   ⑤ 37

12 어느 도시의 인구입니다. 이 도시의 인구를 반올림하여 만의 자리까지 나타내면 몇 명일까요?

288520명

(   )

13 정희네 반 학생 35명이 10인승 승합차를 타고 미술관에 가려고 합니다. 승합차는 최소 몇 대 필요할까요?

(   )

14 저금통에 100원짜리 동전이 667개 있습니다. 이 동전을 1000원짜리 지폐로 바꾼다면 최대 얼마까지 바꿀 수 있을까요?

(   )

→ 정답과 풀이 59쪽

15 버림하여 백의 자리까지 나타내면 3500이 되는 자연수 중에서 가장 큰 수를 써 보세요.

(   )

16 ☐ 안에 들어갈 수 있는 백의 자리 수를 모두 구해 보세요.

이 수를 반올림하여 천의 자리까지 나타내면 4000이에요.

3☐77

(   )

17 어떤 자연수에 7을 곱해서 나온 수를 버림하여 십의 자리까지 나타내면 80입니다. 어떤 자연수는 얼마일까요?

(   )

18 수직선 위에 나타낸 수의 범위에 속하는 자연수는 모두 8개입니다. ☐ 안에 알맞은 자연수를 구해 보세요.

●━━━━━━━━━◇
33   ☐

(   )

19 3장의 수 카드 2 , 5 , 7 을 한 번씩만 사용하여 두 자리 수를 만들려고 합니다. 만들 수 있는 수 중에서 27 초과 72 이하인 수는 모두 몇 개인지 풀이 과정을 쓰고 답을 구해 보세요.

풀이 ＿＿＿＿＿＿＿＿＿＿＿＿＿＿＿＿

＿＿＿＿＿＿＿＿＿＿＿＿＿＿＿＿＿

＿＿＿＿＿＿＿＿＿＿＿＿＿＿＿＿＿

＿＿＿＿＿＿＿＿＿＿＿＿＿＿＿＿＿

답 ＿＿＿＿＿＿＿＿＿＿＿＿＿

20 철사를 사용하여 그림과 같은 정사각형 모양을 만들려고 합니다. 철사를 40 cm 단위로만 판매한다면 철사는 최소 몇 cm 사야 하는지 풀이 과정을 쓰고 답을 구해 보세요.

36 cm

풀이 ＿＿＿＿＿＿＿＿＿＿＿＿＿＿＿

＿＿＿＿＿＿＿＿＿＿＿＿＿＿＿＿＿

＿＿＿＿＿＿＿＿＿＿＿＿＿＿＿＿＿

답 ＿＿＿＿＿＿＿＿＿＿＿＿＿

점수
확인

1. 수의 범위와 어림하기

1 30 이하인 수를 모두 찾아 써 보세요.

38	25	19	32	45

(   )

2 수직선에 나타낸 수의 범위를 써 보세요.

(   )

3 수를 올림, 버림, 반올림하여 백의 자리까지 나타내어 보세요.

수	올림	버림	반올림
3682			

4 대한민국에서 투표할 수 있는 나이는 19세 이상입니다. 우리 가족 중에서 투표할 수 있는 사람은 모두 몇 명일까요?

우리 가족 나이

가족	아버지	누나	어머니	삼촌	나
나이(세)	46	16	41	19	12

(   )

5 놀이공원에서 키가 130 cm 초과인 사람만 탈 수 있는 놀이기구가 있다고 합니다. 놀이기구를 탈 수 <u>없는</u> 학생을 모두 써 보세요.

학생들의 키

이름	키(cm)	이름	키(cm)
현탁	151.2	창수	137.9
미영	120.1	지윤	125.4
찬미	130.0	진아	145.7

(   )

6 반올림하여 천의 자리까지 나타낸 수가 <u>다른 것</u>은 어느 것일까요? (   )

① 2804   ② 2777   ③ 3105

④ 3500   ⑤ 3499

7 20 초과 35 미만인 자연수는 모두 몇 개일까요?

(   )

8 수직선에 나타내어 보세요.

21 이상 25 미만인 수

```
 ├──┼──┼──┼──┼──┼──┼──┼──┤
20  21  22  23  24  25  26  27  28
```

9 민정이네 모둠 학생들이 방학 동안 읽은 책 수를 조사하여 나타낸 표입니다. 방학 동안 읽은 책이 15권 이상 20권 미만인 학생의 이름을 모두 써 보세요.

방학 동안 읽은 책의 수

이름	책의 수(권)	이름	책의 수(권)
민정	18	규연	21
하연	11	경진	10
수진	20	은하	7
동찬	13	석진	15

( )

10 어림한 후, 어림한 수의 크기를 비교하여 ○ 안에 >, =, <를 알맞게 써넣으세요.

11 유정이는 8300원을 가지고 한 권에 1000원 하는 공책을 사려고 합니다. 공책은 최대 몇 권까지 살 수 있을까요?

( )

12 은율이네 반 학생 32명에게 색종이를 2장씩 나누어 주려고 합니다. 색종이를 10장씩 묶음으로 판다면 최소 몇 장 사야 할까요?

( )

13 82를 포함하는 수의 범위가 <u>아닌</u> 것을 모두 찾아 기호를 써 보세요.

> ㉠ 80 초과 82 이하인 수
> ㉡ 80 이상 82 미만인 수
> ㉢ 82 초과 85 이하인 수
> ㉣ 82 이상 85 미만인 수

( )

14 버림하여 십의 자리까지 나타내면 290이 되는 자연수 중에서 가장 큰 수와 가장 작은 수를 각각 구해 보세요.

가장 큰 수 ( )
가장 작은 수 ( )

15 어떤 수를 반올림하여 십의 자리까지 나타내면 250이 됩니다. 어떤 수가 될 수 있는 수의 범위를 수직선에 나타내어 보세요.

```
+--+--+--+--+--+--+--+--+--+--+--+--+--+--+--+
240              250              260
```

16 건우네 학교 5학년은 한 반에 30명씩 8반입니다. 5학년 학생들이 13명씩 앉을 수 있는 긴 의자에 모두 앉으려고 합니다. 긴 의자는 최소 몇 개 필요할까요?

(　　　　　)

17 어느 문구점에서 연필 558자루를 10자루씩 묶음으로 팔았습니다. 한 묶음에 3000원씩 받고 연필을 팔았다면 문구점에서 연필을 팔아 번 돈은 최대 얼마일까요?

(　　　　　)

18 수 카드 4장을 한 번씩만 사용하여 5000에 가장 가까운 수를 만들었습니다. 만든 수를 반올림하여 백의 자리까지 나타내어 보세요.

$\boxed{2}$ $\boxed{4}$ $\boxed{5}$ $\boxed{9}$

(　　　　　)

19 수직선에 나타낸 수의 범위에 속하는 자연수 중에서 가장 큰 수와 가장 작은 수의 합은 얼마인지 풀이 과정을 쓰고 답을 구해 보세요.

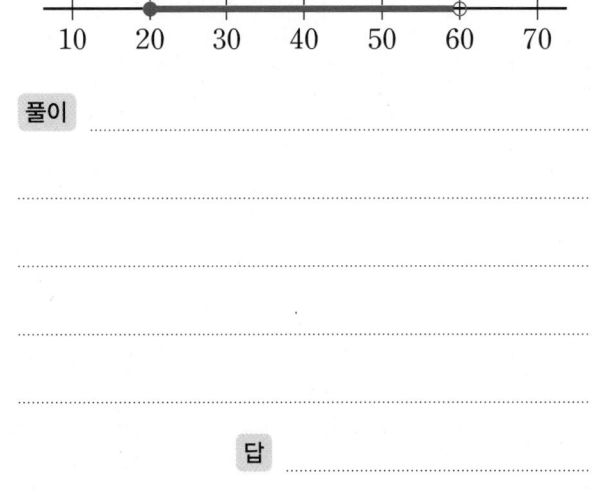

풀이

답

20 다음 수를 올림하여 천의 자리까지 나타낸 수와 백의 자리까지 나타낸 수의 차는 얼마인지 풀이 과정을 쓰고 답을 구해 보세요.

$\boxed{7205}$

풀이

답

2. 분수의 곱셈

1 그림을 보고 □ 안에 알맞은 수를 써넣으세요.

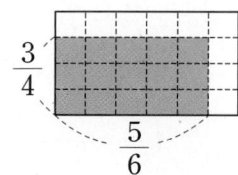

$$\frac{5}{6} \times \frac{3}{4} = \frac{5}{\boxed{}} \times \frac{3}{4} = \frac{\boxed{}}{\boxed{}}$$

2 □ 안에 알맞은 수를 써넣으세요.

$$1\frac{2}{7} \times 3 = (1+1+1) + \left(\frac{2}{7} + \frac{2}{7} + \frac{2}{7}\right)$$

$$= \left(1 \times \boxed{}\right) + \left(\frac{2}{7} \times \boxed{}\right)$$

$$= \boxed{} + \frac{\boxed{}}{7} = \boxed{}\frac{\boxed{}}{\boxed{}}$$

3 계산해 보세요.

$$3\frac{3}{5} \times 1\frac{1}{2}$$

4 빈칸에 알맞은 수를 써넣으세요.

5 빈칸에 두 분수의 곱을 써넣으세요.

$\frac{19}{24}$	$\frac{8}{11}$

6 세 수의 곱을 구해 보세요.

$\frac{5}{8}$	$\frac{6}{13}$	$\frac{13}{17}$

(   )

7 계산을 바르게 한 사람의 이름을 써 보세요.

윤호: $\frac{1}{5} \times 2\frac{3}{10} = 2\frac{3}{2} = 3\frac{1}{2}$

정선: $5 \times 2\frac{3}{10} = \frac{1}{5} \times \frac{23}{10} = \frac{23}{2} = 11\frac{1}{2}$

(   )

8 계산 결과를 비교하여 ○ 안에 >, =, <를 알맞게 써넣으세요.

$$9 \times \frac{5}{12} \bigcirc \frac{7}{10} \times 5$$

9 빈칸에 알맞은 수를 써넣으세요.

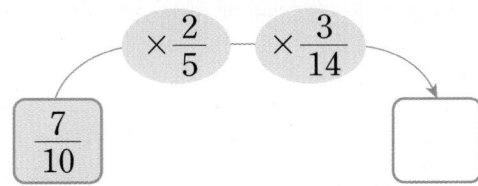

10 계산 결과가 가장 큰 것은 어느 것일까요?

( )

① $\dfrac{1}{3} \times \dfrac{1}{6}$　　　② $\dfrac{1}{7} \times \dfrac{1}{4}$

③ $\dfrac{1}{5} \times \dfrac{1}{5}$　　　④ $\dfrac{1}{8} \times \dfrac{1}{2}$

⑤ $\dfrac{1}{9} \times \dfrac{1}{6}$

11 빈칸에 알맞은 수를 써넣으세요.

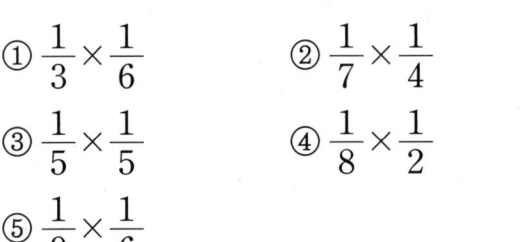

12 ㉠과 ㉡의 차를 구해 보세요.

㉠ $\dfrac{15}{16} \times \dfrac{4}{5}$　　㉡ $\dfrac{9}{10} \times 7\dfrac{1}{2} \times \dfrac{1}{18}$

( )

13 계산 결과를 기약분수로 나타내었을 때 단위분수인 것을 찾아 기호를 써 보세요.

㉠ $4\dfrac{1}{2} \times \dfrac{4}{27}$　　㉡ $\dfrac{7}{10} \times \dfrac{3}{14} \times \dfrac{5}{6}$

( )

14 물이 $\dfrac{4}{9}$ L씩 들어 있는 물병이 30개 있습니다. 물병에 들어 있는 물은 모두 몇 L일까요?

( )

15 어떤 수는 10의 $2\dfrac{1}{4}$배입니다. 어떤 수는 얼마일까요?

( )

➡️ 정답과 풀이 61쪽

16 길이가 $2\frac{4}{7}$ m인 색 테이프를 똑같이 8도막으로 나눈 것입니다. 색칠한 부분의 길이는 몇 m일까요?

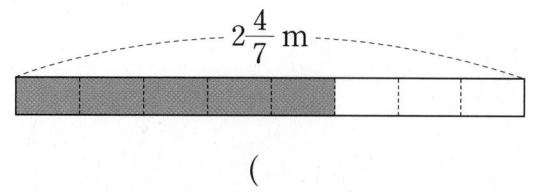

(   )

17 은정이네 반 학생의 $\frac{5}{12}$는 남학생입니다. 남학생 중에서 $\frac{6}{11}$은 운동을 좋아하고 그중에서 $\frac{2}{3}$는 농구를 좋아합니다. 농구를 좋아하는 남학생은 은정이네 반 학생의 몇 분의 몇일까요?

(   )

18 수 카드를 한 번씩만 사용하여 대분수를 만들려고 합니다. 만들 수 있는 가장 큰 대분수와 가장 작은 대분수의 곱을 구해 보세요.

$$\boxed{2} \quad \boxed{1} \quad \boxed{3}$$

(   )

19 잘못 계산한 곳을 찾아 그 이유를 설명하고 바르게 고쳐 계산해 보세요.

$$\frac{\overset{3}{9}}{20} \times \overset{5}{15} = \frac{15}{20} = \frac{3}{4}$$

⬇️

이유 ....

....

....

20 1분에 6 L씩 물이 나오는 수도꼭지가 있습니다. 이 수도꼭지에서 5분 45초 동안 받은 물은 모두 몇 L인지 풀이 과정을 쓰고 답을 구해 보세요.

풀이 ....

....

....

....

답 ....

1 계산해 보세요.

$18 \times 2\frac{1}{6}$

2 보기 와 같이 계산해 보세요.

보기

$$\frac{7}{10} \times 3 = \frac{7}{10} + \frac{7}{10} + \frac{7}{10} = \frac{7 \times 3}{10}$$
$$= \frac{21}{10} = 2\frac{1}{10}$$

$\frac{2}{7} \times 4$

3 대분수를 가분수로 바꾸어 계산해 보세요.

$3\frac{3}{7} \times 4\frac{1}{2}$

4 빈칸에 세 수의 곱을 써넣으세요.

$\frac{7}{9}$	$\frac{10}{21}$	$\frac{2}{5}$

5 빈칸에 알맞은 수를 써넣으세요.

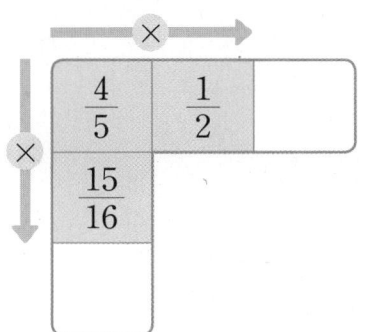

6 잘못 계산한 것을 찾아 기호를 써 보세요.

㉠ $5\frac{1}{3} \times 9 = 48$

㉡ $2\frac{5}{8} \times 10 = 25\frac{1}{4}$

㉢ $\frac{9}{28} \times 14 = 4\frac{1}{2}$

(   )

7 관계있는 것끼리 선으로 이어 보세요.

$\frac{7}{12} \times \frac{4}{5} \times 1\frac{2}{7}$ •

$7\frac{1}{2} \times 2\frac{2}{5} \times \frac{1}{8}$ •

• $2\frac{1}{4}$

• $1\frac{1}{4}$

• $\frac{3}{5}$

8 계산 결과를 비교하여 ○ 안에 >, =, <를 알맞게 써넣으세요.

$$9 \times \frac{5}{6} \bigcirc 9 \times 1\frac{3}{4}$$

9 □ 안에 알맞은 수를 구해 보세요.

$$\frac{1}{8} \times \frac{1}{9} = \frac{1}{\square} \times \frac{1}{24}$$

( )

10 정삼각형의 둘레는 몇 m일까요?

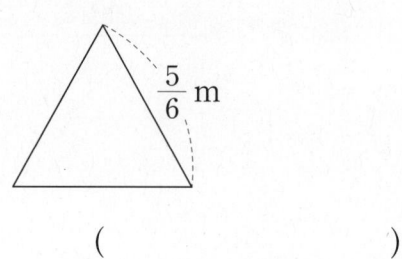

( )

11 ㉠과 ㉡의 합을 구해 보세요.

$$㉠ \ 24 \times \frac{5}{18} \qquad ㉡ \ 1\frac{3}{4} \times 1\frac{1}{7}$$

( )

12 우주는 하루에 물을 $2\frac{2}{5}$ L씩 마십니다. 우주가 10일 동안 마시는 물은 모두 몇 L일까요?

( )

13 미호는 찰흙 $\frac{19}{20}$ kg의 $\frac{8}{15}$ 을 사용하였습니다. 미호가 사용한 찰흙은 몇 kg일까요?

( )

14 진수는 한 시간에 $3\frac{1}{3}$ km를 걷습니다. 같은 빠르기로 $2\frac{1}{4}$시간 동안 걷는다면 진수가 걸은 거리는 몇 km일까요?

( )

15 □ 안에 들어갈 수 있는 자연수를 모두 구해 보세요.

$$\frac{3}{8} \times 4 < \frac{\square}{2} < 3 \times 1\frac{1}{6}$$

( )

🔴 정답과 풀이 62쪽

16 색칠한 부분의 넓이는 정사각형 전체 넓이의 $\frac{3}{4}$ 입니다. 색칠한 부분의 넓이는 몇 m²일까요?

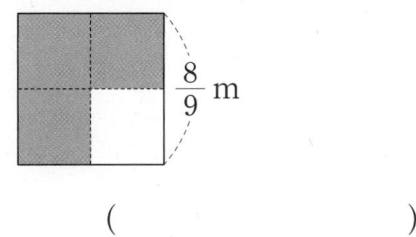

(   )

17 밭의 $\frac{2}{5}$ 에 상추를 심고, 상추를 심고 남은 밭의 $\frac{5}{7}$ 에 고추를 심었습니다. 고추를 심은 밭의 넓이는 밭 전체의 몇 분의 몇일까요?

(   )

18 길이가 $1\frac{1}{18}$ m인 색 테이프 6장을 $\frac{2}{15}$ m씩 겹치게 이어 붙였습니다. 이어 붙인 색 테이프의 전체 길이는 몇 m일까요?

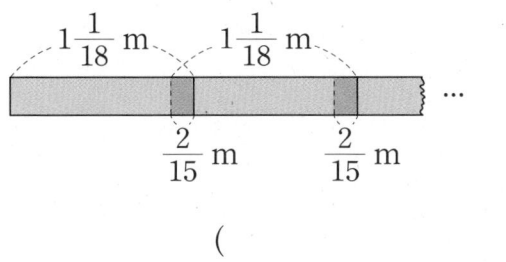

(   )

✏️ 서술형 문제

19 형준이의 나이는 12살이고, 아버지의 나이는 형준이의 나이의 $3\frac{2}{3}$ 배입니다. 아버지의 나이는 몇 살인지 풀이 과정을 쓰고 답을 구해 보세요.

풀이

답

2

20 예전에는 어느 도시의 $\frac{1}{3}$ 이 산림으로 덮여 있었습니다. 그런데 점점 산림이 줄어들어 산림의 $\frac{3}{8}$ 이 없어졌습니다. 지금의 도시는 전체의 몇 분의 몇이 산림으로 덮여 있는지 풀이 과정을 쓰고 답을 구해 보세요.

풀이

답

1 보기 의 도형과 서로 합동인 도형은 어느 것일까요?

( )

보기

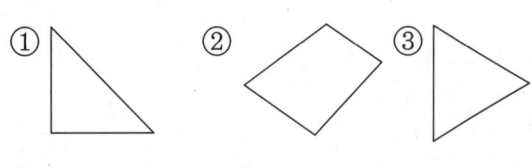

① ② ③
④ ⑤

[2~3] 도형을 보고 물음에 답하세요.

가 나 다
라 마 바

2 선대칭도형을 모두 찾아 기호를 써 보세요.

( )

3 점대칭도형을 모두 찾아 기호를 써 보세요.

( )

[4~5] 두 사각형은 서로 합동입니다. 물음에 답하세요.

4 변 ㅁㅇ은 몇 cm일까요?

( )

5 각 ㅇㅁㅂ은 몇 도일까요?

( )

6 직선 ㄱㄴ을 대칭축으로 하는 선대칭도형입니다. ☐ 안에 알맞은 수를 써넣으세요.

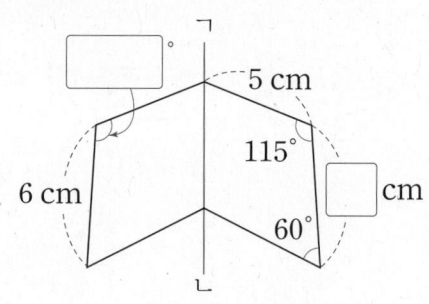

7 도형은 선대칭도형입니다. 대칭축은 모두 몇 개일까요?

( )

[8~9] 도형은 점대칭도형입니다. 물음에 답하세요.

8 각 ㄴㄷㄹ은 몇 도일까요?

( )

9 선분 ㄴㅇ은 몇 cm일까요?

( )

10 도형은 선대칭도형입니다. 대칭축이 많은 것부터 차례로 기호를 써 보세요.

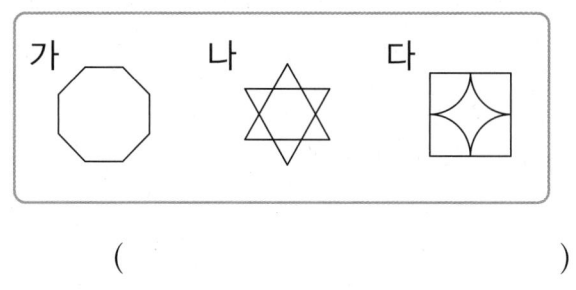

( )

11 두 삼각형은 서로 합동입니다. 각 ㄹㅁㅂ은 몇 도일까요?

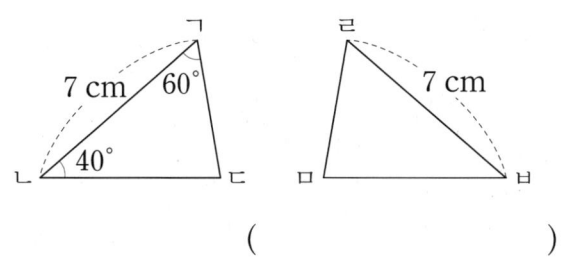

( )

12 점대칭도형을 완성해 보세요.

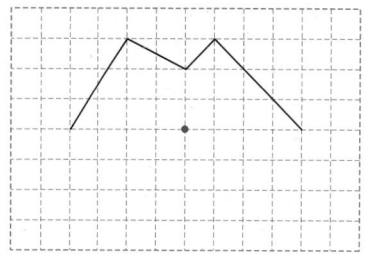

13 점대칭도형에서 각 ㅁㅂㄱ은 몇 도일까요?

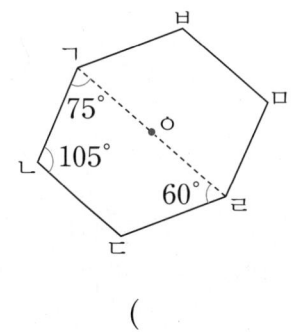

( )

14 선대칭도형이면서 점대칭도형인 것을 모두 고르세요. ( )

① 사다리꼴   ② 삼각형
③ 이등변삼각형   ④ 마름모
⑤ 직사각형

15 도형은 점 ㅇ을 대칭의 중심으로 하는 점대칭도형입니다. 선분 ㄱㄹ은 몇 cm일까요?

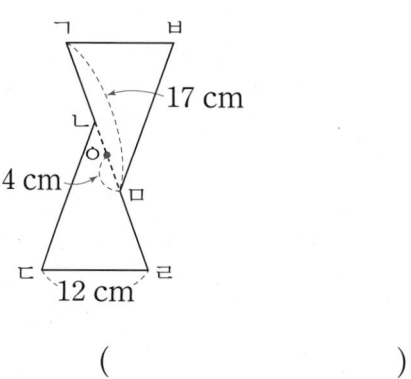

( )

정답과 풀이 **63**쪽

16 직선 ㄱㄴ을 대칭축으로 하는 선대칭도형입니다. ㉠은 몇 도일까요?

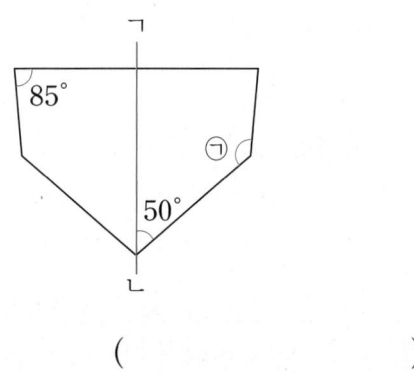

( )

17 삼각형 ㄱㄴㄷ과 삼각형 ㄹㄷㄴ은 서로 합동입니다. 삼각형 ㄱㄴㄷ의 둘레가 31 cm일 때 변 ㄱㄴ은 몇 cm일까요?

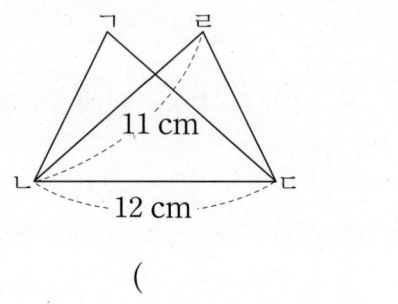

( )

18 삼각형 ㄱㄴㄷ은 선분 ㄱㄹ을 대칭축으로 하는 선대칭도형입니다. 삼각형 ㄱㄴㄷ의 둘레가 48 cm라면 넓이는 몇 cm²일까요?

( )

19 직선 ㅂㅅ을 대칭축으로 하는 선대칭도형입니다. 선분 ㄴㅁ은 몇 cm인지 풀이 과정을 쓰고 답을 구해 보세요.

풀이

답

20 삼각형 ㄱㄴㄷ과 삼각형 ㅁㄹㄷ은 서로 합동입니다. 각 ㄱㄷㅁ은 몇 도인지 풀이 과정을 쓰고 답을 구해 보세요.

풀이

답

1 서로 합동인 두 도형을 모두 찾아 기호를 써 보세요.

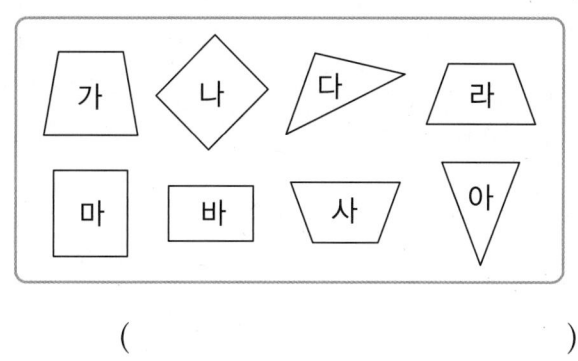

( )

2 점선을 따라 잘랐을 때, 두 도형이 서로 합동이 되게 하는 점선을 모두 찾아 써 보세요.

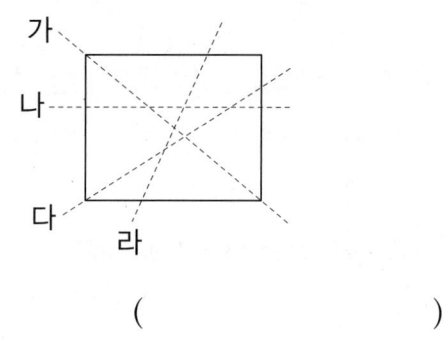

( )

3 왼쪽 도형과 서로 합동인 도형을 그려 보세요.

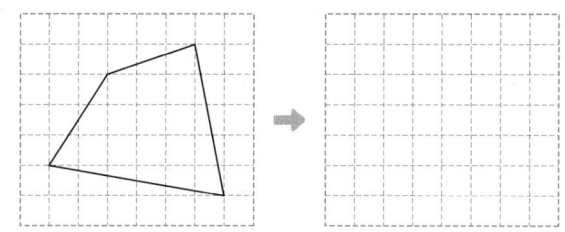

4 다음 중 선대칭도형은 어느 것일까요?

( )

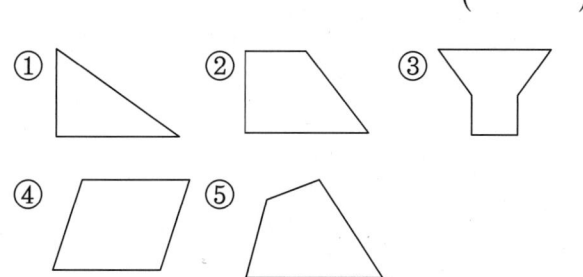

[5~6] 두 삼각형은 서로 합동입니다. 물음에 답하세요.

5 변 ㄹㅂ은 몇 cm일까요?

( )

6 각 ㅁㄹㅂ은 몇 도일까요?

( )

7 대칭축이 가장 많은 도형을 찾아 기호를 써 보세요.

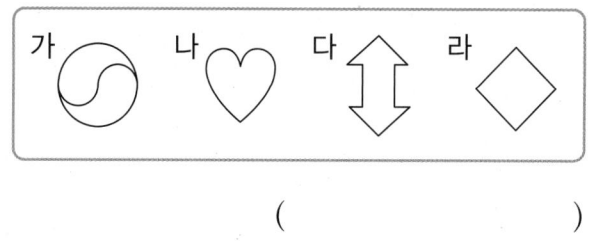

( )

8 선대칭도형을 완성해 보세요.

9 점대칭도형인 글자를 모두 고르세요.

( )

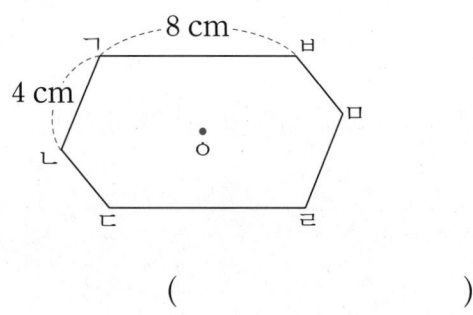

10 점 ㅇ을 대칭의 중심으로 하는 점대칭도형입니다. 점대칭도형의 둘레가 30 cm일 때 변 ㅁㅂ은 몇 cm일까요?

( )

[11~12] 두 사각형은 서로 합동입니다. 물음에 답하세요.

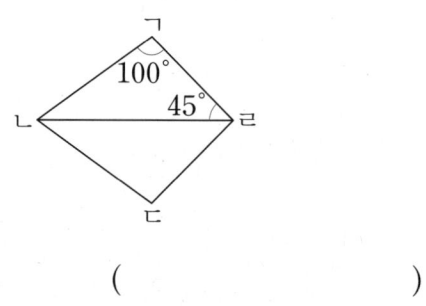

11 각 ㅂㅁㅇ은 몇 도일까요?

( )

12 사각형 ㅁㅂㅅㅇ의 둘레는 몇 cm일까요?

( )

13 선분 ㄴㄹ을 대칭축으로 하는 선대칭도형입니다. 각 ㄱㄴㄷ은 몇 도일까요?

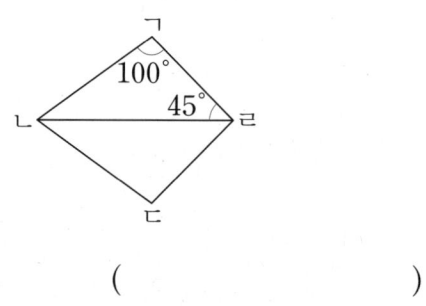

( )

14 점 ㅇ을 대칭의 중심으로 하는 점대칭도형입니다. 각 ㄱㄹㄷ은 몇 도일까요?

( )

15 삼각형 ㄱㄴㄷ과 삼각형 ㄹㄷㄴ은 서로 합동입니다. 각 ㄴㄷㄱ은 몇 도일까요?

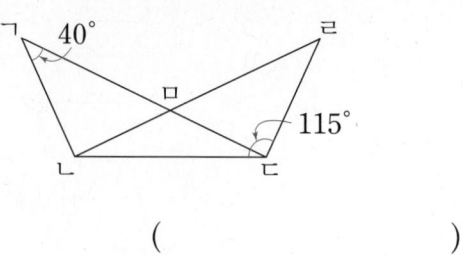

( )

16 직선 ㅅㅇ을 대칭축으로 하는 선대칭도형입니다. 선대칭도형의 둘레가 52 cm일 때 변 ㄱㄴ은 몇 cm일까요?

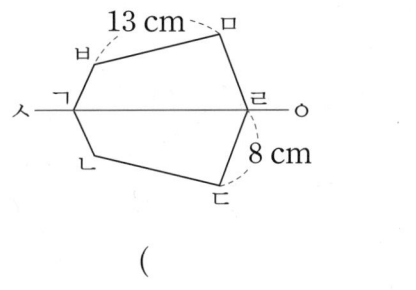

(   )

17 점 ㅇ을 대칭의 중심으로 하는 점대칭도형의 일부분입니다. 완성된 점대칭도형의 둘레는 몇 cm일까요?

12 cm 15 cm
6 cm 6 cm

(   )

18 830은 선대칭이 되는 수입니다. 다음 수로 만들 수 있는 선대칭이 되는 세 자리 수 중에서 830보다 큰 수는 모두 몇 개일까요? (단, 같은 수를 여러 번 사용할 수 있습니다.)

0 3 7 8

(   )

19 선대칭도형이면서 점대칭도형인 것을 모두 찾아 기호를 쓰려고 합니다. 풀이 과정을 쓰고 답을 구해 보세요.

풀이

답

20 두 도형은 서로 합동입니다. 삼각형 ㄱㄴㄷ의 둘레가 32 cm일 때 변 ㄴㄷ은 몇 cm인지 풀이 과정을 쓰고 답을 구해 보세요.

11 cm 15 cm

풀이

답

1 32 초과인 수를 모두 찾아 써 보세요.

| 21 | 32 | 40 | 29 | 35 |

(   )

2 □ 안에 알맞은 수를 써넣으세요.

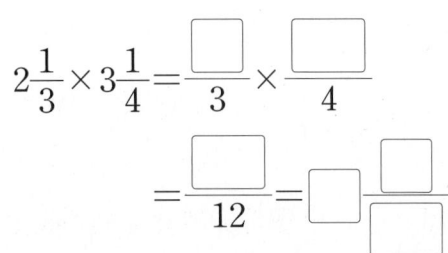

$$2\frac{1}{3} \times 3\frac{1}{4} = \frac{\Box}{3} \times \frac{\Box}{4}$$

$$= \frac{\Box}{12} = \Box\frac{\Box}{\Box}$$

3 서로 합동인 도형을 모두 찾아 기호를 써 보세요.

(   )

4 올림하여 주어진 자리까지 나타내어 보세요.

수	십의 자리	백의 자리	천의 자리
4728			
9083			

5 선분 ㄱㄷ을 대칭축으로 하는 선대칭도형입니다. □ 안에 알맞은 수를 써넣으세요.

6 ○ 안에 >, =, <를 알맞게 써넣으세요.

$$\frac{11}{24} \times 15 \bigcirc 2 \times 3\frac{1}{16}$$

7 두 사각형은 서로 합동입니다. 각 ㅁㅇㅅ은 몇 도일까요?

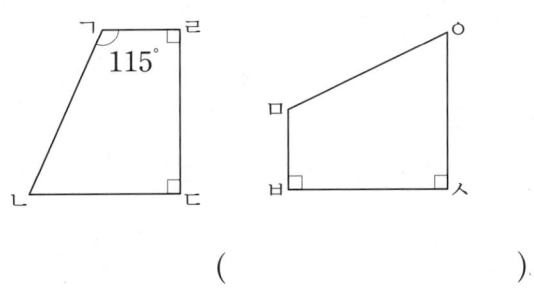

(   )

8 수연이는 끈 $\frac{6}{7}$ m 중에서 $\frac{3}{8}$ 을 사용하여 꽃을 만들었습니다. 꽃을 만드는 데 사용한 끈의 길이는 몇 m일까요?

(   )

9 반올림하여 천의 자리까지 나타낸 수가 다른 하나를 찾아 기호를 쓰려고 합니다. 풀이 과정을 쓰고 답을 구해 보세요.

㉠ 65135   ㉡ 64921   ㉢ 65507

풀이

답

10 가장 큰 수와 가장 작은 수의 곱을 구하려고 합니다. 풀이 과정을 쓰고 답을 구해 보세요.

$\frac{1}{4}$ $\frac{1}{8}$ $\frac{1}{3}$ $\frac{1}{12}$ $\frac{1}{9}$

풀이

답

11 지우네 모둠 학생들의 어젯밤 수면 시간을 조사하여 나타낸 표입니다. 수면 시간이 8시간 이상 10시간 미만인 학생은 모두 몇 명인지 풀이 과정을 쓰고 답을 구해 보세요.

지우네 모둠 학생들의 수면 시간

이름	지우	선호	연우	재이
수면 시간(시간)	8.2	10.4	9.7	8.0
이름	은찬	나연	다은	민수
수면 시간(시간)	11.3	9.1	10.0	8.9

풀이

답

12 선대칭도형의 대칭축의 수가 적은 것부터 차례로 기호를 써 보세요.

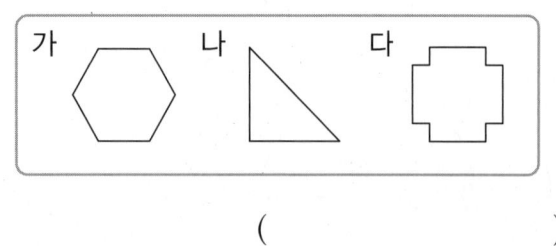

( )

13 배 824개를 상자에 모두 담으려고 합니다. 한 상자에 배를 10개씩 담을 수 있을 때 상자는 최소 몇 상자 필요한지 풀이 과정을 쓰고 답을 구해 보세요.

풀이 _____

_____

_____

답 _____

14 삼각형 ㄱㄴㅁ과 삼각형 ㅁㄷㄹ은 서로 합동입니다. 사각형 ㄱㄴㄷㄹ의 넓이는 몇 cm^2일까요?

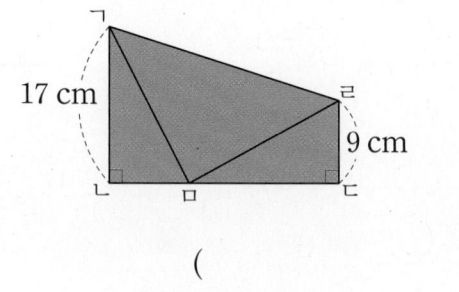

( )

15 선대칭도형이면서 점대칭도형인 것을 모두 찾아 기호를 쓰려고 합니다. 풀이 과정을 쓰고 답을 구해 보세요.

풀이 _____

_____

_____

답 _____

16 10보다 작은 자연수 중에서 ☐ 안에 들어갈 수 있는 수는 모두 몇 개인지 풀이 과정을 쓰고 답을 구해 보세요.

$$1\frac{5}{9} \times 1\frac{5}{7} < \square\frac{1}{3}$$

풀이 _____

_____

_____

답 _____

17 수직선에 나타낸 수의 범위에 속하는 자연수는 모두 몇 개인지 풀이 과정을 쓰고 답을 구해 보세요.

```
30  32  34  36  38  40  42  44
```

풀이

답

18 한 변의 길이가 $\frac{4}{15}$ cm인 정육각형과 한 변의 길이가 $1\frac{1}{20}$ cm인 정사각형의 둘레의 합은 몇 cm인지 풀이 과정을 쓰고 답을 구해 보세요.

풀이

답

19 4장의 수 카드 3, 7, 6, 4 를 한 번씩만 사용하여 가장 큰 네 자리 수를 만들었습니다. 만든 수를 반올림하여 백의 자리까지 나타낸 수를 ㉠, 버림하여 십의 자리까지 나타낸 수를 ㉡이라고 할 때, ㉠과 ㉡의 차는 얼마인지 풀이 과정을 쓰고 답을 구해 보세요.

풀이

답

20 점 ㅇ을 대칭의 중심으로 하는 점대칭도형입니다. 이 점대칭도형의 둘레는 몇 cm인지 풀이 과정을 쓰고 답을 구해 보세요.

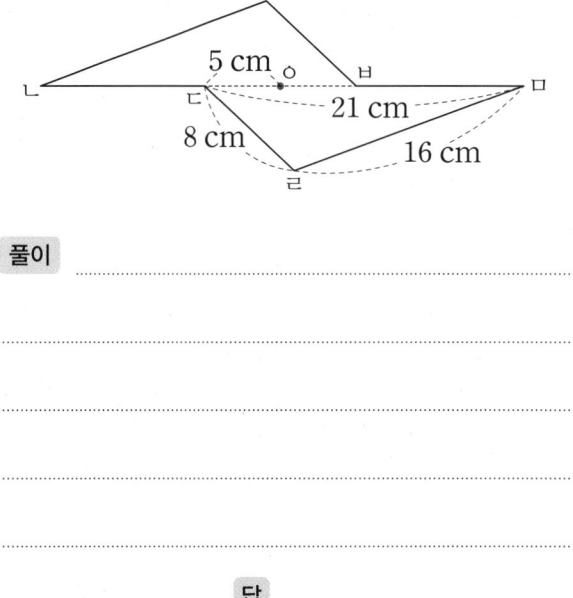

풀이

답

4. 소수의 곱셈

1 ☐ 안에 알맞은 수를 써넣으세요.

$$0.28 \times 3$$

0.28은 0.01이 ☐ 개입니다.

0.28×3은 0.01이 ☐ 개씩 ☐ 묶음입니다.

0.01이 모두 ☐ 개이므로

0.28×3= ☐ 입니다.

2 보기 와 같은 방법으로 계산해 보세요.

보기

$$1.43 \times 5 = \frac{143}{100} \times 5 = \frac{143 \times 5}{100}$$
$$= \frac{715}{100} = 7.15$$

2.74×6

....

....

3 계산해 보세요.

(1) 38×0.29 (2) 0.07×4.3

4 빈칸에 두 수의 곱을 써넣으세요.

4.7	0.39

5 관계있는 것끼리 이어 보세요.

0.53×4 •

5×0.47 •

• 2.35

• 2.12

• 2.02

6 3.8×64=243.2를 이용하여 ☐ 안에 알맞은 수를 써넣으세요.

(1) $0.38 \times 64 =$ ☐

(2) $3.8 \times 0.64 =$ ☐

7 직사각형의 넓이는 몇 m²일까요?

0.18 m

0.23 m

(   )

8 계산 결과를 비교하여 ○ 안에 >, =, <를 알맞게 써넣으세요.

$$0.26 \times 74 \bigcirc 2.6 \times 0.74$$

9 가장 큰 수와 가장 작은 수의 곱을 구해 보세요.

| 3.7 | 41.6 | 0.49 | 12.73 |

( )

10 ☐ 안에 알맞은 수가 <u>다른</u> 하나를 찾아 기호를 써 보세요.

㉠ $270 \times \square = 2.7$
㉡ $42 \times \square = 0.42$
㉢ $137 \times \square = 13.7$

( )

11 계산 결과가 큰 것부터 차례로 기호를 써 보세요.

㉠ 2.1×4
㉡ 0.73×8
㉢ 1.45×6

( )

12 빈칸에 알맞은 수를 써넣으세요.

13 한 병에 1.54 L씩 들어 있는 우유가 15병 있습니다. 우유는 모두 몇 L일까요?

( )

14 어떤 수를 5.8로 나누었더니 1.2가 되었습니다. 어떤 수는 얼마일까요?

( )

서술형 문제

➔ 정답과 풀이 67쪽

15 지훈이는 둘레가 940 m인 원 모양의 공원을 3바퀴 반 달렸습니다. 지훈이가 달린 거리는 몇 km일까요?

( )

16 ☐ 안에 들어갈 수 있는 자연수를 모두 구해 보세요.

$$7.2 \times 1.9 < \boxed{} < 4.7 \times 3.3$$

( )

17 수민이의 한 걸음은 0.58 m이고 동희의 한 걸음은 0.32 m입니다. 두 사람이 같은 곳에서 같은 방향으로 동시에 출발하여 각각 45걸음씩 걸었다면 누가 몇 m 더 멀리 갔을까요?

( ), ( )

18 0.3을 50번 곱했을 때 곱의 소수 50째 자리 숫자를 구해 보세요.

( )

19 민호는 2000원으로 과자를 사려고 합니다. 사려는 과자의 가격표가 찢어져 있을 때 가진 돈으로 과자를 살 수 있는지 알아보고, 그 이유를 써 보세요.

과자를 살 수 (있습니다 , 없습니다).

이유

20 가로가 2.6 m, 세로가 1.5 m인 직사각형 모양의 밭이 있습니다. 이 밭의 0.6에 고구마를 심었다면 고구마를 심은 밭의 넓이는 몇 m²인지 풀이 과정을 쓰고 답을 구해 보세요.

풀이

답

1 ☐ 안에 알맞은 수를 써넣으세요.

$$8 \times 29 = 232$$

0.1배 0.01배 ☐배

$$0.8 \times \boxed{} = \boxed{}$$

2 보기 와 같은 방법으로 계산해 보세요.

보기

$$0.7 \times 0.14 = \frac{7}{10} \times \frac{14}{100} = \frac{98}{1000}$$
$$= 0.098$$

1.4×2.76

3 계산해 보세요.

$$0.58 \times 0.35$$

( )

4 빈칸에 알맞은 수를 써넣으세요.

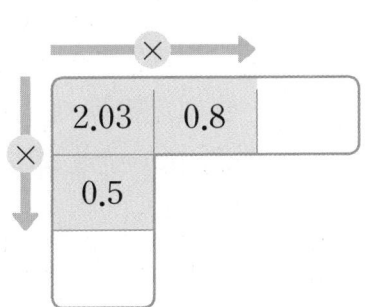

×		
2.03	0.8	
0.5		

5 평행사변형의 넓이는 몇 m^2일까요?

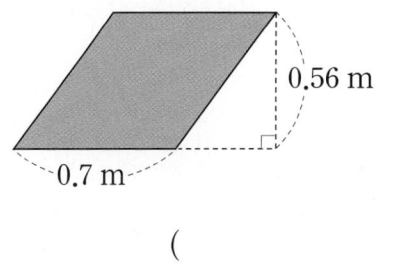

0.56 m

0.7 m

( )

6 ☐ 안에 알맞은 수를 써넣으세요.

(1) $0.037 \times \boxed{} = 3.7$

(2) $31.8 \times \boxed{} = 0.318$

7 한 변의 길이가 7.32 cm인 정구각형의 둘레는 몇 cm일까요?

( )

8 계산 결과가 더 큰 것의 기호를 써 보세요.

㉠ 9.41×7 ㉡ 5.38×12

( )

9 빈칸에 알맞은 수를 써넣으세요.

2.8 →(×0.45)→ [ ] →(×0.8)→ [ ]

10 $57 \times 24 = 1368$을 이용하여 ☐ 안에 알맞은 수를 써넣으세요.

(1) $5.7 \times \boxed{} = 0.1368$

(2) $\boxed{} \times 240 = 136.8$

11 ★에 알맞은 수를 구해 보세요.

★$\div 2.05 = 1.56$

( )

12 딸기 한 상자의 무게는 $0.85\,\mathrm{kg}$입니다. 딸기 7상자의 무게는 몇 kg일까요?

( )

13 굵기가 일정한 철근 $1\,\mathrm{m}$의 무게가 $8.94\,\mathrm{kg}$입니다. 이 철근 $10\,\mathrm{m}$ $50\,\mathrm{cm}$의 무게는 몇 kg일까요?

( )

14 ㉮는 ㉯의 몇 배일까요?

㉮ 7.8×43 ㉯ 0.78×4.3

( )

15 어떤 철근을 한 번 자르는 데 2.4분이 걸립니다. 이 철근을 10도막이 되게 쉬지 않고 자른다면 모두 몇 분이 걸리는지 구해 보세요.

( )

정답과 풀이 68쪽

서술형 문제

16 0부터 9까지의 수 중에서 ☐ 안에 들어갈 수 있는 수를 모두 구해 보세요.

$$1.36 \times 3.5 < 4.\boxed{}7$$

(   )

17 직사각형의 가로와 세로를 각각 1.5배씩으로 늘여 새로운 직사각형을 만들었습니다. 새로운 직사각형의 넓이는 몇 cm²일까요?

4.2 cm

3.6 cm

(   )

18 3장의 수 카드를 한 번씩만 사용하여 곱이 가장 큰 곱셈식을 만들었습니다. 이때의 곱은 얼마일까요?

| 2 | 5 | 8 |

$$0.\boxed{} \times 0.\boxed{}\boxed{}$$

(   )

19 떨어진 높이의 0.6만큼 뛰어 오르는 공이 있습니다. 이 공을 0.75 m 높이에서 떨어뜨렸다면 두 번째로 뛰어 오른 높이는 몇 m인지 풀이 과정을 쓰고 답을 구해 보세요.

풀이 _____

답 _____

20 어떤 수에 0.15를 곱해야 할 것을 잘못하여 나누었더니 8.4가 되었습니다. 바르게 계산하면 얼마인지 풀이 과정을 쓰고 답을 구해 보세요.

풀이 _____

답 _____

1 직육면체의 각 부분의 이름을 □ 안에 알맞게 써넣으세요.

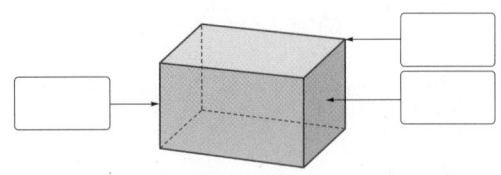

2 다음 설명에서 알맞은 말에 ○표 하세요.

> 직육면체의 전개도에서 잘리지 않는 모서리는 (점선 , 실선)으로, 잘린 모서리는 (점선 , 실선)으로 나타냅니다.

3 직육면체는 어느 것일까요? (   )

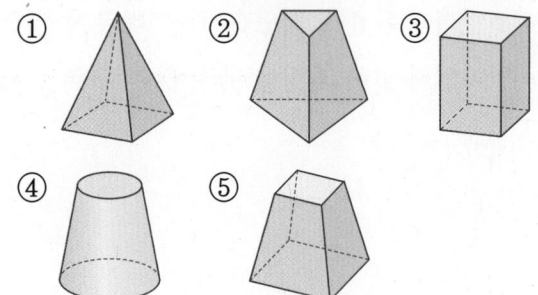

4 직육면체의 겨냥도를 바르게 그린 것을 찾아 기호를 써 보세요.

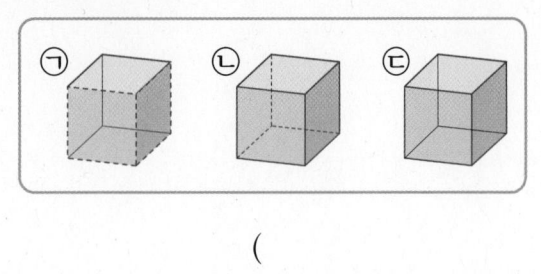

(   )

5 정육면체에 대한 설명으로 옳은 것은 어느 것일까요? (   )

① 직육면체라고 할 수 있습니다.
② 면의 모양과 크기가 다릅니다.
③ 모서리의 길이가 모두 다릅니다.
④ 한 면에 대하여 수직인 면은 1개입니다.
⑤ 모서리와 모서리가 만나는 점은 모두 12개입니다.

6 빈칸에 알맞은 수를 써넣으세요.

	직육면체	정육면체
면의 수(개)		
모서리의 수(개)		
꼭짓점의 수(개)		

7 □ 안에 알맞은 수를 써넣으세요.

8 직육면체에서 색칠한 면과 평행한 면을 찾아 써 보세요.

(   )

9 면 ㄱㄴㄷㄹ과 수직으로 만나지 않는 면을 써 보세요.

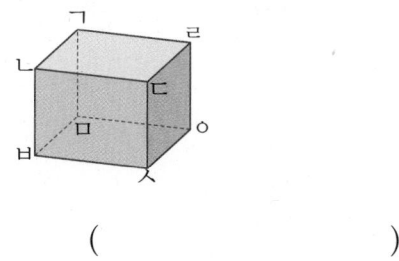

(   )

10 그림에서 빠진 부분을 그려 넣어 직육면체의 겨 낭도를 완성해 보세요.

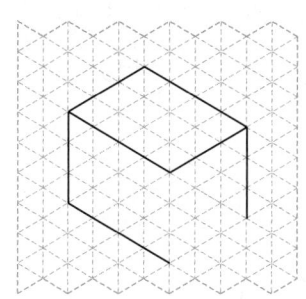

11 직육면체의 전개도는 어느 것일까요?

(   )

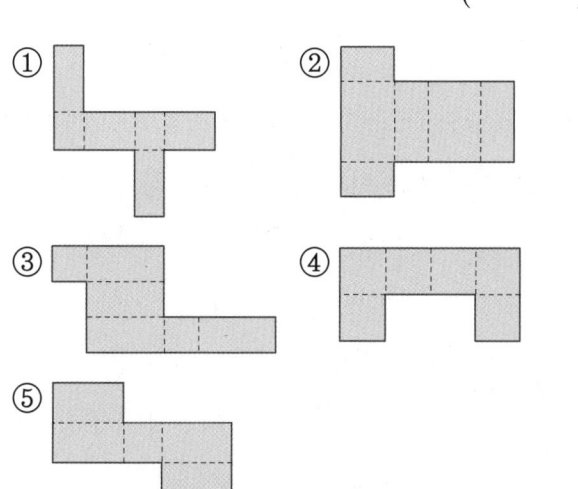

12 전개도를 접어서 정육면체를 만들었을 때, 면 나와 만나지 않는 면은 어느 것일까요?

(   )

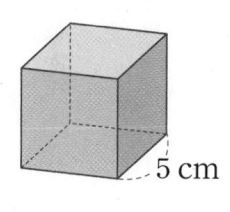

① 면 가   ② 면 다   ③ 면 라
④ 면 마   ⑤ 면 바

13 오른쪽 정육면체의 모든 모 서리의 길이의 합을 구해 보 세요.

5 cm

(   )

[14~15] 전개도를 접어서 정육면체를 만들었습니다. 물음에 답하세요.

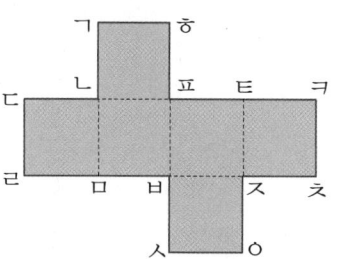

14 면 ㄴㅁㅂㅍ과 평행한 면을 써 보세요.

(   )

15 선분 ㄱㅎ과 겹치는 선분을 써 보세요.

(   )

서술형 문제

정답과 풀이 69쪽

16 전개도를 접어서 직육면체를 만들었을 때, 면 ㉮와 수직으로 만나는 면을 모두 찾아 빗금으로 나타내고 빗금 친 각 면의 가로와 세로의 길이를 각각 써 보세요.

가로 (   )

세로 (   )

17 왼쪽과 같이 직육면체의 면에 선을 그었습니다. 이 직육면체의 전개도가 오른쪽과 같을 때 전개도에 나타나는 선을 바르게 그려 넣으세요.

18 직육면체의 모든 모서리의 길이의 합은 40 cm 입니다. ☐ 안에 알맞은 수를 써넣으세요.

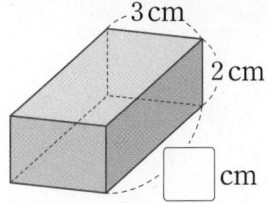

19 직육면체의 겨냥도에서 보이는 모서리의 길이의 합은 몇 cm인지 풀이 과정을 쓰고 답을 구해 보세요.

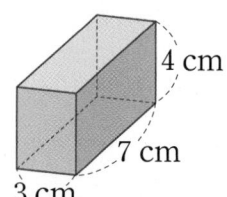

풀이

답

20 그림과 같이 직육면체 모양의 상자를 끈으로 묶었습니다. 매듭으로 사용한 끈의 길이가 15 cm일 때 사용한 끈의 길이는 몇 cm인지 풀이 과정을 쓰고 답을 구해 보세요.

풀이

답

1 직육면체를 모두 찾아 기호를 써 보세요.

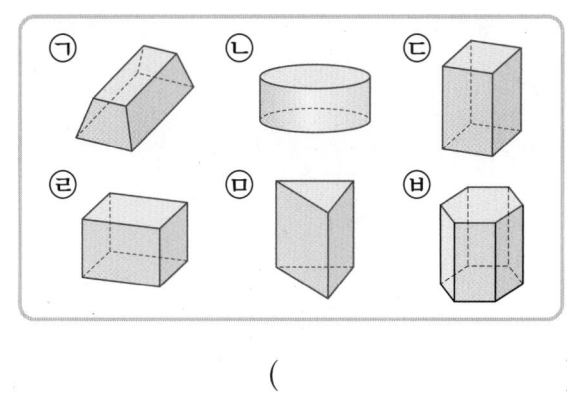

(ㄱ ㄴ ㄷ ㄹ ㅁ ㅂ)

(ㅤㅤㅤㅤㅤㅤㅤ)

2 직육면체에서 서로 평행한 면은 모두 몇 쌍일 까요?

(ㅤㅤㅤㅤㅤㅤ)

3 직육면체의 겨냥도를 바르게 그린 것은 어느 것 일까요? (ㅤㅤㅤ)

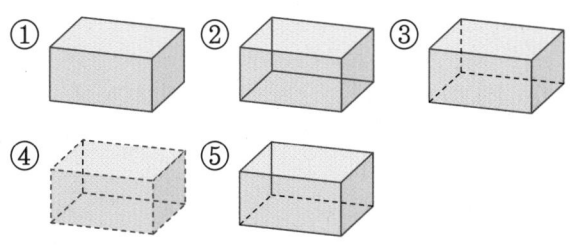

4 오른쪽 직육면체에서 길이가 4 cm인 모서 리는 모두 몇 개일까요?

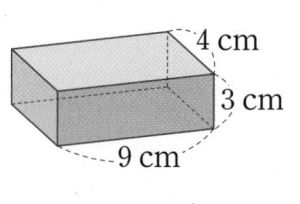

(ㅤㅤㅤㅤㅤㅤ)

5 직육면체에 대한 설명 중 옳은 것은 어느 것일 까요? (ㅤㅤㅤ)

① 직육면체의 모서리는 10개입니다.
② 직육면체는 정육면체라고 할 수 있습니다.
③ 정육면체는 직육면체라고 할 수 없습니다.
④ 정육면체의 모서리의 길이는 모두 같습니다.
⑤ 직육면체와 정육면체의 면의 수는 8개로 같 습니다.

6 직육면체의 겨냥도에서 가장 작 은 수는 어느 것일까요?

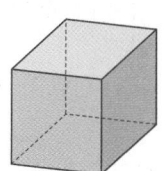

(ㅤㅤㅤ)

① 보이는 면의 수
② 보이는 꼭짓점의 수
③ 보이는 모서리의 수
④ 보이지 않는 모서리의 수
⑤ 보이지 않는 꼭짓점의 수

7 면 ㄱㅁㅇㄹ과 평행한 면을 찾아 써 보세요.

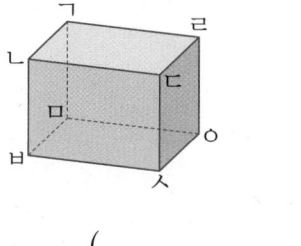

(ㅤㅤㅤㅤㅤㅤ)

8 그림에서 빠진 부분을 그려 넣어 직육면체의 겨냥도를 완성해 보세요.

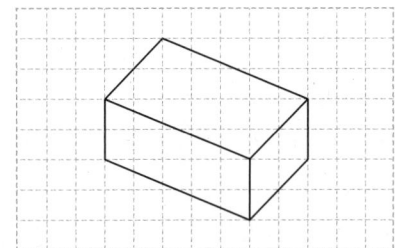

9 ㉠+㉡−㉢의 값을 구해 보세요.

	면의 수 (개)	꼭짓점의 수(개)	모서리의 수(개)
정육면체	㉠	㉡	㉢

( )

[10~11] 전개도를 접어서 직육면체를 만들었습니다. 물음에 답하세요.

10 면 ㉮와 만나지 않는 면을 써 보세요.

( )

11 면 ㉯와 수직인 면을 모두 써 보세요.

( )

12 오른쪽 직육면체의 전개도입니다. ☐ 안에 알맞은 수를 써넣으세요.

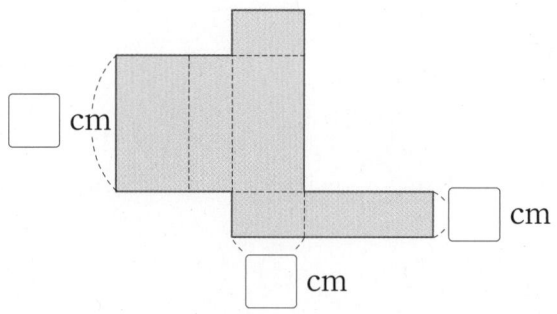

[13~14] 전개도를 접어서 직육면체를 만들었습니다. 물음에 답하세요.

13 선분 ㅂㅅ과 겹치는 선분을 써 보세요.

( )

14 점 ㄱ과 만나는 점을 모두 써 보세요.

( )

15 직육면체의 겨냥도에서 보이지 않는 모서리의 길이의 합을 구해 보세요.

( )

정답과 풀이 70쪽

✏️ 서술형 문제

16 직육면체의 모든 모서리의 길이의 합은 60 cm 입니다. ☐ 안에 알맞은 수를 써넣으세요.

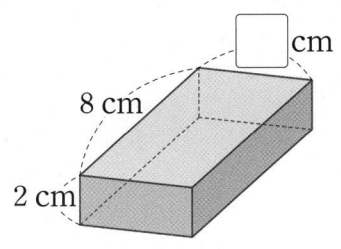

17 왼쪽과 같이 직육면체의 면에 선을 그었습니다. 이 직육면체의 전개도가 오른쪽과 같을 때 전개 도에 나타나는 선을 그려 보세요.

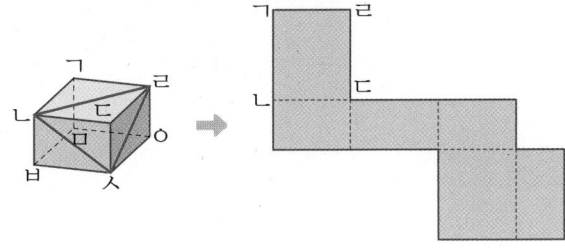

18 오른쪽 전개도를 접어서 주사 위를 만들어 두 번 던졌더니 각각 4와 6이 나왔습니다. 이 때, 바닥에 깔린 두 면의 눈의 수의 합은 얼마일까요?

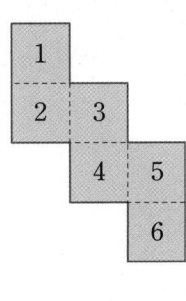

( )

19 모든 모서리의 길이의 합이 48 cm인 정육면 체가 있습니다. 이 정육면체의 한 모서리의 길 이는 몇 cm인지 풀이 과정을 쓰고 답을 구해 보세요.

풀이

답

20 직육면체의 모든 모서리의 길이의 합은 몇 cm 인지 풀이 과정을 쓰고 답을 구해 보세요.

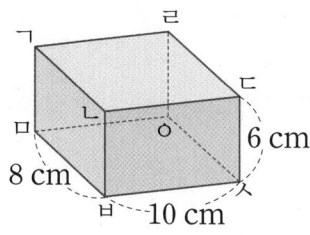

풀이

답

5

1 100원짜리 동전을 던졌을 때 숫자 면이 나올 가능성을 수로 표현해 보세요.

( )

2 수지네 모둠 학생들의 수학 점수를 나타낸 것입니다. 수학 점수의 평균은 몇 점일까요?

| 75 | 90 | 85 | 60 | 95 | 70 | 78 |

( )

[3~4] 진서네 학교 5학년의 학급별 학급문고의 책 수를 나타낸 표입니다. 물음에 답하세요.

학급문고의 책 수

학급	1반	2반	3반	4반	5반
책 수(권)	92	75	102	87	74

3 학급별 학급문고의 책 수의 평균은 몇 권일까요?

( )

4 진서는 4반입니다. 진서네 반 학급문고의 수는 학급문고 수의 평균보다 많을까요, 적을까요?

( )

5 일이 일어날 가능성으로 알맞게 표현한 곳에 ○표 하세요.

공룡이 내일 우리 집에 놀러올 것입니다.

불가능 하다	~ 아닐 것 같다	반반 이다	~일 것 같다	확실 하다

[6~7] 민희가 9월부터 12월까지 심부름을 하고 받은 칭찬 도장의 수입니다. 물음에 답하세요.

칭찬 도장의 수

	9월	10월	11월	12월
칭찬 도장 수(개)	3	6	2	5

6 민희가 받은 칭찬 도장의 수만큼 ○를 그려 나타냈습니다. 칭찬 도장의 수를 고르게 해 평균을 구해 보세요.

칭찬 도장의 수

( )

7 민희가 9월부터 12월까지 받은 칭찬 도장의 수만큼 종이띠를 이어 붙였습니다. 종이띠를 나누어 평균을 구해 보세요.

( )

8 주머니 속에 레몬 맛 사탕이 1개, 오렌지 맛 사탕이 1개 있습니다. 그중에서 1개를 꺼냈을 때 딸기 맛 사탕이 나올 가능성을 수로 표현해 보세요.

(   )

[9~10] 지호네 모둠이 회전판 돌리기를 하고 있습니다. 일이 일어날 가능성이 '불가능하다'이면 0, '반반이다'이면 $\frac{1}{2}$, '확실하다'이면 1로 표현할 때, 물음에 답하세요.

가   나

 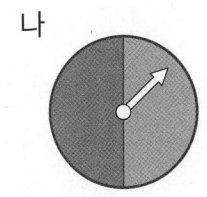

9 가 회전판을 돌릴 때 화살이 노란색에 멈출 가능성을 ↓로 나타내어 보세요.

10 나 회전판을 돌릴 때 빨간색에 멈출 가능성을 ↓로 나타내어 보세요.

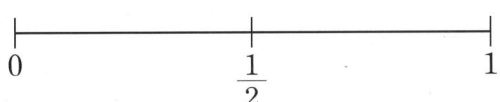

11 상자 안에서 번호표 한 개를 꺼낼 때 0번 번호표를 꺼낼 가능성을 말로 표현해 보세요.

상자 안에는 1~6번까지의 번호표가 있어.

12 그림과 같은 주머니에서 수 카드를 1장 꺼냈을 때 수 5가 나올 가능성을 수로 표현해 보세요.

(   )

13 민지가 ○× 문제를 풀고 있습니다. ○라고 답했을 때, 정답을 맞혔을 가능성을 말과 수로 표현해 보세요.

말 _____

수 _____

[14~15] 원형이가 5일 동안 운동한 시간을 나타낸 표입니다. 하루 운동 시간의 평균은 47분입니다. 물음에 답하세요.

운동 시간

요일	월	화	수	목	금
시간(분)	65	40	35	50	

14 금요일의 운동 시간은 몇 분일까요?

(   )

15 목요일에 운동을 15분 더 했다면 하루 운동 시간의 평균은 몇 분 늘어날까요?

(   )

정답과 풀이 71쪽

16 민주네 논과 아영이네 논의 면적과 쌀 수확량을 나타낸 표입니다. 누구네 논에서 쌀을 더 잘 생산했다고 할 수 있을까요?

	논의 면적	쌀 수확량
민주네	$280\,m^2$	$840\,kg$
아영이네	$220\,m^2$	$880\,kg$

( )

17 검은색 공 3개가 들어 있는 주머니가 있습니다. 그중에서 1개를 꺼냈을 때 가능성이 더 높은 것을 찾아 기호를 써 보세요.

> ㉠ 흰색 공이 나올 가능성
> ㉡ 검은색 공이 나올 가능성

( )

18 다연이네 모둠의 체육 실기 점수를 나타낸 표입니다. 다연이네 모둠이 다음 시험에서 평균 4점을 올릴 수 있는 방법을 2가지 알아보세요.

체육 실기 점수

이름	다연	민경	철호	경진	수영
점수(점)	62	72	84	96	88

↓

방법\이름	다연	민경	철호	경진	수영
1					
2					

19 도서관에서는 지난 5일 동안 방문자 수의 평균보다 방문자 수가 많았던 요일에 봉사자를 추가로 배정하려고 합니다. 어떤 요일에 봉사자가 추가로 배정되어야 하는지 풀이 과정을 쓰고 답을 구해 보세요.

요일별 방문자 수

요일	월	화	수	목	금
방문자 수(명)	97	122	146	130	165

풀이

답

20 효진이네 모둠 남학생과 여학생의 단원평가 평균 점수를 나타낸 것입니다. 효진이네 모둠 전체 학생들의 단원평가 평균 점수는 몇 점인지 풀이 과정을 쓰고 답을 구해 보세요.

남학생 5명	90점
여학생 3명	98점

풀이

답

점수
확인

6. 평균과 가능성

1 5학년 학생이 모두 안경을 쓸 가능성을 수로 표현해 보세요.

( )

2 민지네 모둠 학생들의 몸무게입니다. 학생들의 몸무게의 평균은 몇 kg일까요?

| 39 kg | 45 kg | 35 kg | 41 kg |

( )

[3~4] 지난주 월요일부터 금요일까지 최고 기온을 나타낸 표입니다. 물음에 답하세요.

요일별 최고 기온

요일	월	화	수	목	금
기온(℃)	2	4	8	5	6

3 지난주 요일별 최고 기온을 막대그래프로 나타내고, 막대의 높이를 고르게 해 보세요.

요일별 최고 기온

4 지난주 요일별 최고 기온의 평균은 몇 ℃일까요?

( )

[5~6] 명화네 모둠과 현서네 모둠 학생들의 키를 나타낸 표입니다. 물음에 답하세요.

명화네 모둠

이름	키(cm)
명화	130
주영	131
예영	145
철규	155
민수	149

현서네 모둠

이름	키(cm)
현서	145
경자	136
소민	130
아람	150
규석	154

5 두 모둠 학생들의 키의 평균을 각각 구해 보세요.

명화네 모둠 ( )
현서네 모둠 ( )

6 평균 키는 누구네 모둠이 몇 cm 더 클까요?

( ), ( )

7 일이 일어날 가능성을 찾아 이어 보세요.

내일 비가 올 가능성	•		•	불가능하다
주사위를 굴리면 주사위 눈의 수가 7보다 큰 수가 나올 가능성	•		•	반반이다
			•	확실하다

8 흰색 공 2개와 검은색 공 2개가 들어 있는 주머니가 있습니다. 그중에서 1개를 꺼냈을 때 흰색 공이 나올 가능성을 수로 표현해 보세요.

( )

9 회전판에서 숫자 3을 맞힐 가능성을 수로 표현해 보세요.

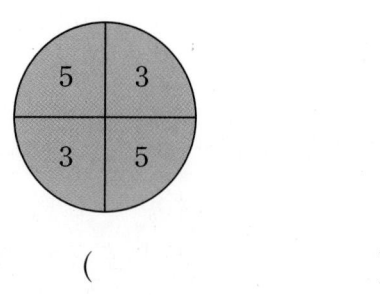

(   )

10 경식이가 하루 동안 운동한 시간의 평균은 20분입니다. 경식이가 일주일 동안 운동한 시간은 몇 분일까요?

(   )

[11~12] 회전판을 돌렸을 때 화살이 빨간색에 멈출 가능성을 찾아 기호를 써 보세요.

⊙ 불가능하다   ⓛ ~아닐 것 같다
ⓒ 반반이다   ⓔ ~일 것 같다
ⓜ 확실하다

11

(   )

12

(   )

13 미라네 모둠이 읽은 위인전의 수를 나타낸 표입니다. 경선이가 위인전을 10권 더 읽는다면 미라네 모둠이 읽은 위인전 수의 평균은 몇 권 많아질까요?

위인전 수

이름	미라	유진	경선	승우	재우
위인전 수 (권)	27	40	81	36	15

(   )

[14~15] 수호가 구슬 개수 맞히기를 하고 있습니다. 구슬 6개가 들어 있는 주머니에서 1개 이상의 구슬을 꺼냈을 때, 물음에 답하세요.

14 꺼낸 구슬의 개수가 짝수일 가능성을 말과 수로 표현해 보세요.

말 ....

수 ....

15 꺼낸 구슬의 개수가 짝수일 가능성과 회전판을 돌릴 때 화살이 파란색에 멈출 가능성이 같도록 회전판을 색칠해 보세요.

정답과 풀이 72쪽

서술형 문제

16 주변에서 일이 일어날 가능성을 나타내는 상황을 써 보세요.

일이 일어날 가능성	상황
확실하다	
반반이다	
불가능하다	

17 과수원별 귤 생산량을 나타낸 표입니다. 과수원별 귤 생산량의 평균이 24톤이라면 가 과수원의 귤 생산량은 몇 톤일까요?

과수원별 귤 생산량

과수원	가	나	다	라	마
생산량(톤)		18	25	30	19

( )

18 고구마 10개의 한 개당 무게의 평균이 105.2 g입니다. 여기에 무게가 158 g인 고구마 한 개를 더 넣으면 고구마 11개의 한 개당 무게의 평균은 몇 g일까요?

( )

19 일이 일어날 가능성이 더 높은 것의 기호를 쓰려고 합니다. 풀이 과정을 쓰고 답을 구해 보세요.

> ㉠ 사탕 3개가 있는 주머니에서 초콜릿을 꺼낼 가능성
> ㉡ 사탕 2개와 초콜릿 2개가 있는 주머니에서 초콜릿을 꺼낼 가능성

풀이

답

20 지후의 단원평가 점수를 나타낸 표입니다. 지후가 다음 시험에서 평균 10점을 올릴 수 있는 방법을 설명하고 표를 완성해 보세요.

지후의 성적

과목	국어	수학	사회	과학
단원평가 점수(점)	72	95	84	65
다음 시험 점수(점)				

설명

6

1 □ 안에 알맞은 수를 써넣으세요.

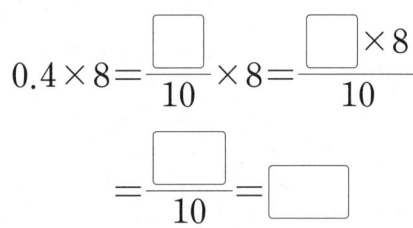

$$0.4 \times 8 = \frac{\square}{10} \times 8 = \frac{\square \times 8}{10}$$

$$= \frac{\square}{10} = \square$$

2 직육면체의 □ 안에 알맞은 수를 써넣으세요.

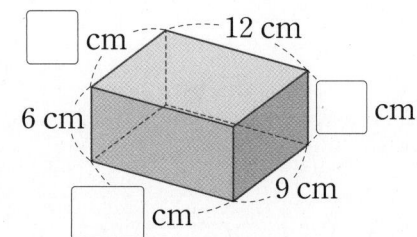

3 수진이가 4일 동안 읽은 동화책 쪽수를 나타낸 표입니다. 물음에 답하세요.

수진이가 읽은 동화책 쪽수

일	1일	2일	3일	4일
쪽수(쪽)	34	47	44	39

(1) 수진이가 4일 동안 읽은 동화책 쪽수의 합은 몇 쪽일까요?

( )

(2) 수진이가 하루에 읽은 동화책은 평균 몇 쪽일까요?

( )

4 26 × 17 = 442입니다. 관계있는 것끼리 선으로 이어 보세요.

2.6 × 1.7 •

0.26 × 0.17 •

• 4.42

• 0.442

• 0.0442

5 일이 일어날 가능성을 생각해 보고, 가능성이 확실한 것에 ○표 하세요.

내년 12월의 날짜는 30일까지 있을 것입니다.	내일 아침에는 해가 동쪽에서 뜰 것입니다.

( ) ( )

6 빈칸에 알맞은 수나 말을 써넣으세요.

	직육면체	정육면체
면의 수(개)		
모서리의 수(개)		
꼭짓점의 수(개)		
면의 모양		

7 13×0.7을 두 가지 방법으로 계산해 보세요.

방법 1 ....

....

방법 2 ....

....

8 직육면체의 겨냥도를 잘못 그린 것입니다. 직육면체의 겨냥도를 바르게 그리고, 잘못 그린 이유를 써 보세요.

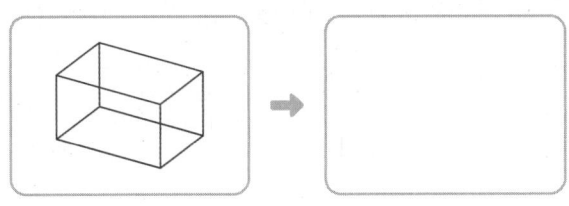

이유 ....

....

....

9 회전판을 돌릴 때 화살이 흰색에 멈출 가능성을 말과 수로 표현해 보세요.

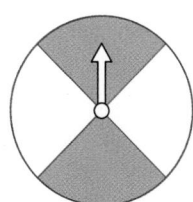

말 ....

수 ....

10 계산 결과가 자연수인 것을 찾아 기호를 써 보세요.

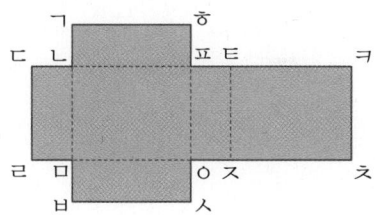

㉠ 2×2.05

㉡ 5.6×0.5

㉢ 24×1.25

( )

11 전개도를 접어서 직육면체를 만들었습니다. 물음에 답하세요.

(1) 점 ㄱ과 만나는 점을 모두 찾아 써 보세요.

( )

(2) 면 ㄷㄹㅁㄴ과 만나는 모서리가 없는 면을 찾아 써 보세요.

( )

12 어떤 수에 2.3을 곱해야 할 것을 잘못하여 뺐더니 6.2가 되었습니다. 바르게 계산한 값은 얼마인지 풀이 과정을 쓰고 답을 구해 보세요.

풀이 ....

....

....

답 ....

13 어느 미술관의 월요일부터 금요일까지의 방문객 수를 나타낸 표입니다. 방문객 수의 평균이 137명일 때 방문객 수가 가장 적을 때는 무슨 요일인지 풀이 과정을 쓰고 답을 구해 보세요.

미술관의 방문객 수

요일	월	화	수	목	금
방문객 수(명)	162	113	116		183

풀이

답

14 정육면체에 대한 설명으로 옳은 것을 모두 찾아 기호를 써 보세요.

> ㉠ 모서리의 길이가 모두 같습니다.
> ㉡ 한 꼭짓점에서 만나는 면은 모두 2개입니다.
> ㉢ 직육면체라고 할 수 없습니다.
> ㉣ 서로 평행한 면은 모두 3쌍입니다.
> ㉤ 한 모서리에서 만나는 두 면은 서로 수직입니다.

( )

15 직사각형과 정사각형의 넓이의 차는 몇 cm²인지 풀이 과정을 쓰고 답을 구해 보세요.

풀이

답

16 주사위를 1번 굴릴 때 일이 일어날 가능성이 가장 낮은 것의 기호를 쓰려고 합니다. 풀이 과정을 쓰고 답을 구해 보세요.

> ㉠ 눈의 수가 1 이상 6 이하로 나올 가능성
> ㉡ 눈의 수가 4의 약수가 나올 가능성
> ㉢ 눈의 수가 7의 배수가 나올 가능성

풀이

답

17 지훈이네 반 남녀 학생들의 키의 평균을 나타낸 표입니다. 지훈이네 반 전체 학생의 키의 평균은 몇 cm인지 풀이 과정을 쓰고 답을 구해 보세요.

남학생 12명	147 cm
여학생 8명	142 cm

풀이 ....

....

....

....

답

18 주사위의 마주 보는 면의 눈의 수의 합은 7입니다. 정육면체 전개도의 면 가와 면 나의 눈의 수의 합은 얼마인지 풀이 과정을 쓰고 답을 구해 보세요.

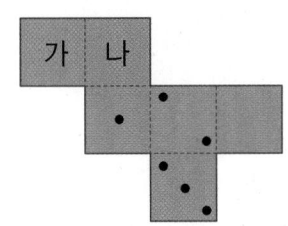

풀이 ....

....

....

....

답

19 승후의 단원 평가 점수를 나타낸 표입니다. 1단원부터 5단원까지 단원 평가 점수의 평균보다 전체 평균을 1점이라도 더 높이려면 승후는 6단원에서 최소 몇 점을 받아야 하는지 풀이 과정을 쓰고 답을 구해 보세요.

승후의 단원 평가 점수

단원	1단원	2단원	3단원	4단원	5단원	6단원
점수 (점)	64	75	70	79	82	

풀이 ....

....

....

....

답

20 직육면체 모양의 상자를 끈으로 묶었습니다. 매듭으로 사용한 끈의 길이가 15 cm일 때 상자를 묶는 데 사용한 끈의 길이는 몇 cm인지 풀이 과정을 쓰고 답을 구해 보세요.

11 cm
9 cm
16 cm

풀이 ....

....

....

....

답

한걸음 한걸음 디딤돌을 걷다 보면
수학이 완성됩니다.

- 개념 다지기
  원리, 기본

- 문제해결력 강화
  문제유형, 응용

- 심화 완성
  최상위 수학S, 최상위 수학

- 연산 개념 다지기
  디딤돌 연산

- 개념+문제해결력 강화를 동시에
  기본+유형, 기본+응용

- 상위권의 힘, 사고력 강화
  최상위 사고력

개념 이해　　　개념 응용　　　개념 확장

학습 능력과 목표에 따라
맞춤형이 가능한 디딤돌 초등 수학

최상위를 위한
심화 학습 서비스 제공!

문제풀이 동영상 ➕ 상위권 학습 자료
(QR 코드 스캔 혹은 디딤돌 홈페이지 참고)

● **개념 이해**
디딤돌수학 개념연산

● **개념 응용**
최상위수학 라이트

● **개념 이해 · 적용**
디딤돌수학 고등 개념기본

● **개념 적용**
디딤돌수학 개념기본

● **개념 확장**
최상위수학

중학 수학

고등 수학

초등부터
고등까지

수학 좀 한다면 디딤돌

개념을 이해하고, 깨우치고, 꺼내 쓰는
올바른 중고등 개념 학습서

수능까지 연결되는 독해 로드맵

디딤돌 독해력은 수능까지 연결되는 체계적인 라인업을 통하여

수능에서 요구하는 핵심 독해 원리에 대한 이해는 물론,

단계 별로 심화되며 연결되는 학습의 과정을 통해

깊이 있고 종합적인 독해 사고의 능력까지 기를 수 있도록 도와줍니다.

기초를 다진 후에는 본격 실전 독해 훈련으로!
디딤돌 독해력 고학년 I ~ IV

· 수능 국어 독서 영역을 기준으로 주제별, 수준별 구성
· 초등 고학년이 감당할 수 있는 중등 수준의 지문을 4단계로 세분화

독해력 공부를 처음 시작한다면, 기초를 튼튼히!
디딤돌 독해력 초등국어 1~6

· 초등 국어 교과서의 학년별 성취 기준을 바탕으로 독해 목표 설정
· 문학+비문학 제재로 구성, 차근차근 심화되는 독해 원리 학습

1~4학년군 1, 2, 3, 4   5~6학년군 5, 6

실력

기초   기본

초등   초등 고학년

기본+유형 | 정답과 풀이

5-2

수학 좀 한다면

디딤돌

진도책 정답과 풀이

1 수의 범위와 어림하기

수의 범위는 수를 몇 개의 범위로 구분하여 나눌 때 사용하고, 어림하기는 정확한 값이 아니지만 대략적이면서도 합리적인 값을 산출할 때 이용합니다. 특히 올림, 버림, 반올림은 일상생활에서 정확한 값을 구하기보다는 대략적인 값만으로도 충분한 상황에 유용합니다. 이에 이 단원은 학생들에게 친숙한 일상생활의 여러 상황을 통해서 수의 범위를 나누어 보고 여러 가지 어림을 해 보는 활동으로 구성하였습니다. 수의 범위에서는 경곗값이 포함되는지를 구분하여 지도하는 것이 중요합니다. 또 어림하기는 중학교 과정의 근삿값과 관련되므로 정확한 개념의 이해에 초점을 두어 지도하고, 기계적으로 올림, 버림, 반올림을 하기보다 그 의미를 알고 실생활에 활용하는 데 초점을 두어야 합니다.

STEP 1 교과개념 1. 이상과 이하를 알아보기 7쪽

1 ① 진수, 희원, 민수

　② 34.0 kg, 32.7 kg, 37.6 kg

2 ① 민아, 예호, 준희

　② 135.7 cm, 138.2 cm, 140.0 cm

3 18, 19, 20, 21, 22에 ○표 /

　11, 12, 13, 14, 15, 16, 17, 18에 △표

4 ──┼──┼──┼●━━┿━━┿━━┿━━┿━━┿━━
　　15　16　17　18　19　20　21　22　23

3 • 18 이상인 수는 18과 같거나 큰 수이므로 18이 포함됩니다.

　• 18 이하인 수는 18과 같거나 작은 수이므로 18이 포함됩니다.

4 17 이상인 수는 수직선에 ●을 이용하여 나타낼 수 있습니다.

STEP 1 교과개념 2. 초과와 미만을 알아보기 9쪽

1 ① 재영, 희원, 아진

　② 139 cm, 144 cm, 150 cm

2 ① 수아, 지원

　② 15시간, 18시간

3 32, 33, 34, 35, 36, 37에 ○표 /

　26, 27, 28, 29, 30에 △표

4 ──┼──┼──┼──┼○━━┿━━┿━━┿━━
　　41　42　43　44　45　46　47　48　49

3 • 31 초과인 수는 31보다 큰 수이므로 31이 포함되지 않습니다.

　• 31 미만인 수는 31보다 작은 수이므로 31이 포함되지 않습니다.

4 45 초과인 수는 수직선에 ○을 이용하여 나타낼 수 있습니다.

STEP 1 교과개념 3. 수의 범위를 활용하여 문제 해결하기 11쪽

1 27, 28, 29, 30, 31, 32에 ○표

2
　33　34　35　36　37　38　39　40　41　42　43

3 ① 준호, 성현

　② 36.8 kg, 38.5 kg

　③ ──┼──┼●━━┿━━┿━━┿━━┿━━┿━━
　　　32　33　34　35　36　37　38　39　40

1 27 이상 33 미만인 수에는 27은 포함되고 33은 포함되지 않습니다. 27 이상 33 미만인 수는 27과 같거나 큰 수이며, 33보다는 작은 수입니다. 따라서 두 가지 범위를 모두 만족하는 수를 찾으면 27, 28, 29, 30, 31, 32입니다.

2 36 이상인 수와 41 이하인 수에는 36과 41이 모두 포함되므로 수직선에 ●을 이용하여 나타냅니다.

3 ③ 민호의 몸무게는 33.7 kg이므로 플라이급에 속합니다. 플라이급의 몸무게 범위는 32 kg 초과 34 kg 이하이므로 수직선에 32 초과인 수는 ○을 이용하여 나타내고, 34 이하인 수는 ●을 이용하여 나타냅니다.

STEP 1 교과개념 4. 올림, 버림, 반올림 알아보기 13쪽

1 760, 800 / 840, 900

2 470, 400 / 960, 900

3 2660, 2700, 3000 /
   3110, 3100, 3000

4 ① 300, <, 320
   ② 300, <, 340
   ③ 5200, >, 5180

1 • 752를 올림하여 십의 자리까지 나타내기 위하여 십의
   자리 아래 수인 2를 10으로 보고 올림하면 760, 올림
   하여 백의 자리까지 나타내기 위하여 백의 자리 아래
   수인 52를 100으로 보고 올림하면 800이 됩니다.
   • 836을 올림하여 십의 자리까지 나타내기 위하여 십의
   자리 아래 수인 6을 10으로 보고 올림하면 840, 올림
   하여 백의 자리까지 나타내기 위하여 백의 자리 아래
   수인 36을 100으로 보고 올림하면 900이 됩니다.

2 • 479를 버림하여 십의 자리까지 나타내기 위하여 십의
   자리 아래 수인 9를 0으로 보고 버림하면 470, 버림하
   여 백의 자리까지 나타내기 위하여 백의 자리 아래 수
   인 79를 0으로 보고 버림하면 400이 됩니다.
   • 963을 버림하여 십의 자리까지 나타내기 위하여 십의
   자리 아래 수인 3을 0으로 보고 버림하면 960, 버림하
   여 백의 자리까지 나타내기 위하여 백의 자리 아래 수
   인 63을 0으로 보고 버림하면 900이 됩니다.

3 • 2658을 반올림하여 십의 자리까지 나타내면 일의 자
   리 숫자가 8이므로 올림하여 2660, 반올림하여 백의
   자리까지 나타내면 십의 자리 숫자가 5이므로 올림하
   여 2700, 반올림하여 천의 자리까지 나타내면 백의 자
   리 숫자가 6이므로 올림하여 3000이 됩니다.
   • 3107을 반올림하여 십의 자리까지 나타내면 일의 자
   리 숫자가 7이므로 올림하여 3110, 반올림하여 백의
   자리까지 나타내면 십의 자리 숫자가 0이므로 버림하
   여 3100, 반올림하여 천의 자리까지 나타내면 백의 자
   리 숫자가 1이므로 버림하여 3000이 됩니다.

STEP 1 교과개념 5. 올림, 버림, 반올림을 활용하여 문제 해결하기 15쪽

1 ① 올림   ② 4대

2 ① 41봉지   ② 4상자

3 104, 112, 136

1 ② 100상자씩 3대에 실으면 14상자가 남으므로 최소
   3+1=4(대)가 필요합니다.

2 ① 10개가 안 되는 초콜릿은 포장할 수 없으므로 버림하
   여 나타냅니다. 10개씩 포장하면 41봉지가 되고 6개
   가 남습니다.
   ② 100개씩 포장하면 4상자가 되고 16개가 남습니다.

STEP 2 꼭 나오는 유형 16~22쪽

1 11.9, 11.5, 13.4

2 ㉡   **3** 72

4 41, 46, 49, 62에 ○표 / 23, 33, 35, 41에 △표

6 26.9 ℃, 27.5 ℃

7 34.1, 38.4   **8** 46.7, 44.1

9 3명   **10** ㉡

12 예)

가족	나	언니	동생	오빠
나이(세)	11	15	9	17

예) 나, 동생

13 29, 37, 42

14 (1)
(2)

15 ㉠, ㉢
16 30, 33

17 자
18 14

19 260, 300 / 830, 900 / 3990, 4000

20 예 429, 예 430 / < / 예 429, 예 500

21 5207, 5299에 ○표
22 (1) 4.4 (2) 7.01

23 21번
24 ㉢

25 680, 600 / 490, 400 / 1780, 1700

26 75000
27 2891, 2800에 ○표

28 130, 140
29 (1) 5.9 (2) 8.41

30 1799
31 43봉지

32 84000원
준비 예 약 3 kg

33 3650, 3600, 4000 / 6550, 6600, 7000

34 3699, 3702, 3650에 ○표

35 예 / 예 6 cm

36 (1) 1.7 (2) 5.09

37 2700, <
38 2755, 2764

39 (1) 올림 (2) 18대
40 12000원

41 183 / 197 / 161 / 174 / 160

42 9000원
43 5개, 82 cm

44 방법 1 예 14978 → 15000이므로 올림하여 천의 자리까지 나타내었습니다.
방법 2 예 14978 → 15000이므로 반올림하여 천의 자리까지 나타내었습니다.

1 11.5 이상인 수는 11.5와 같거나 큰 수이므로 11.9, 11.5, 13.4입니다.

2 ㉡ 26 이하인 수는 26과 같거나 작은 수이므로 27이 포함되지 않습니다.

3 57, 63, 72는 72와 같거나 작은 수이므로 □ 안에는 72, 73, 74, …가 들어갈 수 있습니다.
따라서 □ 안에 들어갈 수 있는 가장 작은 자연수는 72입니다.

4 41 이상인 수는 41과 같거나 큰 수, 41 이하인 수는 41과 같거나 작은 수입니다.

준비 28에서 작은 눈금 7칸을 더 간 곳을 찾습니다.

5 이상과 이하는 ●을 이용하여 나타냅니다.

6 27.5와 같거나 작은 수를 찾으면 26.9, 27.5입니다.

7 34 초과인 수는 34보다 큰 수이므로 34.1, 38.4입니다.

8 47.5 미만인 수는 47.5보다 작은 수이므로 46.7, 44.1입니다.

9 예 130 초과인 수는 130보다 큰 수이므로 130.8, 143.4, 133.5입니다.
따라서 놀이 기구를 탈 수 있는 학생은 진석, 서연, 영우로 모두 3명입니다.

평가 기준
130 초과인 수를 모두 찾았나요?
놀이 기구를 탈 수 있는 학생 수를 구했나요?

10 ㉠ 25 미만인 수에는 25가 포함되지 않습니다.

11 초과와 미만은 ○을 이용하여 나타냅니다.

내가 만드는 문제
12 예 나이가 15세 미만인 사람은 나(11세), 동생(9세)입니다.

13 25보다 크고 42와 같거나 작은 수를 찾으면 29, 37, 42입니다.

14 (1) 9 초과인 수는 ○을, 13 이하인 수는 ●을 이용하여 나타냅니다.
(2) 146 이상인 수는 ●을, 149 미만인 수는 ○을 이용하여 나타냅니다.

15 ㉡ 37 초과인 수에는 37이 포함되지 않습니다.
㉣ 38 이상인 수는 38과 같거나 큰 수이므로 37이 포함되지 않습니다.

16 29 초과 33 이하인 수에 29는 포함되지 않고 33은 포함되므로 가장 작은 자연수는 30, 가장 큰 자연수는 33입니다.

17 (구매 금액)$=1000+500+4000+1500$
　　　　　　$=7000$(원)
구매 금액이 속하는 범위는 5000원 초과 7000원 이하입니다. 따라서 받을 수 있는 선물은 자입니다.

18 예 • 15 이상 22 이하인 자연수는 15, 16, 17, 18, 19, 20, 21, 22로 8개이므로 ㉠$=8$입니다.
• 10 초과 17 미만인 자연수는 11, 12, 13, 14, 15, 16으로 6개이므로 ㉡$=6$입니다.
➡ ㉠$+$㉡$=8+6=14$

평가 기준
조건을 만족하는 수를 각각 찾았나요?
㉠과 ㉡의 합을 구했나요?

19 구하려는 자리 아래 수가 0이 아니면 올림하여 구하려는 자리 수에 1을 더하고 그 아래 수는 모두 0으로 나타냅니다.

😊내가 만드는 문제
20 예 $429 → 430$　　$429 → 500$
　　　└→ 올립니다.　　└→ 올립니다.

21 $5120 → 5200$, $5301 → 5400$, $5207 → 5300$
$5328 → 5400$, $5299 → 5300$

22 (1) $4.385 → 4.4$
(2) $7.003 → 7.01$

23 케이블카 한 대에 10명까지 탈 수 있으므로 학생 수를 올림하여 십의 자리까지 나타내면 $205 → 210$입니다.
$210÷10=21$이므로 케이블카는 적어도 21번 운행해야 합니다.

24 ㉠ $4903 → 5000$
㉡ $4903 → 5000$
㉢ $4903 → 4910$
➡ 4903을 올림하여 나타낸 수가 다른 하나는 ㉢입니다.

25 구하려는 자리 아래 수를 모두 0으로 나타냅니다.

26 75092를 버림하여 천의 자리까지 나타내면
$75092 → 75000$입니다.

27 $2891 → 2800$, $2705 → 2700$, $2730 → 2700$
$2800 → 2800$, $2795 → 2700$

28 버림하여 십의 자리까지 나타내면 130이 되는 수는 130과 같거나 크고 140보다 작은 수이므로 130 이상 140 미만인 수입니다.

29 (1) $5.977 → 5.9$
(2) $8.416 → 8.41$

30 백의 자리 아래 수를 버림하면 1700이 되는 수는 17□□입니다. □□에는 00부터 99까지 들어갈 수 있으므로 이 중에서 가장 큰 자연수는 1799입니다.

31 437을 버림하여 십의 자리까지 나타내면 $437 → 430$이므로 감자는 430개까지 팔 수 있습니다.
➡ 430개를 한 봉지에 10개씩 담으면 43봉지가 되므로 감자는 43봉지까지 팔 수 있습니다.

32 예 283을 버림하여 십의 자리까지 나타내면
$283 → 280$이므로 사탕 280개를 한 상자에 10개씩 담으면 28상자까지 팔 수 있습니다.
➡ (사탕을 팔아서 받을 수 있는 돈)
　 $=28×3000=84000$(원)

평가 기준
팔 수 있는 사탕은 몇 상자인지 구했나요?
사탕을 팔아서 받을 수 있는 돈은 최대 얼마인지 구했나요?

33 구하려는 자리 바로 아래 자리의 숫자가 0, 1, 2, 3, 4이면 버리고, 5, 6, 7, 8, 9이면 올립니다.

34 $3699 → 3700$, $3608 → 3600$, $3750 → 3800$
$3702 → 3700$, $3650 → 3700$

😊내가 만드는 문제
35 예 지우개의 실제 길이는 5.7 cm입니다.
5.7을 반올림하여 일의 자리까지 나타내면 소수 첫째 자리 숫자가 7이므로 올림하여 6 cm입니다.

36 (1) $1.743 → 1.7$
　　　　　└→ 버립니다.
(2) $5.086 → 5.09$
　　　　　└→ 올립니다.

37 2748을 반올림하여 백의 자리까지 나타내면 십의 자리 숫자가 4이므로 버림하여 2700입니다.

38 반올림하여 십의 자리까지 나타내면 2760이 되는 수는 2755 이상 2765 미만인 수입니다.
따라서 가장 작은 자연수는 2755, 가장 큰 자연수는 2764입니다.

39 (2) 174를 올림하여 십의 자리까지 나타내면
$17\underline{4} \rightarrow 180$입니다.
따라서 보트는 최소 $180 \div 10 = 18$(대) 필요합니다.

40 문구점에서 산 물건의 가격은 모두
$7500 + 3700 = 11200$(원)입니다.
따라서 11200원을 1000원짜리 지폐로만 내야 하므로 올림하여 천의 자리까지 나타내면 $11\underline{200} \rightarrow 12000$입니다.
따라서 최소 12000원을 내야 합니다.

41 소수 첫째 자리 숫자가 0, 1, 2, 3, 4이면 버리고, 5, 6, 7, 8, 9이면 올립니다.
$182.\underline{6} \rightarrow 183$, $197.\underline{2} \rightarrow 197$, $160.\underline{8} \rightarrow 161$
$174.\underline{0} \rightarrow 174$, $159.\underline{5} \rightarrow 160$

42 10원짜리 동전이 365개이면 3650원, 100원짜리 동전이 57개이면 5700원이므로 돈은 모두
$3650 + 5700 = 9350$(원)입니다.
1000원 미만의 돈은 1000원짜리 지폐로 바꿀 수 없으므로 버림하여 천의 자리까지 나타내면 $9\underline{350} \rightarrow 9000$입니다.
따라서 최대 9000원까지 바꿀 수 있습니다.

43 $1\,m = 100\,cm$이고 $100\,cm$ 미만의 테이프로는 상자한 개를 포장할 수 없으므로 582를 버림하여 백의 자리까지 나타내면 $5\underline{82} \rightarrow 500$입니다.
따라서 $500\,cm$로 상자를 최대 5개까지 포장하고,
$582 - 500 = 82\,(cm)$가 남습니다.

44

평가 기준
어림한 방법을 설명했나요?
방법 1 과 다른 방법으로 설명했나요?

STEP 3 자주 틀리는 유형　　23~25쪽

1 67.8, 65　　　　**2** 58, $58\frac{1}{2}$, 71.8

3 3개　　　　　　**4** (1) 85000　(2) 96000

5 ③, ④　　　　　**6** 80000원

7 15899　　　　　**8** 30001

9 53499, 52500　**10** 10개

11 13개　　　　　**12** 24개

13 8800　　　　　**14** 2100

15 75000　　　　　**16** 775 이상 785 미만

17

18

1 68 미만인 수는 68보다 작은 수이므로 67.8, 65입니다.

2 58 이상인 수는 73, 58, $58\frac{1}{2}$, 71.8이고 이 중에서 72 미만인 수는 58, $58\frac{1}{2}$, 71.8입니다.

3 24.5 초과인 수는 24.9, 41, 38, 40이고 이 중에서 40.4 이하인 수는 24.9, 38, 40이므로 모두 3개입니다.

4 (1) $84\underline{003} \rightarrow 85000$
(2) $96\underline{000} \rightarrow 96000$

5 ③ $10\underline{904} \rightarrow 11000$　④ $4\underline{401} \rightarrow 4500$

6 공책은 한 상자에 100권씩 담아 판매하므로 308을 올림하여 백의 자리까지 나타내면 400입니다.
따라서 공책은 최소 4상자 사야 하므로 공책을 사는 데 필요한 돈은 최소 $20000 \times 4 = 80000$(원)입니다.

7 버림하여 백의 자리까지 나타내면 15800이 되는 자연수는 15800부터 15899까지이므로 가장 큰 수는 15899입니다.

8 올림하여 천의 자리까지 나타내면 31000이 되는 자연수는 30001부터 31000까지이므로 가장 작은 수는 30001입니다.

9 반올림하여 천의 자리까지 나타내면 53000이 되는 자연수는 52500부터 53499까지입니다.
따라서 가장 큰 수는 53499이고 가장 작은 수는 52500입니다.

10 13 이상 23 미만인 수는 13과 같거나 크고 23보다 작은 수이므로 이 범위에 속하는 자연수는 13, 14, …, 22로 모두 10개입니다.

11 57 초과 70 이하인 수는 57보다 크고 70과 같거나 작은 수이므로 이 범위에 속하는 자연수는 58, 59, …, 70으로 모두 13개입니다.

12 35 초과 60 미만인 수는 35보다 크고 60보다 작은 수이므로 이 범위에 속하는 자연수는 36, 37, …, 59로 모두 24개입니다.

13 수 카드 4장으로 만들 수 있는 가장 큰 네 자리 수는 8752입니다.
8752를 반올림하여 백의 자리까지 나타내면
8752 → 8800입니다.

14 수 카드 4장으로 만들 수 있는 가장 작은 네 자리 수는 2058입니다.
2058을 반올림하여 백의 자리까지 나타내면
2058 → 2100입니다.

15 수 카드 5장으로 만들 수 있는 가장 큰 다섯 자리 수는 75320입니다.
75320을 반올림하여 천의 자리까지 나타내면
75320 → 75000입니다.

16 일의 자리 숫자가 5, 6, 7, 8, 9이면 올림하므로 775 이상이고, 일의 자리 숫자가 0, 1, 2, 3, 4이면 버림하므로 785 미만입니다.
따라서 어떤 수가 될 수 있는 수의 범위는 775 이상 785 미만입니다.

17 반올림하여 십의 자리까지 나타내면 500이 되는 수의 범위는 495와 같거나 크고 505보다 작은 수이므로 495 이상 505 미만입니다.

18 버림하여 백의 자리까지 나타내면 800이 되는 수의 범위는 800과 같거나 크고 900보다 작은 수이므로 800 이상 900 미만입니다.

STEP 4 최상위 도전 유형
26~28쪽

1 7개   **2** 19, 20, 21, 22

3 8개   **4** 23

5 33   **6** 30

7 ㉡   **8** ㉢

9 ㉢   **10** 4개

11 14개   **12** 397

13 275, 276, 277, 278, 279

14 701, 702, 703, 704

15 50개

16 511개 이상 520개 이하

17 552명 초과 560명 이하

18 507 kg 이상 513 kg 미만

1

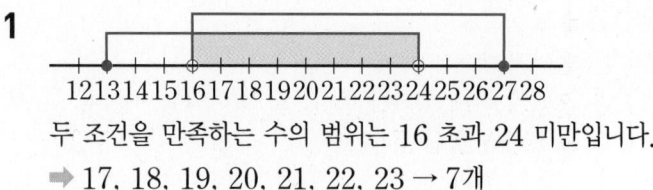

두 조건을 만족하는 수의 범위는 16 초과 24 미만입니다.
➡ 17, 18, 19, 20, 21, 22, 23 → 7개

2

두 조건을 만족하는 수의 범위는 18 초과 23 미만입니다.
➡ 19, 20, 21, 22

3

따라서 ㉠, ㉡, ㉢에 공통으로 포함되는 자연수는 47 초과 55 이하인 수이므로 48, 49, 50, 51, 52, 53, 54, 55로 모두 8개입니다.

4 수직선에 나타낸 수의 범위는 14보다 크고 ㉠보다 작은 수입니다. 수의 범위에 속하는 자연수는 모두 8개이므로 15부터 차례대로 8개를 쓰면 15, 16, 17, 18, 19, 20, 21, 22입니다. ➡ ㉠=23

5 수직선에 나타낸 수의 범위는 23보다 크고 ㉠과 같거나 작은 수입니다. 수의 범위에 속하는 자연수는 모두 10개 이므로 24부터 차례대로 10개를 쓰면 24, 25, 26, …, 33입니다. ➡ ㉠=33

6 수직선에 나타낸 수의 범위는 ㉠과 같거나 크고 45보다 작은 수입니다. 수의 범위에 속하는 자연수는 모두 15개 이므로 44부터 작은 수를 차례대로 15개 쓰면 44, 43, 42, …, 30입니다. ➡ ㉠=30

7 ㉠ 올림: 3700, 버림: 3600, 반올림: 3700
㉡ 올림: 4500, 버림: 4500, 반올림: 4500
㉢ 올림: 5900, 버림: 5800, 반올림: 5800

8 ㉠ 올림: 7300, 버림: 7200, 반올림: 7200
㉡ 올림: 6000, 버림: 5900, 반올림: 5900
㉢ 올림: 8300, 버림: 8300, 반올림: 8300

9 ㉠ 올림: 37000, 버림: 36000, 반올림: 36000
㉡ 올림: 37000, 버림: 36000, 반올림: 37000
㉢ 올림: 37000, 버림: 37000, 반올림: 37000
㉣ 올림: 37000, 버림: 36000, 반올림: 37000

10 45 초과 54 이하인 수이므로 십의 자리 숫자가 될 수 있는 수는 4 또는 5입니다.
십의 자리 숫자가 4일 때, 45 초과인 수는 47입니다.
십의 자리 숫자가 5일 때, 54 이하인 수는 51, 53, 54입니다.
따라서 만들 수 있는 수는 47, 51, 53, 54로 모두 4개입니다.

11 350 초과 570 미만인 수이므로 백의 자리 숫자가 될 수 있는 수는 3 또는 5입니다.
백의 자리 숫자가 3일 때, 350 초과인 수: 352, 357, 370, 372, 375 → 5개
백의 자리 숫자가 5일 때, 570 미만인 수: 502, 503, 507, 520, 523, 527, 530, 532, 537 → 9개
➡ 5+9=14(개)

12 반올림하여 십의 자리까지 나타내면 400이 되는 수는 395 이상 405 미만인 수입니다.
따라서 두 조건을 만족하는 수의 범위는 395 이상 402 미만인 수이므로 만들 수 있는 수는 397입니다.

13 ㉠ 271, 272, 273, …, 280
㉡ 270, 271, 272, …, 279
㉢ 275, 276, 277, …, 284
따라서 조건을 만족하는 자연수는 275, 276, 277, 278, 279입니다.

14 ㉠ 701, 702, 703, …, 710
㉡ 700, 701, 702, …, 709
㉢ 695, 696, 697, …, 704
따라서 조건을 만족하는 자연수는 701, 702, 703, 704 입니다.

15 ㉠ 2901, 2902, 2903, …, 3000
㉡ 2900, 2901, 2902, …, 2999
㉢ 2950, 2951, 2952, …, 3049
따라서 조건을 만족하는 자연수는 2950, 2951, 2952, …, 2999로 모두 50개입니다.

16 초콜릿을 15개까지 담을 때, 35상자가 필요합니다.
$15 \times 34 = 510$(개), $15 \times 35 = 525$(개)
➡ 511개 이상 525개 이하
초콜릿을 20개까지 담을 때, 26상자가 필요합니다.
$20 \times 25 = 500$(개), $20 \times 26 = 520$(개)
➡ 501개 이상 520개 이하
따라서 초콜릿 수의 범위는 511개 이상 520개 이하입니다.

17 의자에 16명씩 앉으면 의자 35개가 필요합니다.
$16 \times 34 = 544$(명), $16 \times 35 = 560$(명)
➡ 544명 초과 560명 이하
의자에 23명씩 앉으면 의자 25개가 필요합니다.
$23 \times 24 = 552$(명), $23 \times 25 = 575$(명)
➡ 552명 초과 575명 이하
따라서 학생 수의 범위는 552명 초과 560명 이하입니다.

18 상자에 9 kg씩 담으면 56상자까지 팔 수 있습니다.
$9 \times 56 = 504$ (kg), $9 \times 57 = 513$ (kg)
➡ 504 kg 이상 513 kg 미만
상자에 13 kg씩 담으면 39상자까지 팔 수 있습니다.
$13 \times 39 = 507$ (kg), $13 \times 40 = 520$ (kg)
➡ 507 kg 이상 520 kg 미만
따라서 수확한 고구마 무게의 범위는 507 kg 이상 513 kg 미만입니다.

수시 평가 대비 Level ❶

1 40, 37, 44에 ○표 / 34, 30, 29, 37에 △표

2 민지, 준호   **3** 1.9, 1.86

4
```
  65 66 67 68 69 70 71 72
```

5 30   **6** 14, 20, 17

7 유진   **8** ③

9 500, =, 500   **10** 5, 6, 7, 8, 9

11 90300, 90200, 90300

12 7000원   **13** 100개

14 43   **15** 19, 20, 21, 22, 23

16 7630   **17** 20

18 ㉣   **19** 4개

20 80권

1 37과 같거나 큰 수인 40, 37, 44에 ○표 합니다.
37과 같거나 작은 수인 34, 30, 29, 37에 △표 합니다.

2 48 초과인 수는 48보다 큰 수이므로 몸무게가 48 kg 초과인 학생은 민지(51.5 kg), 준호(50 kg)입니다.

3 • 1.854를 올림하여 소수 첫째 자리까지 나타내기 위하여 소수 첫째 자리의 아래 수인 0.054를 0.1로 보고 올림하면 1.9가 됩니다.
• 1.854를 올림하여 소수 둘째 자리까지 나타내기 위하여 소수 둘째 자리의 아래 수인 0.004를 0.01로 보고 올림하면 1.86이 됩니다.

4 미만은 ○을 이용하여 나타냅니다.

5 29 초과인 수는 29보다 큰 수입니다.
29보다 큰 자연수는 30, 31, 32, ...이므로 이 중 가장 작은 수는 30입니다.

6 14 이상 35 미만인 수는 14와 같거나 크고 35보다 작은 수입니다.
따라서 14 이상 35 미만인 수는 14, 20, 17입니다.

7 • 수빈: 6101 → 6100
• 진성: 5070 → 5000
• 유진: 8692 → 8600
따라서 잘못 나타낸 사람은 유진입니다.

8 주어진 수를 반올림하여 천의 자리까지 나타내어 봅니다.
① 4695 → 5000   ② 4804 → 5000
③ 4281 → 4000   ④ 5143 → 5000
⑤ 5496 → 5000

9 • 589를 버림하여 백의 자리까지 나타내면 589 → 500 입니다.
• 496을 반올림하여 십의 자리까지 나타내면 일의 자리 숫자가 6이므로 올림하여 500이 됩니다.

10 주어진 수의 십의 자리 숫자가 7인데 반올림하여 십의 자리까지 나타낸 수는 6480으로 십의 자리 숫자가 8이 되었으므로 일의 자리에서 올림한 것을 알 수 있습니다.
따라서 일의 자리 숫자는 5, 6, 7, 8, 9 중 하나여야 합니다.

11 • 올림: 90274 → 90300
• 버림: 90274 → 90200
• 반올림: 90274 → 90300

12 10원짜리 동전이 276개이면 2760원, 100원짜리 동전이 48개이면 4800원이므로 돈은 모두
2760+4800=7560(원)입니다.
1000원 미만의 돈은 지폐로 바꿀 수 없으므로 버림하여 천의 자리까지 나타내어야 합니다.
7560을 버림하여 천의 자리까지 나타내면 7560 → 7000 이므로 1000원짜리 지폐로 최대 7000원까지 바꿀 수 있습니다.

13 반올림하여 백의 자리까지 나타내면 1300이 되는 수의 범위는 1250 이상 1350 미만인 수입니다.
따라서 반올림하여 백의 자리까지 나타내면 1300이 되는 자연수는 1250부터 1349까지로 모두 100개입니다.

14 수직선에 나타낸 수의 범위는 ㉠과 같거나 크고 52보다 작은 수입니다.
이 수의 범위에 속하는 자연수는 모두 9개이므로 51부터 작은 수를 차례로 9개 쓰면 51, 50, 49, 48, 47, 46, 45, 44, 43입니다.
➡ ㉠=43

15 위의 수직선에 나타낸 수의 범위는 16 이상 23 이하인 수입니다.

아래 수직선에 나타낸 수의 범위는 18 초과 25 이하인 수입니다.

따라서 두 수직선에 나타낸 수의 범위에 공통으로 속하는 자연수의 범위는 18 초과 23 이하이므로 19, 20, 21, 22, 23입니다.

16 수 카드 4장으로 만들 수 있는 가장 큰 네 자리 수는 7621입니다.

7621을 올림하여 십의 자리까지 나타내면 7621 → 7630입니다.

17 · 2184를 올림하여 백의 자리까지 나타내면 2184 → 2200입니다.

· 2184를 반올림하여 십의 자리까지 나타내면 일의 자리 숫자가 4이므로 버림하여 2180이 됩니다.

따라서 두 수의 차는 2200 − 2180 = 20입니다.

18 ㉠ 올림: 78500, 버림: 78400, 반올림: 78400
ㄴ 올림: 78700, 버림: 78600, 반올림: 78700
ㄷ 올림: 79000, 버림: 78900, 반올림: 78900
ㄹ 올림: 78800, 버림: 78800, 반올림: 78800

19 ⑩ 21 초과 40 미만인 자연수는 22, 23, 24, ..., 39입니다.

이 중에서 4의 배수는 24, 28, 32, 36으로 모두 4개입니다.

평가 기준	배점
21 초과 40 미만인 자연수를 구했나요?	3점
21 초과 40 미만인 자연수 중에서 4의 배수의 개수를 구했나요?	2점

20 ⑩ 나누어 줄 공책은 모두 24 × 3 = 72(권)입니다.

공책을 10권씩 묶음으로만 사야 하므로 올림하여 십의 자리까지 나타내어야 합니다. 72를 올림하여 십의 자리까지 나타내면 80이므로 공책을 최소 80권 사야 합니다.

평가 기준	배점
나누어 줄 공책의 수를 구했나요?	2점
사야 하는 공책의 수를 구했나요?	3점

수시 평가 대비 Level ❷
32~34쪽

1 22, 25에 ○표, 27, 30에 △표

2 14.8, 16   **3** ①, ④, ⑤

4 45 이상 50 미만인 수   **5** 다, 바

6

7 3610, 3700, 4000 / 8100, 8100, 9000

8 민준, 준수   **9** ④

10 5, 6, 7, 8, 9

11 32600, 32500, 32500

12 100개   **13** 6000원

14 15개   **15** 6개

16 9600   **17** 60000원

18 97명, 108명   **19** 60

20 5950 이상 6050 미만

1 25 이하인 수에는 25가 포함되고, 27 이상인 수에는 27이 포함됩니다.

2 14.5 초과인 수에는 14.5가 포함되지 않고, 18 미만인 수에는 18이 포함되지 않습니다.

3 25 이상 30 미만인 수이므로 25는 포함되고 30은 포함되지 않습니다.

4 45는 포함되고 50은 포함되지 않습니다.
➡ 45 이상 50 미만인 수

5 정원이 15명이므로 정원을 초과한 엘리베이터는 다(16명), 바(17명)입니다.

6 (1) 27을 ○으로 나타내고 오른쪽으로 선을 긋습니다.
(2) 32를 ●으로 나타내고 왼쪽으로 선을 긋습니다.

7 3602 → 3610, 3602 → 3700, 3602 → 4000
8100 → 8100, 8100 → 8100, 8100 → 9000

8 나이가 12세보다 적은 사람은 민준(9세), 준수(11세)입니다.

9 ① 3726 → 3700 ② 3680 → 3700

③ 3650 → 3700 ④ 3750 → 3800

⑤ 3749 → 3700

10 57□8을 반올림하여 백의 자리까지 나타내어 5800이 되려면 백의 자리 바로 아래 자리의 숫자를 올림해야 합니다.

따라서 □ 안에 들어갈 수 있는 수는 5, 6, 7, 8, 9입니다.

11 올림: 32548 → 32600

버림: 32548 → 32500

반올림: 32548 → 32500

12 버림하여 백의 자리까지 나타내면 1000이 되는 수는 백의 자리 아래 수를 버리는 것이므로 십, 일의 자리는 00부터 99까지입니다.

➡ 1000, 1001, 1002, …, 1099까지 모두 100개입니다.

13 (과자와 음료수의 값)=3800+1500=5300(원)

모자라지 않게 내야 하므로 5300을 올림하여 천의 자리까지 나타내면 6000입니다.

따라서 주은이는 최소 6000원을 내야 합니다.

14 370÷25=14…20이므로 방 14개에 들어가고 남은 20명도 들어갈 방이 1개 더 필요합니다.

따라서 방은 최소 15개 필요합니다.

15

두 조건을 만족하는 수의 범위는 16 이상 22 미만입니다.

➡ 16, 17, 18, 19, 20, 21 → 6개

16 수 카드 4장으로 만들 수 있는 가장 큰 네 자리 수는 9641입니다.

➡ 9641 → 9600

17 (필요한 공책의 수)=4×36=144(권)

공책을 10권씩 묶음으로 사야 하므로 144를 올림하여 십의 자리까지 나타내면 144 → 150입니다.

최소 150권, 즉 150÷10=15(묶음)을 사야 하므로 공책을 사는 데 필요한 돈은 최소 4000×15=60000(원)입니다.

18 연필 9타가 필요하므로 연필의 수는

12×8=96(자루) 초과 12×9=108(자루) 이하입니다.

따라서 학생 수가 가장 적은 경우는 97명, 가장 많은 경우는 108명입니다.

19 ㉠ 53 초과인 자연수를 차례대로 7개 쓰면

54, 55, 56, 57, 58, 59, 60입니다.

이때 ㉠ 이하인 수에 ㉠이 포함되므로 ㉠=60입니다.

평가 기준	배점
53 초과인 자연수를 7개 구했나요?	2점
㉠에 알맞은 자연수를 구했나요?	3점

20 ㉠ 반올림하여 백의 자리까지 나타내면 6000이 되는 수는 5950과 같거나 크고 6050보다 작은 수입니다.

따라서 수의 범위를 이상과 미만을 이용하여 나타내면 5950 이상 6050 미만입니다.

평가 기준	배점
반올림하여 백의 자리까지 나타내면 6000이 되는 수의 범위를 알았나요?	3점
수의 범위를 이상과 미만으로 나타냈나요?	2점

2 분수의 곱셈

분수의 곱셈은 소수의 곱셈이 사용되기 이전에 사용되기 시작하였으며, 문명의 발달과 함께 자연스럽게 활용되어 왔습니다. 분수의 곱셈은 소수의 곱셈에 비해 보다 정확한 계산 결과를 얻을 수 있으며, 학생들의 논리적인 사고력을 향상시킬 수 있는 중요한 주제입니다. 이에 본 단원은 학생들에게 분수의 곱셈을 통해 수학의 논리적인 체계를 탐구하고 수학의 유용성을 느낄 수 있도록 구성하였습니다. 전 차시 활동을 통해 분수 곱셈의 계산 원리를 탐구하고, 분모는 분모끼리, 분자는 분자끼리 곱한다는 계산 원리가 (자연수) × (분수), (분수) × (자연수), (분수) × (분수)에 모두 적용될 수 있음을 지도합니다. 또 자연수의 곱셈에서는 항상 그 결과가 커지지만 분수의 곱셈에서는 그 결과가 작아질 수도 있다는 것을 명확히 인식하도록 합니다.

STEP 1 교과개념 1. (분수) × (자연수)   37쪽

1 $4, \dfrac{8}{3}, 2\dfrac{2}{3}$

2 방법1 (위에서부터) $7, 2, 7, 3\dfrac{1}{2}$

방법2 (위에서부터) $1, 2, \dfrac{7}{2}, 3\dfrac{1}{2}$

방법3 (위에서부터) $1, 2, \dfrac{7}{2}, 3\dfrac{1}{2}$

3 방법1 $\dfrac{1}{5}, 4, 5, 4\dfrac{4}{5}$

방법2 $6, \dfrac{24}{5}, 4\dfrac{4}{5}$

2 약분하는 순서에 따라 계산 방법이 달라집니다.

3 방법1 대분수를 자연수와 진분수의 합으로 바꾸어 계산합니다.
방법2 대분수를 가분수로 바꾸어 계산합니다.

STEP 1 교과개념 2. (자연수) × (분수)   39쪽

1 은지, 수아

2 ① $\overset{5}{25}\times\dfrac{7}{\underset{2}{10}}=\dfrac{35}{2}=17\dfrac{1}{2}$

② $\overset{2}{14}\times\dfrac{8}{\underset{3}{21}}=\dfrac{16}{3}=5\dfrac{1}{3}$

3 ① $5\times1\dfrac{3}{10}=\overset{1}{5}\times\dfrac{13}{\underset{2}{10}}=\dfrac{13}{2}=6\dfrac{1}{2}$

② $18\times1\dfrac{1}{8}=\overset{9}{18}\times\dfrac{9}{\underset{4}{8}}=\dfrac{81}{4}=20\dfrac{1}{4}$

4 ① $5\dfrac{1}{7}$ ② $1\dfrac{1}{3}$ ③ $10\dfrac{1}{2}$ ④ $11\dfrac{1}{3}$

1 어떤 수에 진분수를 곱하면 계산 결과는 어떤 수보다 작습니다.

태민: $10\times\dfrac{2}{5}$는 10보다 작습니다.

4 ① $\overset{4}{8}\times\dfrac{9}{\underset{7}{14}}=\dfrac{36}{7}=5\dfrac{1}{7}$

② $\overset{1}{3}\times\dfrac{4}{\underset{3}{9}}=\dfrac{4}{3}=1\dfrac{1}{3}$

③ $6\times1\dfrac{3}{4}=\overset{3}{6}\times\dfrac{7}{\underset{2}{4}}=\dfrac{21}{2}=10\dfrac{1}{2}$

④ $5\times2\dfrac{4}{15}=\overset{1}{5}\times\dfrac{34}{\underset{3}{15}}=\dfrac{34}{3}=11\dfrac{1}{3}$

STEP 1 교과개념 3. (분수) × (분수) (1)   41쪽

1 $4, 3, 12$

2 ① $8, 2, \dfrac{1}{16}$ ② $7, 4, \dfrac{3}{28}$

3 $\dfrac{1}{15}, \dfrac{1}{30}$

4 방법1 (위에서부터) $7, 12, \dfrac{7}{12}$

방법2 (위에서부터) $1, 7, 6, 2, \dfrac{7}{12}$

방법3 (위에서부터) $1, 2, \dfrac{7}{12}$

4 방법1 $\dfrac{5}{6} \times \dfrac{7}{10} = \dfrac{5 \times 7}{6 \times 10} = \dfrac{\overset{7}{\cancel{35}}}{\underset{12}{\cancel{60}}} = \dfrac{7}{12}$

방법2 $\dfrac{5}{6} \times \dfrac{7}{10} = \dfrac{\overset{1}{\cancel{5}} \times 7}{6 \times \underset{2}{\cancel{10}}} = \dfrac{7}{12}$

방법3 $\dfrac{\overset{1}{\cancel{5}}}{6} \times \dfrac{7}{\underset{2}{\cancel{10}}} = \dfrac{7}{12}$

STEP 1 교과개념 **4. (분수)×(분수)(2)** 43쪽

1 $15,\ 3,\ \dfrac{45}{8},\ 5\dfrac{5}{8}$

2 (위에서부터) $2,\ 11,\ 3,\ \dfrac{22}{9},\ 2\dfrac{4}{9}$

3 ① $4\dfrac{1}{2}$ ② 3

4 ① $4,\ 4,\ \dfrac{20}{7},\ 2\dfrac{6}{7}$ ② $7,\ 7,\ \dfrac{35}{6},\ 5\dfrac{5}{6}$

③ $7,\ 13,\ \dfrac{91}{15},\ 6\dfrac{1}{15}$

3 ① $2\dfrac{5}{8} \times 1\dfrac{5}{7} = \dfrac{\overset{3}{\cancel{21}}}{\underset{2}{\cancel{8}}} \times \dfrac{\overset{3}{\cancel{12}}}{\underset{1}{\cancel{7}}} = \dfrac{9}{2} = 4\dfrac{1}{2}$

② $1\dfrac{1}{3} \times 2\dfrac{1}{4} = \dfrac{\overset{1}{\cancel{4}}}{\underset{1}{\cancel{3}}} \times \dfrac{\overset{3}{\cancel{9}}}{\underset{1}{\cancel{4}}} = 3$

STEP 2 꼭 나오는 유형 44~51쪽

1 (1) $1\dfrac{1}{6}$ (2) $3\dfrac{1}{3}$ **2** $4\dfrac{1}{2}$

3 ㉢   **4** $5\dfrac{1}{3}$

준비 (1) 5 (2) $12,\ 6$ **5** (○) ( ) (○)

6 9판

7 예 $\dfrac{15}{18}$, 45 / 예 $37\dfrac{1}{2}$

8 ㉡, ㉣   **9** $7\dfrac{1}{2}$ km

10 오후 2시 10분

11 $4,\ 4,\ 8,\ 12,\ 8,\ 3,\ 11$

12 (1) $3\dfrac{6}{7}$ (2) $16\dfrac{2}{3}$ **13** ㉣

14 $>$ 준비 (1) $>$ (2) $<$

15 $22\dfrac{1}{2}$ **16** 10 L

17 은수, $25\dfrac{1}{3}$ **18** $5\dfrac{1}{2}$ kg

19 예 30 / 예 165

20 (위에서부터) (1) $3,\ 3,\ 4,\ \dfrac{3}{4}$

(2) $1,\ 3,\ \dfrac{4}{3},\ 1\dfrac{1}{3}$

(3) $1,\ 3,\ \dfrac{5}{3},\ 1\dfrac{2}{3}$

21

22 위 칸에 ○표

23 (○) ( ) ( )   **24** 28 cm, 14 cm

25 4400원   **26** $2,\ 3,\ 12,\ 2,\ 14$

27 (1) $3\dfrac{1}{3}$ (2) $12\dfrac{2}{5}$ **28** $49\dfrac{1}{2}$

29 $3 \times 2\dfrac{1}{5}$, $3 \times 4\dfrac{1}{7}$, $3 \times \dfrac{9}{7}$에 ○표 /

$3 \times \dfrac{1}{2}$, $3 \times \dfrac{5}{8}$에 △표

준비 42 cm^2 **30** 148 cm^2

31 77 kg

32 예 $12,\ 2\dfrac{2}{9}$ / 예 $26\dfrac{2}{3}$ kg

33 (1) $\dfrac{1}{15}$ (2) $\dfrac{5}{72}$ (3) $\dfrac{8}{21}$ (4) $\dfrac{5}{27}$

34 $\dfrac{1}{12}$, $\dfrac{1}{24}$ **35** $5,\ 6$ / $\dfrac{1}{30}$ m^2

36 <

37 5, 4

38 (위에서부터) 예 $\dfrac{5}{6}$ / 예 $\dfrac{2}{9}$ / 예 $\dfrac{20}{27}$

39 $\dfrac{1}{12}$

40 $\dfrac{1}{6}$

41 ㉡, ㉢

42 $\dfrac{6}{11}$ kg

43 $\dfrac{16}{147}$

44 $\dfrac{3}{20}$

45 방법 1 예 $\dfrac{8}{9} \times \dfrac{2}{5} \times \dfrac{5}{6} = \dfrac{\overset{8}{16}}{\underset{9}{45}} \times \dfrac{\overset{1}{5}}{\underset{3}{6}} = \dfrac{8}{27}$

방법 2 예 $\dfrac{8}{9} \times \dfrac{2}{5} \times \dfrac{5}{6} = \dfrac{8 \times \overset{1}{2} \times \overset{1}{5}}{9 \times \underset{1}{5} \times \underset{3}{6}} = \dfrac{8}{27}$

46 $\dfrac{1}{6}$

47 (1) $2\dfrac{29}{35}$ (2) $7\dfrac{7}{8}$

48 $\dfrac{\overset{\,\,\,\,\overset{1}{\cancel{2}}}{12}}{5} \times \dfrac{3}{\underset{5}{10}} \times \dfrac{7}{\underset{1}{6}} = \dfrac{21}{25}$

49 예 $2\dfrac{1}{2}$ / 예 8

50 10 km

준비 $5\dfrac{13}{15}$

51 $12\dfrac{2}{3}$

52 $2\dfrac{4}{5}$ kg

1 (1) $\dfrac{1}{6} \times 7 = \dfrac{1 \times 7}{6} = \dfrac{7}{6} = 1\dfrac{1}{6}$

(2) $\dfrac{2}{9} \times \overset{5}{\underset{3}{15}} = \dfrac{10}{3} = 3\dfrac{1}{3}$

2 $\dfrac{3}{\underset{2}{8}} \times \overset{3}{12} = \dfrac{9}{2} = 4\dfrac{1}{2}$

3 $\dfrac{3}{13} \times 3 = \underbrace{\dfrac{3}{13} + \dfrac{3}{13} + \dfrac{3}{13}}_{㉠} = \underbrace{\dfrac{3 \times 3}{13}}_{㉡} = \dfrac{9}{13}$

따라서 $\dfrac{3}{13} \times 3$과 관계없는 것은 ㉢입니다.

4 $\dfrac{8}{21}$이 14개인 수는 $\dfrac{8}{21} \times 14$입니다.

➡ $\dfrac{8}{\underset{3}{21}} \times \overset{2}{14} = \dfrac{16}{3} = 5\dfrac{1}{3}$

준비 (1) $\dfrac{7}{35} = \dfrac{7 \div 7}{35 \div 7} = \dfrac{1}{5}$

(2) $\dfrac{20}{24} = \dfrac{20 \div 2}{24 \div 2} = \dfrac{10}{12}$, $\dfrac{20}{24} = \dfrac{20 \div 4}{24 \div 4} = \dfrac{5}{6}$

5 약분은 분모와 분자 또는 분모와 자연수 사이에 할 수 있습니다.

6 (필요한 피자의 판 수)$= \dfrac{3}{\underset{1}{8}} \times \overset{3}{24} = 9$(판)

7 예 $\dfrac{15}{\underset{2}{18}} \times \overset{5}{45} = \dfrac{75}{2} = 37\dfrac{1}{2}$

8 ㉠ $\dfrac{5}{\underset{2}{18}} \times \overset{1}{9} = \dfrac{5}{2} = 2\dfrac{1}{2}$ ㉡ $\dfrac{4}{\underset{1}{21}} \times \overset{2}{42} = 8$

㉢ $\dfrac{7}{\underset{3}{30}} \times \overset{2}{20} = \dfrac{14}{3} = 4\dfrac{2}{3}$ ㉣ $\dfrac{8}{\underset{1}{15}} \times \overset{5}{75} = 40$

9 (현준이가 걸은 거리)$= \dfrac{5}{\underset{2}{8}} \times \overset{3}{12} = \dfrac{15}{2} = 7\dfrac{1}{2}$ (km)

10 예 하루에 $\dfrac{2}{3}$분씩 빨라지므로 15일 동안 빨라지는 시간

은 $\dfrac{2}{\underset{1}{3}} \times \overset{5}{15} = 10$(분)입니다.

따라서 15일 후 오후 2시에 이 시계가 가리키는 시각은 오후 2시 10분입니다.

평가 기준
15일 동안 몇 분 빨라지는지 바르게 구했나요?
15일 후 오후 2시에 시계가 가리키는 시각을 바르게 구했나요?

12 (1) $1\dfrac{2}{7} \times 3 = \dfrac{9}{7} \times 3 = \dfrac{27}{7} = 3\dfrac{6}{7}$

(2) $4\dfrac{1}{6} \times 4 = \dfrac{25}{\underset{3}{6}} \times \overset{2}{4} = \dfrac{50}{3} = 16\dfrac{2}{3}$

13 $2\dfrac{3}{10} \times 2 = \underbrace{2\dfrac{3}{10} + 2\dfrac{3}{10}}_{㉠}$

정답과 풀이

$$=(2\times2)+\left(\frac{3}{\overset{}{10}}\times\overset{1}{2}\right)=4+\frac{3}{5}=4\frac{3}{5}$$

<u>ㄴ</u>   <u>ㄷ</u>

$$ⓔ \ \frac{13}{\underset{5}{10}}\times\overset{1}{2}=\frac{13}{5}=2\frac{3}{5}$$

따라서 계산 결과가 $2\frac{3}{10}\times2$와 다른 것은 ⓔ입니다.

14 $6\frac{5}{6}\times4=\frac{41}{\underset{3}{6}}\times\overset{2}{4}=\frac{82}{3}=27\frac{1}{3}$

$8\frac{2}{9}\times3=\frac{74}{\underset{3}{9}}\times\overset{1}{3}=\frac{74}{3}=24\frac{2}{3} \Rightarrow 27\frac{1}{3}>24\frac{2}{3}$

준비 (1) $\left(\frac{7}{15},\frac{4}{9}\right)\to\left(\frac{21}{45},\frac{20}{45}\right)\Rightarrow\frac{7}{15}>\frac{4}{9}$

(2) $\left(3\frac{2}{5},3\frac{3}{7}\right)\to\left(3\frac{14}{35},3\frac{15}{35}\right)\Rightarrow3\frac{2}{5}<3\frac{3}{7}$

15 $\left(1\frac{8}{9},1\frac{7}{8}\right)\to\left(1\frac{64}{72},1\frac{63}{72}\right)\Rightarrow1\frac{8}{9}>1\frac{7}{8}$이므로

가장 작은 수는 $1\frac{7}{8}$이고 가장 큰 수는 12입니다.

따라서 가장 작은 수와 가장 큰 수의 곱은

$1\frac{7}{8}\times12=\frac{15}{\underset{2}{8}}\times\overset{3}{12}=\frac{45}{2}=22\frac{1}{2}$입니다.

16 (8분 동안 받은 물의 양) $=1\frac{1}{4}\times8=\frac{5}{\underset{1}{4}}\times\overset{2}{8}=10\,(L)$

17 은수: $4\frac{2}{9}\times6=\frac{38}{\underset{3}{9}}\times\overset{2}{6}=\frac{76}{3}=25\frac{1}{3}$

현우: $3\frac{1}{6}\times3=\frac{19}{\underset{2}{6}}\times\overset{1}{3}=\frac{19}{2}=9\frac{1}{2}$

따라서 잘못 계산한 사람은 은수이고 바르게 계산한 값은 $25\frac{1}{3}$입니다.

18 예 $1\frac{3}{8}\times4=\frac{11}{\underset{2}{8}}\times\overset{1}{4}=\frac{11}{2}=5\frac{1}{2}$이므로 태어난 지

1년이 되었을 때의 무게는 $5\frac{1}{2}$ kg입니다.

평가 기준
태어난 지 1년이 된 고양이의 무게를 구하는 식을 바르게 나타냈나요?
태어난 지 1년이 된 고양이의 무게를 바르게 구했나요?

19 😊 내가 만드는 문제
예 $5\frac{1}{3}\star30=5\frac{1}{3}\times30+5=\frac{16}{\underset{1}{3}}\times\overset{10}{30}+5$
$$=160+5=165$$

21 $\overset{2}{6}\times\frac{2}{\underset{3}{9}}=\frac{4}{3}=1\frac{1}{3},\ \overset{2}{14}\times\frac{4}{\underset{3}{21}}=\frac{8}{3}=2\frac{2}{3}$

22 $\overset{15}{30}\times\frac{5}{\underset{4}{8}}=\frac{75}{4}=18\frac{3}{4},$

$\overset{3}{15}\times\frac{7}{\underset{2}{10}}=\frac{21}{2}=10\frac{1}{2}$

23 $\overset{5}{10}\times\frac{3}{\underset{2}{4}}=\frac{15}{2}=7\frac{1}{2},\ \overset{2}{16}\times\frac{3}{\underset{1}{8}}=6,$

$\overset{9}{27}\times\frac{1}{\underset{2}{6}}=\frac{9}{2}=4\frac{1}{2}\Rightarrow4\frac{1}{2}<6<7\frac{1}{2}$

24 예 (태극기의 세로) $=$ (태극기의 가로) $\times\frac{2}{3}$
$$=\overset{14}{42}\times\frac{2}{\underset{1}{3}}=28\,(cm)$$

(태극의 지름) $=$ (태극기의 세로) $\times\frac{1}{2}$
$$=\overset{14}{28}\times\frac{1}{\underset{1}{2}}=14\,(cm)$$

평가 기준
태극기의 세로는 몇 cm로 그려야 하는지 바르게 구했나요?
태극의 지름은 몇 cm로 그려야 하는지 바르게 구했나요?

25 입장권 2장은 $5500\times2=11000$(원)이므로 할인 기간에 입장권 2장을 사려면 내야 하는 금액은
$\overset{2200}{11000}\times\frac{2}{\underset{1}{5}}=4400$(원)입니다.

27 (1) $2\times1\frac{2}{3}=2\times\frac{5}{3}=\frac{10}{3}=3\frac{1}{3}$

(2) $4\times3\frac{1}{10}=\overset{2}{4}\times\frac{31}{\underset{5}{10}}=\frac{62}{5}=12\frac{2}{5}$

28 $24\times2\frac{1}{16}=\overset{3}{24}\times\frac{33}{\underset{2}{16}}=\frac{99}{2}=49\frac{1}{2}$

29 3에 진분수를 곱하면 계산 결과는 3보다 작습니다.
3에 1을 곱하면 계산 결과는 3입니다.
3에 대분수나 가분수를 곱하면 계산 결과는 3보다 큽니다.

14 수학 5-2

준비 (평행사변형의 넓이)=(밑변의 길이)×(높이)
$$=7\times 6=42\ (\text{cm}^2)$$

30 (평행사변형의 넓이)
=(밑변의 길이)×(높이)
$$=16\times 9\frac{1}{4}=\overset{4}{16}\times\frac{37}{\underset{1}{4}}=148\ (\text{cm}^2)$$

31 (아버지의 몸무게)$=42\times 1\frac{5}{6}=\overset{7}{42}\times\frac{11}{\underset{1}{6}}=77\ (\text{kg})$

☺ 내가 만드는 문제
32 예 (철근 $2\frac{2}{9}$ m의 무게)
$$=12\times 2\frac{2}{9}=\overset{4}{12}\times\frac{20}{\underset{3}{9}}=\frac{80}{3}=26\frac{2}{3}\ (\text{kg})$$

33 (1) $\dfrac{1}{3}\times\dfrac{1}{5}=\dfrac{1}{3\times 5}=\dfrac{1}{15}$

(2) $\dfrac{5}{9}\times\dfrac{1}{8}=\dfrac{5\times 1}{9\times 8}=\dfrac{5}{72}$

(3) $\dfrac{2}{3}\times\dfrac{4}{7}=\dfrac{2\times 4}{3\times 7}=\dfrac{8}{21}$

(4) $\dfrac{5}{\underset{3}{6}}\times\dfrac{\overset{1}{2}}{9}=\dfrac{5\times 1}{3\times 9}=\dfrac{5}{27}$

35 색칠한 부분의 가로는 $\dfrac{1}{6}$ m, 세로는 $\dfrac{1}{5}$ m이므로
(색칠한 부분의 넓이)$=\dfrac{1}{6}\times\dfrac{1}{5}=\dfrac{1}{30}\ (\text{m}^2)$입니다.

36 $\dfrac{4}{7}\times\dfrac{1}{3}=\dfrac{4}{21}\Rightarrow\dfrac{4}{21}<\dfrac{4}{7}$

다른 풀이
1보다 작은 수를 곱하면 곱한 결과는 원래의 수보다 작아
지므로 $\dfrac{4}{7}\times\dfrac{1}{3}<\dfrac{4}{7}$입니다.

37 $\dfrac{1}{8}\times\dfrac{1}{\bigcirc}=\dfrac{1}{8\times\bigcirc}=\dfrac{1}{40}\Rightarrow 8\times\bigcirc=40,\ \bigcirc=5$

$\dfrac{1}{\bigcirc}\times\dfrac{1}{7}=\dfrac{1}{\bigcirc\times 7}=\dfrac{1}{28}\Rightarrow\bigcirc\times 7=28,\ \bigcirc=4$

☺ 내가 만드는 문제
38 예 □ 안에 $\dfrac{5}{6}$를 써넣었다면 빈칸에 알맞은 분수는
$\dfrac{\overset{1}{5}}{\underset{3}{6}}\times\dfrac{\overset{2}{4}}{\underset{3}{15}}=\dfrac{2}{9},\ \dfrac{5}{6}\times\dfrac{\overset{4}{8}}{9}=\dfrac{20}{27}$입니다.

39 $\dfrac{\overset{1}{5}}{\underset{2}{16}}\times\dfrac{\overset{1}{8}}{\underset{3}{21}}\times\dfrac{\overset{1}{7}}{\underset{2}{10}}=\dfrac{1}{12}$

40 책을 어제는 전체의 $\dfrac{1}{3}$만큼 읽었고 오늘은 전체의 $\dfrac{1}{3}$의
$\dfrac{1}{2}$만큼 읽었으므로 윤서가 오늘 읽은 책은 전체의
$\dfrac{1}{3}\times\dfrac{1}{2}=\dfrac{1}{6}$입니다.

41 ㉠ $\dfrac{3}{4}\times\dfrac{\overset{1}{5}}{\underset{2}{6}}=\dfrac{5}{8}$　　㉡ $\dfrac{\overset{4}{8}}{\underset{3}{15}}\times\dfrac{\overset{1}{5}}{\underset{3}{6}}=\dfrac{4}{9}$

㉢ $\dfrac{\overset{2}{6}}{\underset{1}{11}}\times\dfrac{\overset{2}{22}}{\underset{9}{27}}=\dfrac{4}{9}$　　㉣ $\dfrac{\overset{1}{7}}{\underset{2}{8}}\times\dfrac{\overset{1}{4}}{\underset{3}{21}}=\dfrac{1}{6}$

따라서 계산 결과가 같은 것은 ㉡과 ㉢입니다.

42 예 $\dfrac{\overset{1}{7}}{11}\times\dfrac{6}{\underset{1}{7}}=\dfrac{6}{11}$이므로 잼을 만드는 데 사용한 설탕은
$\dfrac{6}{11}$ kg입니다.

평가 기준
잼을 만드는 데 사용한 설탕의 양을 구하는 식을 바르게 세웠나요?
잼을 만드는 데 사용한 설탕의 양을 바르게 구했나요?

43 ㉮ $\dfrac{2}{5}\times\dfrac{4}{7}=\dfrac{8}{35}$　　㉯ $\dfrac{\overset{2}{4}}{7}\times\dfrac{5}{\underset{3}{6}}=\dfrac{10}{21}$

$\Rightarrow$ ㉮×㉯$=\dfrac{8}{\underset{7}{35}}\times\dfrac{\overset{2}{10}}{21}=\dfrac{16}{147}$

44 지아네 반에서 안경을 쓴 여학생은 전체의
$\dfrac{1}{\underset{2}{5}}\times\dfrac{3}{\underset{4}{8}}=\dfrac{3}{20}$입니다.

46 체육을 좋아하면서 태권도장을 다니는 남학생은 전체의
$\dfrac{1}{\underset{1}{2}}\times\dfrac{\overset{1}{5}}{\underset{}{6}}\times\dfrac{\overset{1}{2}}{\underset{1}{5}}=\dfrac{1}{6}$입니다.

47 (1) $2\dfrac{1}{5}\times 1\dfrac{2}{7}=\dfrac{11}{5}\times\dfrac{9}{7}=\dfrac{99}{35}=2\dfrac{29}{35}$

(2) $3\dfrac{3}{4}\times 2\dfrac{1}{10}=\dfrac{15}{4}\times\dfrac{\overset{3}{21}}{\underset{2}{10}}=\dfrac{63}{8}=7\dfrac{7}{8}$

☺ 내가 만드는 문제
49 예 □ 안에 $2\dfrac{1}{2}$을 써넣었다면 계산 결과는
$3\dfrac{1}{5}\times 2\dfrac{1}{2}=\dfrac{\overset{8}{16}}{\underset{1}{5}}\times\dfrac{\overset{1}{5}}{\underset{1}{2}}=8$입니다.

50 (2$\frac{2}{5}$시간 동안 갈 수 있는 거리)

$$=4\frac{1}{6}\times2\frac{2}{5}=\frac{\overset{5}{\cancel{25}}}{\cancel{6}_{1}}\times\frac{\overset{2}{\cancel{12}}}{\cancel{5}_{1}}=10\,(\text{km})$$

준비 $9\frac{11}{15}-3\frac{13}{15}=8\frac{26}{15}-3\frac{13}{15}=5\frac{13}{15}$

51 ㉠ $4\frac{4}{9}\times2\frac{2}{5}=\frac{\overset{8}{\cancel{40}}}{\cancel{9}_{3}}\times\frac{\overset{4}{\cancel{12}}}{\cancel{5}_{1}}=\frac{32}{3}=10\frac{2}{3}$

㉡ $6\frac{2}{9}\times3\frac{3}{4}=\frac{\overset{14}{\cancel{56}}}{\cancel{9}_{3}}\times\frac{\overset{5}{\cancel{15}}}{\cancel{4}_{1}}=\frac{70}{3}=23\frac{1}{3}$

➡ ㉡-㉠$=23\frac{1}{3}-10\frac{2}{3}=22\frac{4}{3}-10\frac{2}{3}=12\frac{2}{3}$

52 예 다솜이의 몸무게가 52 kg이므로 혈액의 무게는

$$\overset{2}{\underset{5}{\cancel{52}}}\times\frac{7}{\underset{1}{\cancel{10}}}\times\frac{1}{\cancel{13}}=\frac{14}{5}=2\frac{4}{5}\,(\text{kg})입니다.$$

평가 기준
다솜이의 몸속 혈액의 무게를 구하는 식을 바르게 세웠나요?
다솜이의 몸속 혈액의 무게를 바르게 구했나요?

STEP 3 자주 틀리는 유형 52~54쪽

1 예 $\frac{\overset{}{\cancel{27}}}{\cancel{8}_{4}}\times\overset{3}{\cancel{6}}=\frac{81}{4}=20\frac{1}{4}$

2 예 $\overset{3}{\cancel{6}}\times\frac{19}{\underset{2}{\cancel{4}}}=\frac{3\times19}{2}=\frac{57}{2}=28\frac{1}{2}$

3 예 $\frac{\overset{\overset{1}{\cancel{3}}}{\cancel{21}}}{\cancel{8}_{4}}\times\frac{\overset{3}{\cancel{6}}}{\cancel{7}_{1}}\times\frac{1}{\cancel{3}_{1}}=\frac{3}{4}$

4 $\frac{4}{5}$ cm **5** $12\frac{2}{3}$ cm **6** $15\frac{3}{4}$ cm

7 < **8** ㉢ **9** 5개

10 ㉡ **11** 800 g **12** 종민

13 $\frac{5}{12}$ **14** $\frac{3}{40}$ **15** 6000원

16 $7\frac{7}{8}$ cm^2 **17** $1\frac{3}{4}$ cm^2 **18** 7 cm^2

---

1 대분수를 가분수로 바꾼 후 약분해야 하는데 바꾸기 전에 약분하였기 때문에 계산이 틀렸습니다.

2 약분한 후 3을 분자에 곱해야 합니다.

3 대분수를 가분수로 바꾼 후 약분해야 합니다.

4 정삼각형은 세 변의 길이가 모두 같습니다.

(정삼각형의 둘레)$=\frac{4}{\underset{5}{\cancel{15}}}\times\overset{1}{\cancel{3}}=\frac{4}{5}\,(\text{cm})$

5 (정사각형의 둘레)=(한 변의 길이)×4

$$=3\frac{1}{6}\times4=\frac{19}{\underset{3}{\cancel{6}}}\times\overset{2}{\cancel{4}}=\frac{38}{3}$$

$$=12\frac{2}{3}\,(\text{cm})$$

6 (정육각형의 둘레)=(한 변의 길이)×6

$$=2\frac{5}{8}\times6=\frac{21}{\underset{4}{\cancel{8}}}\times\overset{3}{\cancel{6}}=\frac{63}{4}$$

$$=15\frac{3}{4}\,(\text{cm})$$

7 $\frac{1}{9}\times\frac{1}{2}=\frac{1}{9\times2}=\frac{1}{18}$ ➡ $\frac{1}{18}<\frac{1}{9}$

8 ㉠ $\frac{1}{11}\times\frac{1}{2}=\frac{1}{22}$ ㉡ $\frac{1}{8}\times\frac{1}{3}=\frac{1}{24}$

㉢ $\frac{1}{3}\times\frac{1}{7}=\frac{1}{21}$

단위분수는 분모가 작을수록 큰 수이므로 곱이 가장 큰 것은 ㉢입니다.

9 $\frac{1}{7}\times\frac{1}{\square}=\frac{1}{7\times\square}$이므로 $\frac{1}{7\times\square}>\frac{1}{40}$입니다.

단위분수는 분모가 작을수록 큰 수이므로 7×□<40입니다.

따라서 □ 안에 들어갈 수 있는 자연수는 1, 2, 3, 4, 5로 모두 5개입니다.

10 ㉠ 1 km=1000 m이므로 1 km의 $\frac{1}{4}$은

$$\overset{250}{\cancel{1000}}\times\frac{1}{\underset{1}{\cancel{4}}}=250\,(\text{m})입니다.$$

㉡ 1시간=60분이므로 1시간의 $\frac{5}{6}$는 $\overset{10}{\cancel{60}}\times\frac{5}{\underset{1}{\cancel{6}}}=50(분)$

입니다.

$\bigcirc$ 1 L=1000 mL이므로 1 L의 $\frac{1}{2}$은

$\overset{500}{1000} \times \dfrac{1}{\underset{1}{2}} = 500$ (mL)입니다.

11 1 kg=1000 g이므로 1 kg의 $\frac{4}{5}$는

$\overset{200}{1000} \times \dfrac{4}{\underset{1}{5}} = 800$ (g)입니다.

12 신영: 1시간=60분이므로 1시간의 $1\frac{1}{3}$은

$60 \times 1\dfrac{1}{3} = \overset{20}{60} \times \dfrac{4}{\underset{1}{3}} = 80$(분) ➡ 1시간 20분입

니다.

성수: 1 m=100 cm이므로 1 m의 $1\frac{1}{5}$은

$100 \times 1\dfrac{1}{5} = \overset{20}{100} \times \dfrac{6}{\underset{1}{5}} = 120$ (cm)입니다.

종민: 1 L=1000 mL이므로 1 L의 $2\frac{1}{2}$은

$1000 \times 2\dfrac{1}{2} = \overset{500}{1000} \times \dfrac{5}{\underset{1}{2}} = 2500$ (mL)입니다.

13 현주가 먹고 남은 피자는 전체의 $1 - \dfrac{3}{8} = \dfrac{5}{8}$이므로

동생이 먹은 피자는 전체의 $\dfrac{5}{\underset{4}{8}} \times \dfrac{\overset{1}{2}}{3} = \dfrac{5}{12}$입니다.

14 남학생은 전체의 $1 - \dfrac{19}{40} = \dfrac{21}{40}$이므로

안경을 쓴 남학생은 전체의 $\dfrac{\overset{3}{21}}{40} \times \dfrac{1}{\underset{1}{7}} = \dfrac{3}{40}$입니다.

15 학용품을 사고 남은 돈은 전체의 $1 - \dfrac{3}{7} = \dfrac{4}{7}$이므로

저금한 돈은 $\overset{2000}{14000} \times \dfrac{\overset{1}{4}}{\underset{1}{7}} \times \dfrac{3}{\underset{1}{4}} = 6000$(원)입니다.

16 (직사각형의 넓이)

$= 3\dfrac{1}{2} \times 2\dfrac{1}{4} = \dfrac{7}{2} \times \dfrac{9}{4} = \dfrac{63}{8} = 7\dfrac{7}{8}$ (cm²)

17 (직사각형 가의 넓이) $= 2\dfrac{2}{7} \times 1\dfrac{3}{4} = \dfrac{16}{\underset{1}{7}} \times \dfrac{\overset{1}{7}}{\underset{1}{4}}$

$= 4$ (cm²)

(정사각형 나의 넓이) $= 1\dfrac{1}{2} \times 1\dfrac{1}{2} = \dfrac{3}{2} \times \dfrac{3}{2} = \dfrac{9}{4}$

$= 2\dfrac{1}{4}$ (cm²)

따라서 직사각형 가의 넓이는 정사각형 나의 넓이보다

$4 - 2\dfrac{1}{4} = 3\dfrac{4}{4} - 2\dfrac{1}{4} = 1\dfrac{3}{4}$ (cm²) 더 넓습니다.

18 (색칠한 부분의 가로) $= 6\dfrac{1}{4} - 3\dfrac{1}{3} = 5\dfrac{15}{12} - 3\dfrac{4}{12}$

$= 2\dfrac{11}{12}$ (cm)

(색칠한 부분의 넓이) $= 2\dfrac{11}{12} \times 2\dfrac{2}{5} = \dfrac{35}{\underset{1}{12}} \times \dfrac{\overset{1}{12}}{\underset{1}{5}}$

$= 7$ (cm²)

1 4개	**2** 3개	**3** 8개
4 3, 4 (또는 4, 3) / $\dfrac{1}{12}$		**5** $\dfrac{4}{49}$
6 $\dfrac{1}{56}$	**7** $12\dfrac{5}{6}$	**8** $8\dfrac{8}{15}$
9 $14\dfrac{1}{12}$	**10** $2\dfrac{1}{4}$ m	**11** $8\dfrac{3}{4}$ m
12 $22\dfrac{1}{2}$ m	**13** $87\dfrac{1}{2}$ km	
14 오후 12시 20분		
15 오전 11시 5분		**16** 50 cm
17 90 cm	**18** 204 cm	**19** $\dfrac{11}{18}$
20 $2\dfrac{1}{16}$	**21** $14\dfrac{2}{5}$	**22** $\dfrac{3}{16}$
23 28자루	**24** 378 cm²	

1 $\frac{4}{\underset{7}{21}} \times \overset{8}{24} = \frac{32}{7} = 4\frac{4}{7}$에서 $\square < 4\frac{4}{7}$입니다.

따라서 □ 안에 들어갈 수 있는 자연수는 1, 2, 3, 4로 모두 4개입니다.

2 $1\frac{3}{5} \times 2\frac{3}{4} = \frac{8}{5} \times \frac{\overset{2}{11}}{\underset{1}{4}} = \frac{22}{5} = 4\frac{2}{5}$에서 $4\frac{2}{5} > \square\frac{4}{5}$

입니다. 따라서 □ 안에 들어갈 수 있는 자연수는 1, 2, 3으로 모두 3개입니다.

3 $3\frac{3}{5} \times 2\frac{2}{9} = \frac{\overset{2}{18}}{\underset{1}{5}} \times \frac{\overset{4}{20}}{\underset{1}{9}} = 8$

$5\frac{1}{4} \times 3\frac{1}{7} = \frac{\overset{3}{21}}{\underset{2}{4}} \times \frac{\overset{11}{22}}{\underset{1}{7}} = \frac{33}{2} = 16\frac{1}{2}$

$8 < \square < 16\frac{1}{2}$이므로 □ 안에 들어갈 수 있는 자연수는 9, 10, ..., 15, 16으로 모두 8개입니다.

4 분자가 1일 때 분모가 작을수록 큰 분수가 됩니다.
분모에 가장 작은 수와 두 번째로 작은 수를 넣어 곱하면 $\frac{1}{3} \times \frac{1}{4} = \frac{1}{12}$ 또는 $\frac{1}{4} \times \frac{1}{3} = \frac{1}{12}$입니다.

5 만들 수 있는 진분수: $\frac{2}{5}$, $\frac{2}{7}$, $\frac{5}{7}$

➡ $\frac{2}{\underset{1}{5}} \times \frac{2}{7} \times \frac{\overset{1}{5}}{7} = \frac{4}{49}$

6 분모가 클수록, 분자가 작을수록 작은 수가 되므로 가장

작은 곱은 $\frac{1}{\underset{4}{8}} \times \frac{\overset{1}{2}}{7} \times \frac{\overset{1}{3}}{\underset{2}{6}} = \frac{1}{56}$입니다.

> **참고** 분자에는 가장 작은 수부터 세 수인 1, 2, 3을 놓고, 분모에는 가장 큰 수부터 세 수인 8, 7, 6을 놓아 세 분수를 만듭니다.

7 가장 큰 대분수: $4\frac{2}{3}$, 가장 작은 대분수: $2\frac{3}{4}$

➡ $4\frac{2}{3} \times 2\frac{3}{4} = \frac{14}{3} \times \frac{\overset{7}{11}}{\underset{2}{4}} = \frac{77}{6} = 12\frac{5}{6}$

8 가장 큰 대분수: $5\frac{1}{3}$, 가장 작은 대분수: $1\frac{3}{5}$

➡ $5\frac{1}{3} \times 1\frac{3}{5} = \frac{16}{3} \times \frac{8}{5} = \frac{128}{15} = 8\frac{8}{15}$

9 가장 큰 대분수: $6\frac{1}{2}$, 두 번째로 큰 대분수: $2\frac{1}{6}$

➡ $6\frac{1}{2} \times 2\frac{1}{6} = \frac{13}{2} \times \frac{13}{6} = \frac{169}{12} = 14\frac{1}{12}$

10 (이어 붙인 색 테이프의 전체 길이)

$= \frac{5}{\underset{2}{8}} \times \overset{1}{4} - \frac{1}{\underset{4}{12}} \times \overset{1}{3} = \frac{5}{2} - \frac{1}{4}$

$= \frac{10}{4} - \frac{1}{4} = \frac{9}{4} = 2\frac{1}{4}$ (m)

11 (이어 붙인 색 테이프의 전체 길이)

$= 1\frac{2}{3} \times 6 - \frac{1}{4} \times 5$

$= \frac{5}{\underset{1}{3}} \times \overset{2}{6} - \frac{5}{4}$

$= 10 - 1\frac{1}{4} = 8\frac{3}{4}$ (m)

12 (이어 붙인 색 테이프의 전체 길이)

$= 2\frac{2}{5} \times 10 - \frac{1}{\underset{2}{6}} \times \overset{3}{9} = \frac{12}{\underset{1}{5}} \times \overset{2}{10} - \frac{3}{2}$

$= 24 - 1\frac{1}{2} = 22\frac{1}{2}$ (m)

13 1시간 15분 $= 1\frac{15}{60}$시간 $= 1\frac{1}{4}$시간

(자동차가 달린 거리) $= 70 \times 1\frac{1}{4} = \overset{35}{70} \times \frac{5}{\underset{2}{4}} = \frac{175}{2}$

$= 87\frac{1}{2}$ (km)

14 하루에 3분 20초 $= 3\frac{20}{60}$분 $= 3\frac{1}{3}$분 빨라지므로

6일 후에는 $3\frac{1}{3} \times 6 = \frac{10}{\underset{1}{3}} \times \overset{2}{6} = 20$(분) 빨라집니다.

따라서 6일 후 정오에 이 시계가 가리키는 시각은 오후 12시 20분입니다.

15 하루에 1분 50초 $= 1\frac{50}{60}$분 $= 1\frac{5}{6}$분 늦어지므로

30일 후에는 $1\frac{5}{6} \times 30 = \frac{11}{\underset{1}{6}} \times \overset{5}{30} = 55$(분) 늦어집니다.

따라서 30일 후 정오에 이 시계가 가리키는 시각은 오전 11시 5분입니다.

16 (처음 튀어 오른 높이)=(공을 떨어뜨린 높이)$\times\dfrac{2}{3}$

$$=\overset{25}{75}\times\dfrac{2}{\underset{1}{3}}=50\,(\text{cm})$$

17 (공이 땅에 두 번 닿았다가 튀어 오른 높이)

(공을 떨어뜨린 높이)$\times\dfrac{3}{5}\times\dfrac{3}{5}$

$$=\overset{\overset{10}{50}}{250}\times\dfrac{3}{\underset{1}{5}}\times\dfrac{3}{\underset{1}{5}}=90\,(\text{cm})$$

18 (공이 땅에 한 번 닿았다가 튀어 오를 때까지 움직인 거리)
=(공을 떨어뜨린 높이)+(공이 한 번 튀어 오른 높이)

$$=119+\overset{17}{119}\times\dfrac{5}{\underset{1}{7}}=119+85=204\,(\text{cm})$$

19 어떤 수를 □라 하면 □+$\dfrac{5}{6}=1\dfrac{17}{30}$,

$$\square=1\dfrac{17}{30}-\dfrac{5}{6}=\dfrac{47}{30}-\dfrac{25}{30}=\overset{11}{\dfrac{22}{\underset{15}{30}}}=\dfrac{11}{15}\text{입니다.}$$

따라서 바르게 계산하면 $\overset{}{\underset{3}{\dfrac{11}{15}}}\times\dfrac{\overset{1}{5}}{6}=\dfrac{11}{18}$입니다.

20 어떤 수를 □라 하면 □-$\dfrac{11}{12}=1\dfrac{1}{3}$,

$$\square=1\dfrac{1}{3}+\dfrac{11}{12}=1\dfrac{4}{12}+\dfrac{11}{12}=1\dfrac{15}{12}=2\overset{1}{\underset{4}{\dfrac{3}{12}}}=2\dfrac{1}{4}$$

입니다. 따라서 바르게 계산하면

$$2\dfrac{1}{4}\times\dfrac{11}{12}=\dfrac{\overset{3}{9}}{4}\times\dfrac{11}{\underset{4}{12}}=\dfrac{33}{16}=2\dfrac{1}{16}\text{입니다.}$$

21 어떤 수를 □라 하면 □+$4\dfrac{1}{2}=7\dfrac{7}{10}$,

$$\square=7\dfrac{7}{10}-4\dfrac{1}{2}=7\dfrac{7}{10}-4\dfrac{5}{10}=3\overset{1}{\underset{5}{\dfrac{2}{10}}}=3\dfrac{1}{5}\text{입니다.}$$

따라서 바르게 계산하면

$$3\dfrac{1}{5}\times4\dfrac{1}{2}=\dfrac{16}{5}\times\dfrac{9}{\underset{1}{2}}=\dfrac{72}{5}=14\dfrac{2}{5}\text{입니다.}$$

22 예준이가 먹고 남은 쿠키의 양은 전체의 $1-\dfrac{3}{8}=\dfrac{5}{8}$이고 동생이 먹고 남은 쿠키의 양은 전체의

$\dfrac{5}{8}\times\left(1-\dfrac{7}{10}\right)=\dfrac{\overset{1}{5}}{8}\times\dfrac{3}{\underset{2}{10}}=\dfrac{3}{16}$입니다.

23 형에게 주고 남은 연필의 양은 전체의 $1-\dfrac{2}{5}=\dfrac{3}{5}$이고 누나에게 주고 남은 연필의 양은 전체의

$\dfrac{3}{5}\times\left(1-\dfrac{2}{9}\right)=\dfrac{\overset{1}{3}}{5}\times\dfrac{7}{\underset{3}{9}}=\dfrac{7}{15}$입니다.

따라서 솔이에게 남은 연필은 $\overset{4}{60}\times\dfrac{7}{\underset{1}{15}}=28$(자루)입니다.

24 배를 접는 데 사용하고 남은 도화지의 양은 전체의 $1-\dfrac{7}{16}=\dfrac{9}{16}$이고 비행기를 접는 데 사용하고 남은 도화지의 양은 전체의

$\dfrac{9}{16}\times\left(1-\dfrac{5}{12}\right)=\dfrac{\overset{3}{9}}{16}\times\dfrac{7}{\underset{4}{12}}=\dfrac{21}{64}$입니다.

따라서 사용하고 남은 도화지의 넓이는

$\overset{9}{36}\times\overset{2}{32}\times\dfrac{21}{\underset{\underset{1}{16}}{64}}=378\,(\text{cm}^2)$입니다.

수시 평가 대비 Level **1**

1 $4,\ 8,\ 2\dfrac{2}{3}$

2 (1) $20\dfrac{2}{3}$ (2) $1\dfrac{4}{5}$

3 $(12\times1)+\left(\overset{6}{12}\times\dfrac{7}{\underset{5}{10}}\right)=12+\dfrac{42}{5}$

$$=12+8\dfrac{2}{5}=20\dfrac{2}{5}$$

4 ✕ (선 연결)

5 $54\dfrac{2}{3}$

6 ⑤

7 >

8 (위에서부터) $12\dfrac{1}{2}$ / $\dfrac{8}{15}$ / $\dfrac{1}{4},\ 26\dfrac{2}{3}$

9 $\dfrac{1}{22}$

10 $\dfrac{4}{35}$

11 ㉠, ㉢, ㉡

12 $31\dfrac{1}{2}$ cm

13 40 cm   **14** $\dfrac{8}{27}$ m

15 96 km   **16** 8, 7(또는 7, 8) / $\dfrac{1}{56}$

17 $7\dfrac{7}{8}$ **18** 60쪽

19 5개   **20** $7\dfrac{7}{10}$

---

1 $\dfrac{2}{3} \times 4 = \dfrac{2 \times 4}{3} = \dfrac{8}{3} = 2\dfrac{2}{3}$

2 (1) $5\dfrac{1}{6} \times 4 = \dfrac{31}{\underset{3}{6}} \times \overset{2}{4} = \dfrac{62}{3} = 20\dfrac{2}{3}$

   (2) $\overset{3}{6} \times \dfrac{3}{\underset{5}{10}} = \dfrac{9}{5} = 1\dfrac{4}{5}$

3 대분수를 자연수와 진분수의 합으로 바꾸어 계산합니다.

4 • $2\dfrac{2}{7} \times 3\dfrac{1}{4} = \dfrac{16}{7} \times \dfrac{13}{4}$

   • $4\dfrac{1}{7} \times 2\dfrac{3}{4} = \dfrac{29}{7} \times \dfrac{11}{4} = \dfrac{11}{4} \times \dfrac{29}{7}$

5 $3\dfrac{5}{12} \times 16 = \dfrac{41}{\underset{3}{12}} \times \overset{4}{16} = \dfrac{164}{3} = 54\dfrac{2}{3}$

6 ①, ②, ③ 5에 진분수를 곱하면 계산 결과는 5보다 작습니다.
   ④ 5에 1을 곱하면 계산 결과는 5입니다.
   ⑤ 5에 대분수를 곱하면 계산 결과는 5보다 큽니다.

7 $\dfrac{3}{\underset{1}{4}} \times \dfrac{8}{\underset{5}{15}} = \dfrac{2}{5},\ \dfrac{5}{7} \times \dfrac{3}{\underset{2}{10}} = \dfrac{3}{14}$

   ➡ $\dfrac{2}{5}\left(=\dfrac{28}{70}\right) > \dfrac{3}{14}\left(=\dfrac{15}{70}\right)$

8 $\dfrac{5}{\underset{2}{6}} \times \overset{5}{15} = \dfrac{25}{2} = 12\dfrac{1}{2}$

   $\dfrac{3}{10} \times 1\dfrac{7}{9} = \dfrac{\overset{}{3}}{\underset{5}{10}} \times \dfrac{\overset{8}{16}}{\underset{3}{9}} = \dfrac{8}{15}$

   $\dfrac{5}{\underset{2}{6}} \times \dfrac{3}{\underset{2}{10}} = \dfrac{1}{4}$

$15 \times 1\dfrac{7}{9} = \overset{5}{15} \times \dfrac{16}{\underset{3}{9}} = \dfrac{80}{3} = 26\dfrac{2}{3}$

9 단위분수는 분모가 작을수록 큰 수이므로 가장 큰 수는 $\dfrac{1}{2}$ 이고, 가장 작은 수는 $\dfrac{1}{11}$입니다.

   ➡ $\dfrac{1}{2} \times \dfrac{1}{11} = \dfrac{1}{22}$

10 $\dfrac{5}{7} \times \dfrac{8}{\underset{3}{15}} \times \dfrac{3}{\underset{5}{10}} = \dfrac{4}{35}$

11 ㉠ $1\dfrac{5}{6} \times 4 = \dfrac{11}{\underset{3}{6}} \times \overset{2}{4} = \dfrac{22}{3} = 7\dfrac{1}{3}$

   ㉡ $\overset{8}{16} \times \dfrac{3}{\underset{5}{10}} = \dfrac{24}{5} = 4\dfrac{4}{5}$

   ㉢ $1\dfrac{3}{4} \times 3\dfrac{3}{11} = \dfrac{7}{\underset{1}{4}} \times \dfrac{\overset{9}{36}}{11} = \dfrac{63}{11} = 5\dfrac{8}{11}$

   ➡ $7\dfrac{1}{3} > 5\dfrac{8}{11} > 4\dfrac{4}{5}$

12 정육각형은 6개의 변의 길이가 모두 같습니다.

   ➡ (정육각형의 둘레) $= 5\dfrac{1}{4} \times 6 = \dfrac{21}{\underset{2}{4}} \times \overset{3}{6} = \dfrac{63}{2}$

               $= 31\dfrac{1}{2}$ (cm)

13 (튀어 오른 높이) = (공을 떨어뜨린 높이) $\times \dfrac{5}{8}$

            $= \overset{8}{64} \times \dfrac{5}{\underset{1}{8}} = 40$ (cm)

14 색칠한 부분은 전체의 $\dfrac{2}{3}$입니다.

   ➡ (색칠한 부분의 길이) $= \dfrac{4}{9} \times \dfrac{2}{3} = \dfrac{8}{27}$ (m)

15 1시간 20분 $= 1\dfrac{20}{60}$시간 $= 1\dfrac{1}{3}$시간

   (자동차가 달린 거리)

   $= 72 \times 1\dfrac{1}{3} = \overset{24}{72} \times \dfrac{4}{\underset{1}{3}} = 96$ (km)

16 $\dfrac{1}{\square} \times \dfrac{1}{\square}$ 에서 분모에 큰 수가 들어갈수록 계산 결과가 작아집니다.

따라서 2장의 수 카드를 사용하여 계산 결과가 가장 작은 식을 만들려면 수 카드 8과 7을 사용해야 합니다.

➡ $\dfrac{1}{8} \times \dfrac{1}{7} = \dfrac{1}{56}$ 또는 $\dfrac{1}{7} \times \dfrac{1}{8} = \dfrac{1}{56}$

17 어떤 수를 $\square$라고 하면 $\square + 3\dfrac{1}{2} = 5\dfrac{3}{4}$,

$\square = 5\dfrac{3}{4} - 3\dfrac{1}{2} = 5\dfrac{3}{4} - 3\dfrac{2}{4} = 2\dfrac{1}{4}$ 입니다.

따라서 바르게 계산하면

$2\dfrac{1}{4} \times 3\dfrac{1}{2} = \dfrac{9}{4} \times \dfrac{7}{2} = \dfrac{63}{8} = 7\dfrac{7}{8}$ 입니다.

18 남은 동화책의 쪽수는 전체의

$\left(1 - \dfrac{4}{9}\right) \times \left(1 - \dfrac{2}{5}\right) = \dfrac{\overset{1}{\cancel{5}}}{\underset{3}{\cancel{9}}} \times \dfrac{\overset{1}{\cancel{3}}}{\underset{1}{\cancel{5}}} = \dfrac{1}{3}$ 입니다.

따라서 $\overset{60}{\cancel{180}} \times \dfrac{1}{\underset{1}{\cancel{3}}} = 60$(쪽)을 더 읽어야 합니다.

19 ⓐ $\dfrac{7}{\underset{4}{\cancel{24}}} \times \overset{3}{\cancel{18}} = \dfrac{21}{4} = 5\dfrac{1}{4}$ 에서 $5\dfrac{1}{4} > \square$ 입니다.

따라서 $\square$ 안에 들어갈 수 있는 자연수는 1, 2, 3, 4, 5로 모두 5개입니다.

평가 기준	배점
곱셈식을 계산했나요?	3점
$\square$ 안에 들어갈 수 있는 자연수의 개수를 구했나요?	2점

20 ⓐ 만들 수 있는 가장 큰 대분수는 $5\dfrac{1}{2}$이고, 가장 작은 대분수는 $1\dfrac{2}{5}$입니다.

따라서 두 대분수의 곱은

$5\dfrac{1}{2} \times 1\dfrac{2}{5} = \dfrac{11}{2} \times \dfrac{7}{5} = \dfrac{77}{10} = 7\dfrac{7}{10}$ 입니다.

평가 기준	배점
가장 큰 대분수와 가장 작은 대분수를 각각 구했나요?	2점
가장 큰 대분수와 가장 작은 대분수의 곱을 구했나요?	3점

---

1 2, 2, 2, 2, 4, 8, 2, 2

2 (1) $\dfrac{1}{16}$ (2) $\dfrac{5}{36}$ (3) $\dfrac{4}{5}$ (4) $\dfrac{3}{7}$

3 $\dfrac{\overset{2}{\cancel{4}} \times \overset{1}{\cancel{3}} \times \overset{1}{\cancel{5}}}{\underset{1}{\cancel{5}} \times \underset{5}{\cancel{10}} \times \underset{3}{\cancel{9}}} = \dfrac{2}{15}$ **4** $<$

5 ㉢   **6** $10\dfrac{3}{4}$ / $16\dfrac{1}{2}$

7 $2\dfrac{13}{16}$ **8** ⓐ $\dfrac{\overset{3}{\cancel{18}}}{5} \times \dfrac{7}{\underset{1}{\cancel{6}}} = \dfrac{21}{5} = 4\dfrac{1}{5}$

9 ㉣   **10** ㉡

11 $34\dfrac{1}{2}$ **12** $9\dfrac{1}{2}$ L

13 ㉠, ㉢, ㉡   **14** 1

15 $\dfrac{3}{28}$ m   **16** $5\dfrac{1}{16}$ kg

17 5개   **18** 20 km

19 $14\dfrac{11}{15}$ **20** $4\dfrac{3}{4}$ m²

4 곱하는 수가 1보다 크면 곱한 결과가 커지고, 1과 같으면 곱한 결과가 변하지 않고, 1보다 작으면 곱한 결과가 작아집니다.

5 $\dfrac{2}{7} \times 4 = \underbrace{\dfrac{2}{7} + \dfrac{2}{7} + \dfrac{2}{7} + \dfrac{2}{7}}_{㉠} = \underbrace{\dfrac{2 \times 4}{7}}_{㉡} = \dfrac{8}{7} = 1\underbrace{\dfrac{1}{7}}_{㉣}$

6 $5\dfrac{3}{8} \times 2 = \dfrac{43}{\underset{4}{\cancel{8}}} \times \overset{1}{\cancel{2}} = \dfrac{43}{4} = 10\dfrac{3}{4}$

$7 \times 2\dfrac{5}{14} = \overset{1}{\cancel{7}} \times \dfrac{33}{\underset{2}{\cancel{14}}} = \dfrac{33}{2} = 16\dfrac{1}{2}$

7 $1\dfrac{2}{7} \times 5\dfrac{1}{4} \times \dfrac{5}{12} = \dfrac{\overset{3}{\cancel{9}}}{\underset{1}{\cancel{7}}} \times \dfrac{\overset{3}{\cancel{21}}}{4} \times \dfrac{5}{\underset{4}{\cancel{12}}} = \dfrac{45}{16} = 2\dfrac{13}{16}$

8 (대분수) × (대분수)를 계산할 때에는 대분수를 가분수로 바꾸어 약분해야 합니다.

9 ㉠ $\dfrac{1}{2} \times \dfrac{1}{18} = \dfrac{1}{36}$ ㉡ $\dfrac{1}{3} \times \dfrac{1}{12} = \dfrac{1}{36}$

㉢ $\dfrac{1}{4} \times \dfrac{1}{9} = \dfrac{1}{36}$ ㉣ $\dfrac{1}{5} \times \dfrac{1}{7} = \dfrac{1}{35}$

10 ㉠ $1\dfrac{4}{7} \times 1\dfrac{3}{11} = \dfrac{\overset{1}{\cancel{11}}}{7} \times \dfrac{\overset{2}{\cancel{14}}}{11} = 2$

㉡ $1\dfrac{1}{2} \times 2\dfrac{2}{9} = \dfrac{3}{\underset{1}{\cancel{2}}} \times \dfrac{\overset{10}{\cancel{20}}}{\underset{3}{\cancel{9}}} = \dfrac{10}{3} = 3\dfrac{1}{3}$

11 가장 큰 수: 15, 가장 작은 수: $2\dfrac{3}{10}$

➡ $15 \times 2\dfrac{3}{10} = \overset{3}{\cancel{15}} \times \dfrac{23}{\underset{2}{\cancel{10}}} = \dfrac{69}{2} = 34\dfrac{1}{2}$

12 (현서가 일주일 동안 마신 물의 양)

$= 1\dfrac{5}{14} \times 7 = \dfrac{19}{\underset{2}{\cancel{14}}} \times \cancel{7} = \dfrac{19}{2} = 9\dfrac{1}{2}$ (L)

13 ㉠ $8 \times 2\dfrac{3}{4} = \overset{2}{\cancel{8}} \times \dfrac{11}{\underset{1}{\cancel{4}}} = 22$

㉡ $8 \times \dfrac{1}{7} = \dfrac{8}{7} = 1\dfrac{1}{7}$

㉢ $8 \times 1 = 8$

➡ $22 > 8 > 1\dfrac{1}{7}$ ➡ ㉠ > ㉢ > ㉡

다른 풀이

곱하는 수가 1보다 크면 곱한 결과가 커지고, 1과 같으면 곱한 결과가 변하지 않고, 1보다 작으면 곱한 결과가 작아집니다.

14 ㉠ 18의 $\dfrac{1}{10}$ ➡ $\overset{9}{\cancel{18}} \times \dfrac{1}{\underset{5}{\cancel{10}}} = \dfrac{9}{5} = 1\dfrac{4}{5}$

㉡ 21의 $\dfrac{2}{15}$ ➡ $\overset{7}{\cancel{21}} \times \dfrac{2}{\underset{5}{\cancel{15}}} = \dfrac{14}{5} = 2\dfrac{4}{5}$

➡ ㉡ − ㉠ $= 2\dfrac{4}{5} - 1\dfrac{4}{5} = 1$

15 전체를 똑같이 7도막으로 나눈 것 중의 한 도막은 전체의 $\dfrac{1}{7}$입니다.

(자른 색 테이프 한 도막의 길이) $= \dfrac{3}{4} \times \dfrac{1}{7} = \dfrac{3}{28}$ (m)

16 (고양이의 무게) $= 3\dfrac{3}{8} \times 1\dfrac{2}{3} \times \dfrac{9}{10}$

$= \dfrac{27}{8} \times \dfrac{\overset{5}{\cancel{5}}}{\underset{1}{\cancel{3}}} \times \dfrac{9}{\underset{2}{\cancel{10}}}$

$= \dfrac{81}{16} = 5\dfrac{1}{16}$ (kg)

17 $\dfrac{1}{3} \times \dfrac{1}{\square} = \dfrac{1}{3 \times \square}$ 이므로 $\dfrac{1}{3 \times \square} > \dfrac{1}{18}$ 에서

$3 \times \square < 18$ 입니다.

따라서 $\square$ 안에 들어갈 수 있는 자연수는 1, 2, 3, 4, 5로 모두 5개입니다.

18 1시간 40분 $= 1\dfrac{40}{60}$ 시간 $= 1\dfrac{2}{3}$ 시간

(정수가 자전거를 타고 달린 거리)

$= 12 \times 1\dfrac{2}{3} = \overset{4}{\cancel{12}} \times \dfrac{5}{\underset{1}{\cancel{3}}} = 20$ (km)

19 (예) 만들 수 있는 가장 큰 대분수는 $5\dfrac{2}{3}$ 이고, 가장 작은 대분수는 $2\dfrac{3}{5}$ 입니다.

따라서 $5\dfrac{2}{3} \times 2\dfrac{3}{5} = \dfrac{17}{3} \times \dfrac{13}{5} = \dfrac{221}{15} = 14\dfrac{11}{15}$ 입니다.

평가 기준	배점
가장 큰 대분수와 가장 작은 대분수를 각각 바르게 구했나요?	2점
두 분수의 곱을 바르게 구했나요?	3점

20 (예) 양파를 심고 남은 밭은 전체의 $1 - \dfrac{3}{4} = \dfrac{1}{4}$ 입니다.

➡ (당근을 심은 밭의 넓이)

$= 31\dfrac{2}{3} \times \dfrac{1}{4} \times \dfrac{3}{5} = \dfrac{95}{\underset{1}{\cancel{3}}} \times \dfrac{1}{4} \times \dfrac{\overset{1}{\cancel{3}}}{5}$

$= \dfrac{19}{4} = 4\dfrac{3}{4}$ (m²)

평가 기준	배점
양파를 심고 남은 밭은 전체의 얼마인지 분수로 나타냈나요?	2점
당근을 심은 밭의 넓이를 바르게 구했나요?	3점

3 합동과 대칭

합동과 대칭은 자연물뿐 아니라 일상생활에서 쉽게 접할 수 있는 주제이고, 수학 교과의 내용 외적으로 예술적, 조형적 아름다움과 밀접한 관련이 있습니다. 합동과 대칭의 학습을 통해 생활용품, 광고, 건축 디자인 등 다양한 실생활 장면에서 수학의 유용성을 확인할 수 있으며 자연 환경과 예술 작품에 대한 미적 감각과 예술적 소양을 기를 수 있습니다. 이 단원에서 학습하는 도형의 합동은 도형의 대칭을 이해하기 위한 선수 학습 요소이며, 도형의 대칭은 이후 직육면체, 각기둥과 각뿔을 배우는 데 기본이 되는 학습 요소이므로 학생들이 합동과 대칭의 개념과 원리에 대한 정확한 이해를 바탕으로 도형에 대한 기본 개념과 공간 감각이 잘 형성될 수 있도록 지도해야 합니다.

STEP 1 교과개념 1. 도형의 합동, 합동인 도형의 성질 67쪽

1 사

2 ① ㅁ, ㅂ ② ㅁㅂ, ㅂㄹ ③ ㅁㅂㄹ, ㅂㄹㅁ

3 ① 7 cm ② 65°

1 도형 가와 모양과 크기가 같은 도형은 도형 사입니다.

3 ① 변 ㅇㅅ의 대응변은 변 ㄱㄴ입니다.
　　➡ (변 ㅇㅅ)=(변 ㄱㄴ)=7 cm
　　② 각 ㅇㅅㅂ의 대응각은 각 ㄱㄴㄷ입니다.
　　➡ (각 ㅇㅅㅂ)=(각 ㄱㄴㄷ)=65°

STEP 1 교과개념 2. 선대칭도형과 그 성질 69쪽

1 (　　) (　　) (　　) (○)

2 ①②

3 ① ㅂ, ㅁ ② ㄱㅂ, ㅂㅁ, ㅁㄹ ③ ㄱㅂㅁ, ㅂㅁㄹ

4 ① 5 ② 85

1

2 한 직선을 따라 접었을 때 완전히 겹치는 도형을 선대칭도형이라고 합니다. 이때 그 직선을 대칭축이라고 합니다.

3 대칭축을 따라 접었을 때 겹치는 점을 대응점, 겹치는 변을 대응변, 겹치는 각을 대응각이라고 합니다.

STEP 1 교과개념 3. 점대칭도형과 그 성질 71쪽

1 (○) (　　) (　　) (○)

2 ①②

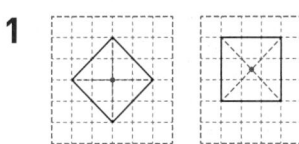

3 ① ㄹ, ㅁ, ㅂ ② ㄹㅁ, ㅁㅂ, ㅂㄱ ③ ㅁㅂㄱ, ㅂㄱㄴ

4 (왼쪽에서부터) 8, 110

1

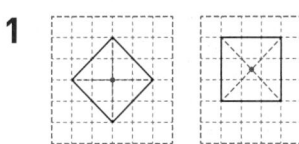

2 각각의 대응점을 선분으로 이어 만나는 점을 찾습니다.
①②

4 점대칭도형에서 대응변의 길이와 대응각의 크기는 각각 같습니다.

STEP 2 꼭 나오는 유형 72~79쪽

1 바, 나 　　**2** 나

3 가 　　**4** ㉡, ㉢

5 예

6 2쌍

7 나와 라

8 예
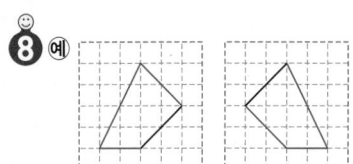

9 ㄹ　　　　　　　　（준비）(1) ㄴ, ㄹ　(2) ㄷ, ㄹ

10 ㄷ, ㄹ　　　　　**11** 8쌍

12 (1) 변 ㅇㅅ　(2) 각 ㅇㅁㅂ

13 4쌍 / 4쌍 / 4쌍

14 예
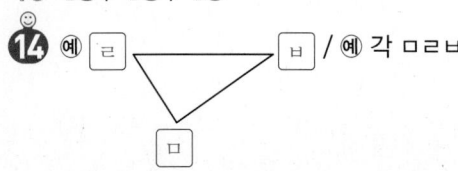
/ 예 각 ㅁㄹㅂ

15 변 ㄹㄷ

16 (왼쪽에서부터) 9, 105

17 (1) 7 cm　(2) 125°　**18** 14 cm

19 40°　　　　　　　**20** 130°

21 23 cm　　　　　**22** 28 cm²

（준비）30　　　　　　**23** 30°

24 94 m　　　　　　**25** 나, 다, 라, 바

26

대응변		대응각	
변 ㄱㄴ	변 ㄱㅁ	각 ㄱㅁㄹ	각 ㄱㄴㄷ
변 ㅁㄹ	변 ㄴㄷ	각 ㄴㄷㄹ	각 ㅁㄹㄷ

27

대응변		대응각	
변 ㄱㅁ	변 ㄴㄷ	각 ㄱㄴㄷ	각 ㄴㄱㅁ
변 ㅁㄹ	변 ㄷㄹ	각 ㄱㅁㄹ	각 ㄴㄷㄹ

28 (1) ◗ / 1　(2) ✦ / 5

29 ㉠, ㉣　　　　　　**30** 3개

31 (왼쪽에서부터) 95, 8

32 (1) 90°　(2) 선분 ㅁㅈ　**33** 16 cm

34

35 75°

36 예
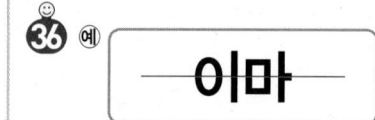

37 나, 다, 라

38 (1) 점 ㅁ　(2) 변 ㅁㅂ　(3) 각 ㄴㄱㅂ

39 (1)

(2)

40 ㄹ, ㅍ에 ○표　　　**41** ㉢

42 ㉠, ㉡　　　　　　**43** 지아

44 (왼쪽에서부터) 50, 15

45 58 cm　　　　　　**46** 24 cm

47 8 cm

（준비）

48 (1)

(2)
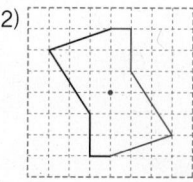

49 예　　　　　　　**50** 92°

1 포개었을 때 완전히 겹치는 도형은 가와 바, 나와 아입니다.

2 예 모양과 크기가 같아서 포개었을 때 완전히 겹치는 모양의 타일은 가와 다입니다. 따라서 바꾸어 붙일 수 있는 타일이 아닌 것은 나입니다.

평가 기준
깨진 타일과 합동인 타일을 찾았나요?
바꾸어 붙일 수 있는 타일이 아닌 것의 기호를 썼나요?

3 점선을 따라 잘랐을 때 잘린 두 도형이 서로 합동이 되는 점선은 가입니다.

4 점선을 따라 잘랐을 때 잘린 두 도형이 서로 합동이 되는 것은 ㉡, ㉢입니다.

5 왼쪽 도형의 꼭짓점과 같은 위치에 점을 찍고 그 점들을 차례로 이어 합동인 도형을 그립니다.

6

직사각형을 점선을 따라 자른 후 포개었을 때 완전히 겹치는 도형은 가와 다, 나와 라로 2쌍입니다.

7 두 표지판을 포개었을 때 완전히 겹치는 것은 나와 라입니다.

😊 내가 만드는 문제
8 포개었을 때 완전히 겹치도록 나머지 부분을 완성합니다.

9

위와 같이 넓이는 같지만 합동이 아닌 평행사변형이 있습니다.

10

잘린 네 도형이 서로 합동

11 삼각형 1개로 이루어진 서로 합동인 삼각형은 (㉠, ㉡), (㉠, ㉢), (㉠, ㉣), (㉡, ㉢), (㉡, ㉣), (㉢, ㉣)로 6쌍입니다.
삼각형 2개로 이루어진 서로 합동인 삼각형은 (㉠+㉡, ㉢+㉣), (㉠+㉢, ㉡+㉣)로 2쌍입니다.
따라서 서로 합동인 삼각형은 모두 6+2=8(쌍)입니다.

13 서로 합동인 두 사각형의 대응점, 대응변, 대응각은 각각 4쌍 있습니다.

16 • 변 ㄴㄷ의 대응변은 변 ㅂㄹ이므로
(변 ㄴㄷ)=(변 ㅂㄹ)=9 cm입니다.
• 각 ㅁㅂㄹ의 대응각은 각 ㄱㄴㄷ이므로
(각 ㅁㅂㄹ)=(각 ㄱㄴㄷ)=105°입니다.

17 (1) 변 ㅅㅇ의 대응변은 변 ㄴㄱ이므로
(변 ㅅㅇ)=(변 ㄴㄱ)=7 cm입니다.

(2) 각 ㄴㄱㄹ의 대응각은 각 ㅅㅇㅁ이므로
(각 ㄴㄱㄹ)=(각 ㅅㅇㅁ)=125°입니다.

18 변 ㄷㄹ의 대응변은 변 ㄱㄴ이므로
(변 ㄷㄹ)=(변 ㄱㄴ)=8 cm입니다.
➡ (선분 ㄴㄹ)=(변 ㄴㄷ)+(변 ㄷㄹ)
=6+8=14 (cm)

19 각 ㅁㄹㅂ의 대응각은 각 ㄷㄱㄴ이므로
(각 ㅁㄹㅂ)=(각 ㄷㄱㄴ)=60°입니다.
➡ (각 ㄹㅂㅁ)=180°-60°-80°=40°

20 각 ㅇㅁㅂ의 대응각은 각 ㄹㄱㄴ이므로
(각 ㅇㅁㅂ)=(각 ㄹㄱㄴ)=100°이고 각 ㅁㅂㅅ의 대응각은 각 ㄱㄴㄷ이므로 (각 ㅁㅂㅅ)=(각 ㄱㄴㄷ)=80°입니다.
사각형의 네 각의 크기의 합은 360°이므로
(각 ㅁㅇㅅ)=360°-100°-80°-50°=130°입니다.

21 변 ㄹㅁ의 대응변은 변 ㄱㄷ이므로
(변 ㄹㅁ)=(변 ㄱㄷ)=10 cm이고 변 ㄹㅂ의 대응변은 변 ㄱㄴ이므로 (변 ㄹㅂ)=(변 ㄱㄴ)=5 cm입니다.
➡ (삼각형 ㄹㅁㅂ의 둘레)=10+8+5=23 (cm)

22 변 ㄴㄷ의 대응변은 변 ㅂㅅ이므로
(변 ㄴㄷ)=(변 ㅂㅅ)=4 cm입니다.
➡ (직사각형 ㄱㄴㄷㄹ의 넓이)=4×7=28 (cm²)

준비 이등변삼각형은 두 각의 크기가 같고 삼각형의 세 각의 크기의 합은 180°이므로 두 각의 크기의 합은
180°-120°=60°입니다.
➡ □=60÷2=30

23 이등변삼각형이므로 (각 ㄱㄴㄷ)=(각 ㄱㄷㄴ)=75°이고
(각 ㄴㄱㄷ)=180°-75°-75°=30°입니다.
각 ㄹㅁㅂ의 대응각은 각 ㄷㄱㄴ이므로
(각 ㄹㅁㅂ)=(각 ㄷㄱㄴ)=30°입니다.

24 예 삼각형 ㅁㄱㄴ과 삼각형 ㄷㄹㅁ이 서로 합동이므로
(변 ㄱㄴ)=(변 ㄹㅁ)=25 m,
(변 ㄷㄹ)=(변 ㅁㄱ)=7 m입니다.
따라서 울타리를 쳐야 하는 길이는
25+30+7+25+7=94 (m)입니다.

평가 기준
변 ㄱㄴ과 변 ㄷㄹ의 길이를 각각 구했나요?
울타리를 몇 m 쳐야 하는지 구했나요?

25 한 직선을 따라 접었을 때 완전히 겹치는 도형을 찾습니다.

26 직선 가를 따라 접었을 때 겹치는 변과 각을 각각 찾습니다.

27 직선 나를 따라 접었을 때 겹치는 변과 각을 각각 찾습니다.

28 한 직선을 따라 접었을 때 도형을 완전히 겹치게 하는 직선을 모두 긋습니다.

29

따라서 선대칭도형은 ㉠, ㉣입니다.

30 ㉘ 선대칭도형은 한 직선을 따라 접었을 때 완전히 겹칩니다.
따라서 선대칭도형인 알파벳은 A, H, Y로 모두 3개입니다.

평가 기준
선대칭도형의 특징을 알고 있나요?
선대칭도형인 알파벳은 모두 몇 개인지 구했나요?

31 선대칭도형에서 각각의 대응변의 길이가 서로 같고, 각각의 대응각의 크기가 서로 같습니다.

32 (1) 선대칭도형에서 대응점끼리 이은 선분은 대칭축과 수직으로 만납니다.
(2) 선대칭도형에서 대칭축은 대응점끼리 이은 선분을 둘로 똑같이 나눕니다.

33 선대칭도형에서 대칭축은 대응점끼리 이은 선분을 둘로 똑같이 나누므로 (선분 ㅅㅁ)$=8\times2=16$ (cm)입니다.

34 각 점에서 대칭축에 수선을 그은 후 대칭축으로부터 같은 거리에 있는 대응점을 표시한 후 그 점들을 차례로 이어 선대칭도형을 완성합니다.

35 ㉘ (각 ㄱㄷㄹ)=(각 ㄱㄷㄴ)=45°이므로
(각 ㄱㄹㄷ)$=180°-60°-45°=75°$입니다.

평가 기준
각 ㄱㄷㄹ의 크기를 구했나요?
각 ㄱㄹㄷ의 크기를 구했나요?

☺ 내가 만드는 문제
36 주어진 선을 따라 접었을 때 완전히 겹치는 단어를 씁니다.

37 어떤 점을 중심으로 180° 돌렸을 때 처음 도형과 완전히 겹치는 도형을 찾습니다.

39 대응점끼리 선분으로 잇고, 선분이 만나는 점을 점 ㅇ으로 표시합니다.

40 어떤 점을 중심으로 180° 돌렸을 때 처음 글자와 완전히 겹치는 글자는 ㄹ, ㅍ입니다.

41 ㉤은 선대칭도형입니다.

42 ㉠ ▱ ㉡ ▩ ㉢ △ ㉣ ▱

따라서 점대칭도형은 ㉠, ㉡입니다.

43 ㉘ 지아가 고른 카드 중 점대칭도형인 숫자는 2, 8로 2개입니다.
정우가 고른 카드 중 점대칭도형인 숫자는 5로 1개입니다.
따라서 점대칭도형인 숫자가 더 많은 사람은 지아입니다.

평가 기준
두 사람이 고른 카드 중 점대칭도형인 숫자를 각각 찾았나요?
점대칭도형인 숫자가 더 많은 사람은 누구인지 찾았나요?

44 점대칭도형에서 각각의 대응변의 길이가 같고, 각각의 대응각의 크기가 같습니다.

45 점대칭도형에서 대응변의 길이는 서로 같으므로
(변 ㄱㄴ)=(변 ㄹㅁ)$=11$ cm,
(변 ㄷㄹ)=(변 ㅂㄱ)$=10$ cm,
(변 ㅂㅁ)=(변 ㄷㄴ)$=8$ cm입니다.
(점대칭도형의 둘레)
$=11+8+10+11+8+10=58$ (cm)

46 점대칭도형에서 대칭의 중심은 대응점끼리 이은 선분을 둘로 똑같이 나누므로 (선분 ㄱㄹ)$=12\times2=24$ (cm)입니다.

47 점대칭도형에서 대칭의 중심은 대응점끼리 이은 선분을 둘로 똑같이 나누므로
(선분 ㅇㄹ)=(선분 ㅇㄱ)$=16\div2=8$ (cm)입니다.

준비 도형을 시계 방향으로 180°만큼 돌리면 도형의 위쪽 부분이 아래쪽으로 이동합니다.

48 각 점의 대응점을 찾고 그 점들을 차례로 이어 점대칭도형을 완성합니다.

😊 내가 만드는 문제

49 도형의 일부분을 그린 다음 대응점을 찾아 표시하고 대응점을 모두 이어 점대칭도형을 그립니다.

50 ⒆ 점대칭도형에서 각각의 대응각의 크기가 서로 같으므로 (각 ㄴㄷㄹ)=(각 ㅁㅂㄱ)=126°입니다.
사각형의 네 각의 크기의 합은 360°이므로
(각 ㄴㄱㄹ)=360°−90°−126°−52°=92°입니다.

평가 기준
각 ㄴㄷㄹ의 크기를 구했나요?
각 ㄴㄱㄹ의 크기를 구했나요?

S T E P
3 자주 틀리는 유형
80~82쪽

1 ⒆

2 ⒆   **3** ⒆

4 80°   **5** 90°

6 115°   **7** 4개

8 2개   **9** 라, 가, 다, 나

10 20°   **11** 65°

12 135°   **13** 나

14 H, X에 ○표   **15** 2개

16 16 cm   **17** 8 cm

18 8 cm

---

1 다음과 같이 여러 가지 방법으로 자를 수도 있습니다.

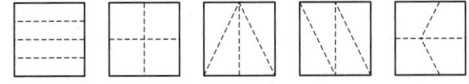

2 오른쪽과 같이 자를 수도 있습니다.

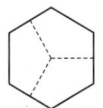

3 오른쪽과 같이 자를 수도 있습니다.

4 (각 ㄴㄷㄹ)=(각 ㄷㄱㄴ)=60°이므로
(각 ㄴㄷㄹ)=180°−40°−60°=80°입니다.

5 (각 ㄱㄷㄴ)=180°−55°−90°=35°
(각 ㅁㄷㄹ)=(각 ㄷㄱㄴ)=55°
➡ (각 ㄱㄷㅁ)=180°−35°−55°=90°

6 (각 ㅂㄷㅁ)=(각 ㄹㄱㅁ)=25°
(각 ㄷㅂㅁ)=180°−25°−90°=65°
➡ (각 ㄴㅂㄱ)=180°−65°=115°

7 가   나

2개   6개

따라서 대칭축의 수의 차는 6−2=4(개)입니다.

8 ㅌ : 1개, ㅈ : 1개

따라서 대칭축의 수의 합은 1+1=2(개)입니다.

9 가   나   다   라

3개   1개   2개   5개

10 (각 ㄱㄴㄹ)=(각 ㄷㄴㄹ)=125°이므로
(각 ㄴㄱㄹ)=180°−125°−35°=20°입니다.

11 (각 ㄹㄱㄴ)=(각 ㄹㄷㄴ)이므로
(각 ㄹㄱㄴ)=(180°−50°)÷2=65°입니다.

12 (각 ㄴㄷㅂ)=180°−80°=100°, (각 ㄷㅂㄱ)=90°,
(각 ㄴㄱㅂ)=(각 ㅁㄱㅂ)=35°이므로
(각 ㄱㄴㄷ)=360°−35°−100°−90°=135°입니다.

13 선대칭도형: 나, 다
점대칭도형: 가, 나
➡ 선대칭도형이면서 점대칭도형인 것: 나

정답과 풀이 **27**

14 선대칭도형: **A, B, H, X**
   점대칭도형: **H, S, X**
   ➡ 선대칭도형이면서 점대칭도형인 알파벳: **H, X**

15 선대칭도형: 가, 나, 바
   점대칭도형: 나, 라, 바
   따라서 선대칭도형이면서 점대칭도형인 것은 나, 바로 모두 2개입니다.

16 (선분 ㄴㅇ)=(선분 ㅁㅇ)=5 cm
   ➡ (선분 ㄴㅁ)=10 cm
   (변 ㄷㄴ)=(변 ㅂㅁ)=6 cm
   (선분 ㄷㅁ)=(변 ㄷㄴ)+(선분 ㄴㅁ)
      =6+10=16 (cm)

17 (선분 ㄱㅇ)=(선분 ㄹㅇ)=30÷2=15 (cm)
   (변 ㄱㅂ)=(변 ㄹㄷ)=7 cm
   ➡ (선분 ㅂㅇ)=15−7=8 (cm)

18 (선분 ㄴㄹ)=11×2=22 (cm)
   두 대각선의 길이의 합이 38 cm이므로
   (선분 ㄱㄷ)=38−22=16 (cm)입니다.
   ➡ (선분 ㄷㅇ)=16÷2=8 (cm)

STEP **4** 최상위 도전 유형		83~86쪽
1 5 cm	**2** 8 cm	**3** 11 cm
4 96 cm²	**5** 36 cm²	**6** 54 cm²
7 50°	**8** 65°	**9** 10°
10 512 cm²	**11** 288 cm²	**12** 54 cm²
13 36 cm	**14** 40 cm	**15** 9 cm
16 200 cm²	**17** 4 cm	**18** 864 cm²
19 38 cm	**20** 40 cm	**21** 30 cm
22 126 cm²	**23** 313 cm²	

1 변 ㄹㅂ의 대응변은 변 ㄱㄴ이고, 이등변삼각형이므로
   (변 ㄹㅂ)=(변 ㅁㅂ)=(변 ㄱㄴ)=7 cm입니다.
   삼각형 ㄹㅁㅂ의 둘레도 19 cm이므로
   (변 ㄹㅁ)=19−7−7=5 (cm)입니다.

2 변 ㅁㅇ의 대응변은 변 ㄹㄷ이므로
   (변 ㅁㅇ)=(변 ㄹㄷ)=9 cm입니다.
   사각형 ㅁㅂㅅㅇ의 둘레도 28 cm이므로
   (변 ㅁㅂ)=28−6−5−9=8 (cm)입니다.

3 변 ㄱㄴ의 대응변은 변 ㄹㄷ이므로
   (변 ㄱㄴ)=(변 ㄹㄷ)=4 cm입니다.
   삼각형 ㄱㄴㄷ의 둘레가 24 cm이므로
   (변 ㄴㄷ)=24−4−9=11 (cm)입니다.

4 (변 ㄷㅁ)=(변 ㄱㄴ)=12 cm
   (변 ㄴㄷ)=20−12=8 (cm)
   ➡ (직사각형 ㄱㄴㄷㄹ의 넓이)=8×12=96 (cm²)

5 (변 ㄱㄴ)=(변 ㄱㅇ)=(변 ㄷㄹ)=6 cm이므로
   사각형 ㄱㄴㅁㅇ은 한 변의 길이가 6 cm인 정사각형입니다.
   ➡ (사각형 ㄱㄴㅁㅇ의 넓이)=6×6=36 (cm²)

6 (변 ㅁㄷ)=(변 ㄴㄷ)=12 cm이므로
   (변 ㄱㄷ)=12−3=9 (cm)입니다.
   ➡ (삼각형 ㄹㅁㄷ의 넓이)
      =(삼각형 ㄱㄴㄷ의 넓이)
      =12×9÷2=54 (cm²)

7

   종이가 접힌 부분과 접기 전의 부분은 서로 합동이므로
   ㉡=65°입니다.
   ➡ ㉠=180°−65°−65°=50°

8 삼각형 ㄱㄹㅂ과 삼각형 ㅁㄹㅂ은 서로 합동이므로
   (각 ㄱㄹㅂ)=(각 ㅁㄹㅂ)입니다.
   (각 ㄱㄹㅂ)=(180°−30°)÷2=75°
   ➡ (각 ㄱㅂㄹ)=180°−40°−75°=65°

9 삼각형 ㄱㅂㄹ과 삼각형 ㅁㅂㄹ은 서로 합동이므로
   (각 ㅂㄹㅁ)=(각 ㅂㄹㄱ)=25°입니다.
   ㉠=90°−25°−25°=40°
   (각 ㄱㅂㄹ)=(각 ㅁㅂㄹ)=180°−90°−25°=65°이므로 ㉡=180°−65°−65°=50°입니다.
   ➡ ㉡−㉠=50°−40°=10°

10 삼각형 ㄱㄴㅁ과 삼각형 ㄷㅂㅁ은 서로 합동이므로
(변 ㄱㄴ)=(변 ㄷㅂ)=16 cm,
(변 ㄴㅁ)=(변 ㅂㅁ)=12 cm에서
(변 ㄴㄷ)=(변 ㄴㅁ)+(변 ㅁㄷ)=12+20=32 (cm)
입니다.
➡ (직사각형 ㄱㄴㄷㄹ의 넓이)=32×16=512 (cm²)

11 삼각형 ㄱㄴㅁ과 삼각형 ㄷㅂㅁ은 서로 합동이므로
(변 ㄱㄴ)=(변 ㄷㅂ)=12 cm,
(변 ㄴㅁ)=(변 ㅂㅁ)=9 cm에서
(변 ㄴㄷ)=(변 ㄴㅁ)+(변 ㅁㄷ)=9+15=24 (cm)
입니다.
➡ (직사각형 ㄱㄴㄷㄹ의 넓이)=24×12=288 (cm²)

12 삼각형 ㄱㄴㅁ과 삼각형 ㅂㄹㅁ은 서로 합동이므로
(변 ㄱㄴ)=(변 ㅂㄹ)=6 cm,
(변 ㄱㅁ)=(변 ㅂㅁ)=8 cm에서
(변 ㄱㄹ)=(변 ㄱㅁ)+(변 ㅁㄹ)=8+10=18 (cm)
입니다.
➡ (삼각형 ㄱㄴㄹ의 넓이)=18×6÷2=54 (cm²)

13 (변 ㄱㅁ)=(변 ㄹㅁ)=5 cm,
(변 ㄹㄷ)=(변 ㄱㄴ)=9 cm,
(선분 ㄴㅂ)=(선분 ㄷㅂ)=4 cm
➡ (선대칭도형의 둘레)=(5+9+4)×2=36 (cm)

14 평행사변형은 마주 보는 두 쌍의 변의 길이가 서로 같으므로
(변 ㄱㅁ)=(변 ㄴㅂ)=(변 ㄹㅁ)=(변 ㄷㅂ)=7 cm,
(변 ㄹㄷ)=(변 ㅁㅂ)=(변 ㄱㄴ)=6 cm입니다.
➡ (선대칭도형의 둘레)=(7+6+7)×2=40 (cm)

15 (변 ㅁㄹ)=(변 ㄱㄴ)=12 cm,
(변 ㄴㄷ)=(변 ㄹㄷ)=20 cm,
(선분 ㅂㅁ)=(선분 ㅂㄱ)이므로
(선분 ㅂㅁ)=(82-12-20-20-12)÷2=9 (cm)
입니다.

16

(주어진 도형의 넓이)=(7+13)×10÷2=100 (cm²)
➡ (선대칭도형의 넓이)=100×2=200 (cm²)

17 (삼각형 ㄱㄴㄷ의 넓이)
=(변 ㄴㄷ)×9÷2=36 (cm²)이므로
(변 ㄴㄷ)=36×2÷9=8 (cm)입니다.
➡ (선분 ㄴㄹ)=(선분 ㄷㄹ)=8÷2=4 (cm)

18 (선분 ㄱㅁ)=(선분 ㄴㅂ)=(선분 ㄷㅂ)
=24÷2=12 (cm)이므로
(변 ㄱㄴ)=(96-12-12)÷2=36 (cm)입니다.
➡ (직사각형 ㄱㄴㄷㄹ의 넓이)=24×36=864 (cm²)

19

(점대칭도형의 둘레)=(6+9+4)×2=38 (cm)

20

(점대칭도형의 둘레)=(5+12+3)×2=40 (cm)

21 (변 ㄹㅁ)=(변 ㄱㄴ)=24 cm,
(변 ㄱㅂ)=(변 ㄹㄷ)=9 cm입니다.
➡ (변 ㄴㄷ)=(변 ㅁㅂ)
=(126-24-9-24-9)÷2=30 (cm)

22

점대칭도형의 넓이는 직사각형의 넓이의 2배입니다.
➡ (점대칭도형의 넓이)=(7×9)×2=126 (cm²)

23

한 변의 길이가 13 cm인 정사각형 2개의 넓이의 합에서 한 변의 길이가 5 cm인 정사각형의 넓이를 뺍니다.
➡ (점대칭도형의 넓이)=(13×13)×2-5×5
=338-25=313 (cm²)

수시 평가 대비 Level ❶

1 가와 바, 다와 마
2 점 ㅂ, 변 ㄹㅂ, 각 ㄱㄴㄷ
3 가, 다, 라, 바
4 가, 나, 라
5 6개
6
7
8 26 cm
9 70°
10 56 cm²
11 ③
12 O, X
13 6 cm
14
15 95°
16 27 cm²
17 120 cm²
18 30 cm
19 70°
20 65°

---

1 포개었을 때 완전히 겹치는 도형은 가와 바, 다와 마입니다.

2 서로 합동인 두 도형을 포개었을 때 완전히 겹치는 점을 대응점, 겹치는 변을 대응변, 겹치는 각을 대응각이라고 합니다.

3 한 직선을 따라 접었을 때 완전히 겹치는 도형은 가, 다, 라, 바입니다.

4 어떤 점을 중심으로 180° 돌렸을 때 처음 도형과 완전히 겹치는 도형은 가, 나, 라입니다.

5

대칭축을 모두 그으면 6개입니다.

---

6 대응점끼리 이은 선분들이 모두 만나는 점을 찾아 표시합니다.

7 각 점의 대응점을 찾을 때에는 각 점에서 대칭축에 수선을 그은 후 대칭축으로부터 같은 거리에 있는 점을 찍습니다.

8 합동인 도형에서 대응변의 길이가 서로 같으므로
(변 ㄱㄴ)=(변 ㅇㅅ)=5 cm,
(변 ㄷㄹ)=(변 ㅂㅁ)=8 cm입니다.
➡ (사각형 ㄱㄴㄷㄹ의 둘레)=5+9+8+4
=26 (cm)

9 (각 ㅂㄱㄴ)=(각 ㄹㄷㄴ)=110°,
(각 ㄱㄴㅁ)=(각 ㅂㅁㄴ)=90°입니다.
사각형 ㄱㄴㅁㅂ에서 네 각의 크기의 합이 360°이므로
(각 ㄱㅂㅁ)=360°-110°-90°-90°=70°입니다.

10 (각 ㄱㅁㄹ)=90°,
(선분 ㄱㅁ)=(선분 ㄷㅁ)=8÷2=4 (cm)
(삼각형 ㄱㄴㄹ의 넓이)=14×4÷2=28 (cm²)
선대칭도형은 대칭축을 따라 접었을 때 완전히 겹치므로 삼각형 ㄱㄴㄹ과 삼각형 ㄷㄴㄹ의 넓이는 같습니다.
➡ (사각형 ㄱㄴㄷㄹ의 넓이)=28×2=56 (cm²)

11

따라서 점대칭도형이 아닌 것은 ③입니다.

12 선대칭도형인 알파벳: O, C, X, T
점대칭도형인 알파벳: O, N, X, Z
➡ 선대칭도형이면서 점대칭도형인 알파벳: O, X

13 점대칭도형은 대응변의 길이가 서로 같으므로
(변 ㄷㄹ)=(변 ㅅㅈ)=8 cm,
(변 ㅂㅅ)=(변 ㄴㄷ)=3 cm,
(변 ㄱㅈ)=(변 ㅁㄹ)=5 cm입니다.
(변 ㄱㄴ)+(변 ㅁㅂ)
=44-(3+8+5+3+8+5)=12 (cm)
이고 (변 ㄱㄴ)=(변 ㅁㅂ)이므로
(변 ㄱㄴ)=12÷2=6 (cm)입니다.

14 각 점의 대응점을 찾고 그 점들을 차례로 이어 점대칭도형을 완성합니다.

15 합동인 도형에서 대응각의 크기가 서로 같으므로
(각 ㄱㄴㄷ)=(각 ㄹㄷㄴ)=115°입니다.
삼각형 ㄱㄴㄷ에서 세 각의 크기의 합이 180°이므로
(각 ㄱㄷㄴ)=180°−45°−115°=20°입니다.
(각 ㄹㄴㄷ)=(각 ㄱㄷㄴ)=20°이므로
(각 ㄱㄴㄹ)=115°−20°=95°입니다.

16 (각 ㄱㄴㅁ)=(각 ㅁㄷㄹ)=90°
(변 ㄴㅁ)=(변 ㄷㄹ)=9 cm이므로
(변 ㅁㄷ)=15−9=6 (cm)입니다.
(변 ㄱㄴ)=(변 ㅁㄷ)=6 cm
➡ (삼각형 ㄱㄴㅁ의 넓이)=9×6÷2=27 (cm²)

17 완성한 선대칭도형의 넓이는 사각형 ㄱㄴㄷㄹ의 넓이의 2배입니다.
(사각형 ㄱㄴㄷㄹ의 넓이)=(5+7)×10÷2
  =60 (cm²)
➡ (완성한 선대칭도형의 넓이)=60×2=120 (cm²)

18 점대칭도형을 완성하면 다음과 같습니다.

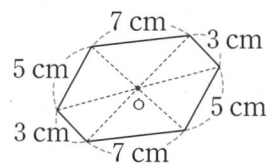

➡ (완성한 점대칭도형의 둘레)=(5+7+3)×2
  =30 (cm)

다른 풀이
점대칭도형은 대응변의 길이가 서로 같으므로 완성한 점대칭도형의 둘레는 주어진 변의 길이의 합의 2배입니다.
➡ (완성한 점대칭도형의 둘레)=(5+7+3)×2
  =30 (cm)

19 예 이등변삼각형은 두 각의 크기가 같으므로
(각 ㄱㄴㄷ)=(각 ㄱㄷㄴ)=(180°−40°)÷2=70°
입니다.
대응각의 크기가 서로 같으므로
(각 ㄹㅁㅂ)=(각 ㄱㄴㄷ)=70°입니다.

평가 기준	배점
각 ㄱㄴㄷ의 크기를 구했나요?	2점
각 ㄹㅁㅂ의 크기를 구했나요?	3점

20 예 점대칭도형에서 대응각의 크기가 서로 같으므로
(각 ㄱㄹㄷ)=(각 ㄷㄴㄱ)=65°이고,
(각 ㄴㄷㄹ)=(각 ㄹㄱㄴ)
  =(360°−65°−65°)÷2=115°
입니다.
따라서 (각 ㄴㄷㅂ)=180°−115°=65°입니다.

평가 기준	배점
각 ㄱㄹㄷ의 크기를 구했나요?	2점
각 ㄴㄷㄹ의 크기를 구했나요?	2점
각 ㄴㄷㅂ의 크기를 구했나요?	1점

수시 평가 대비 Level ②
90~92쪽

1 라와 바
2 ㉡
3 각 ㄹㅂㅁ
4 5개
5

6 (왼쪽에서부터) 110, 7
7 4 cm
8 정사각형에 ○표
9 ㉠, ㉣
10 18 cm
11 120°
12 8 cm
13 165°
14 46 cm
15 110°
16 14 cm
17 36 cm²
18 2 cm
19 3개
20 24 cm

1 도형 라와 바는 모양과 크기가 같아서 포개었을 때 완전히 겹칩니다.

2 점선을 따라 잘랐을 때 잘린 두 도형이 서로 합동이 되는 점선은 ㉡입니다.

4 한 직선을 따라 접었을 때 도형을 완전히 겹치게 하는 직선을 모두 그으면 5개입니다.

5 각 점의 대응점을 찾고 그 점들을 차례로 이어 점대칭도형을 완성합니다.

6 서로 합동인 도형에서 각각의 대응변의 길이가 같고, 각각의 대응각의 크기가 같습니다.

7 선대칭도형에서 각각의 대응변의 길이가 서로 같으므로 (변 ㅂㅁ)=(변 ㄱㄴ)=4 cm입니다.

8 직사각형 마름모

 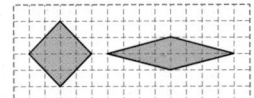

위와 같이 직사각형과 마름모는 넓이는 같지만 합동이 아닐 수 있습니다.
따라서 두 도형의 넓이가 같으면 항상 서로 합동인 도형은 정사각형입니다.

9 선대칭도형은 ㉠, ㉢, ㉣이고 점대칭도형은 ㉠, ㉡, ㉣이므로 선대칭도형이면서 점대칭도형인 것은 ㉠, ㉣입니다.

10 (변 ㄴㅁ)=(변 ㄷㄹ)=7 cm,
(변 ㅁㄷ)=(변 ㄱㄴ)=11 cm
➡ (선분 ㄴㄷ)=(변 ㄴㅁ)+(변 ㅁㄷ)
=7+11=18 (cm)

11 (각 ㅂㅁㅇ)=(각 ㄹㄷㄴ)=60°
사각형의 네 각의 크기의 합은 360°이므로
(각 ㅁㅂㅅ)=360°−60°−90°−90°=120°입니다.

12 (변 ㄹㅂ)=(변 ㄷㄴ)=12 cm
➡ (변 ㅁㅂ)=30−10−12=8 (cm)

13 (각 ㄹㄱㄴ)=(각 ㄹㄱㅂ)=35°이므로
(각 ㄱㄴㄷ)=360°−35°−40°−120°=165°
입니다.
➡ (각 ㄱㅂㅁ)=(각 ㄱㄴㄷ)=165°

14 (선분 ㅂㅇ)=28−5=23 (cm)
점대칭도형은 각각의 대응점에서 대칭의 중심까지의 거리가 같습니다.
➡ (선분 ㅂㄷ)=(선분 ㅂㅇ)×2=23×2=46 (cm)

15 (각 ㄱㄷㄴ)=180°−100°−45°=35°
각 ㅁㄷㄹ의 대응각이 각 ㄱㄷㄴ이므로
(각 ㅁㄷㄹ)=(각 ㄱㄷㄴ)=35°입니다.
➡ (각 ㄱㄷㅁ)=180°−35°−35°=110°

16 (선분 ㄷㅇ)=(선분 ㄱㅇ)=7 cm이므로
(선분 ㄴㄹ)=42−7×2=28 (cm)입니다.
점대칭도형에서 대칭의 중심은 대응점끼리 이은 선분을 둘로 똑같이 나누므로 (선분 ㄴㅇ)=28÷2=14 (cm)
입니다.

17 선대칭도형에서 대칭축은 대응점끼리 이은 선분을 둘로 똑같이 나누므로 (선분 ㄴㅁ)=6÷2=3 (cm)입니다.
대응점끼리 이은 선분은 대칭축과 수직으로 만나므로
(삼각형 ㄱㄴㄷ의 넓이)=12×3÷2=18 (cm²)입니다.
➡ (선대칭도형의 넓이)=18×2=36 (cm²)

18 (변 ㄱㄴ)=(변 ㅁㅂ)=8 cm,
(변 ㅅㅇ)=(변 ㄷㄹ)=3 cm,
(변 ㄹㅁ)=(변 ㅇㄱ)=3 cm이고
(변 ㄴㄷ)=(변 ㅂㅅ)이므로
(변 ㄴㄷ)=(32−8−3−3−8−3−3)÷2
=2 (cm)입니다.

19 예 **0**, **1**, **6**, **8**, **9** 중에서 180° 돌렸을 때 처음 수가 되는 수는 **0**, **1**, **8**이고 **6**, **9**는 180° 돌리면 각각 **9**, **6**이 됩니다. **0**, **1**, **6**, **8**, **9**를 사용하여 **9116**보다 크고 점대칭도형이 되는 네 자리 수를 만들면 **9696**, **9886**, **9966**입니다.
따라서 만들 수 있는 수는 모두 3개입니다.

평가 기준	배점
주어진 수들을 180° 돌렸을 때 어떤 수가 되는지 알고 있나요?	3점
만들 수 있는 수는 모두 몇 개인지 구했나요?	2점

20 예 (변 ㄱㄴ)=(변 ㅂㄹ)=3 cm,
(변 ㄱㅁ)=(변 ㅂㅁ)=4 cm이므로
(변 ㄱㄹ)=(변 ㄱㅁ)+(변 ㅁㄹ)=4+5=9 (cm)
입니다.
따라서 직사각형 ㄱㄴㄷㄹ의 둘레는
(9+3)×2=24 (cm)입니다.

평가 기준	배점
변 ㄱㄴ과 변 ㄱㄹ의 길이를 각각 구했나요?	3점
직사각형 ㄱㄴㄷㄹ의 둘레를 구했나요?	2점

4 소수의 곱셈

소수는 자연수와 같이 십진법이 적용되며 분수에 비해 크기 비교가 쉽기 때문에 일상생활에서 자주 활용됩니다. 소수의 개념뿐만 아니라 소수의 덧셈과 뺄셈, 곱셈과 나눗셈은 일상생활에서 접하는 여러 가지 문제를 해결하는 데 유용할 뿐 아니라 이후에 학습하게 될 유리수 개념과 유리수의 계산 학습의 기초가 됩니다. 소수의 곱셈 계산을 하기 전에 여러 가지 방법으로 소수의 곱셈 결과를 어림해 보도록 함으로써 수 감각을 기르도록 지도하고, 곱의 소수점 위치를 찾는 활동을 지나치게 기능적으로 접근하지 않도록 주의합니다. 분수와 소수의 관계를 바탕으로 개념적으로 이해하도록 활동을 제공하고 안내하는 것이 필요합니다.

STEP 1 교과개념   1. (소수)×(자연수)   95쪽

1 방법 1 0.6, 0.6, 0.6, 2.4

　　 방법 2 6, 6, 4, 24, 2.4

　　 방법 3 6, 6, 24, 2.4

2 ㉠

3 ① $1.7×3=1.7+1.7+1.7=5.1$

　　② $4.2×2=\dfrac{42}{10}×2=\dfrac{42×2}{10}=\dfrac{84}{10}=8.4$

　　③ 5.6은 0.1이 56개인 수이므로

　　　 $5.6×4=0.1×56×4$입니다.

　　　 0.1이 모두 224개이므로 $5.6×4=22.4$입니다.

2 ㉠ $1.9×4$는 2와 4의 곱인 8보다 작습니다.

　　㉡ $2.3×4$는 2와 4의 곱인 8보다 큽니다.

　　㉢ $4.1×2$는 4와 2의 곱인 8보다 큽니다.

　　따라서 계산 결과가 8보다 작은 것은 ㉠입니다.

3 ② 소수 한 자리 수는 분모가 10인 분수로 나타낼 수 있습니다.

STEP 1 교과개념   2. (자연수)×(소수)   97쪽

1

예
2×0.6
6×0.3

분수의 곱셈으로 계산하기
$6×0.3=6×\dfrac{3}{10}=\dfrac{6×3}{10}$
$=\dfrac{18}{10}=1.8$

자연수의 곱셈으로 계산하기
$2 × 6 = 12$
$\dfrac{1}{10}$배　$\dfrac{1}{10}$배
$2 × 0.6 = 1.2$

2 ① 5.2　② 13.5

3 ㉢

4 ① $3×1.8=3×\dfrac{18}{10}=\dfrac{3×18}{10}=\dfrac{54}{10}=5.4$

　　② $40 × 23 = 920$

　　　　 $\dfrac{1}{10}$배　$\dfrac{1}{10}$배

　　　 $40 × 2.3 = 92$

1 다른 풀이

• $2×0.6$을 분수의 곱셈으로 계산하기:

　 $2×0.6=2×\dfrac{6}{10}=\dfrac{2×6}{10}=\dfrac{12}{10}=1.2$

• $6×0.3$을 자연수의 곱셈으로 계산하기:

　 $6 × 3 = 18$

　 $\dfrac{1}{10}$배　$\dfrac{1}{10}$배

　 $6 × 0.3 = 1.8$

2 ① $13×0.4=13×\dfrac{4}{10}=\dfrac{13×4}{10}=\dfrac{52}{10}=5.2$

　　② $27×0.5=27×\dfrac{5}{10}=\dfrac{27×5}{10}=\dfrac{135}{10}=13.5$

3 ㉠ 4의 1.87배는 4의 2배인 8보다 작습니다.

　　㉡ $3×1.9$는 $3×2$인 6보다 작습니다.

　　㉢ 4의 2.03은 4의 2배인 8보다 조금 큽니다.

　　따라서 계산 결과가 8보다 큰 것은 ㉢입니다.

STEP 1 교과개념 3. (소수)×(소수)   99쪽

1 방법1 9, 9, 45, 0.45

　방법2 (위에서부터) 45 / $\dfrac{1}{100}$ / 0.45

2 ① 0.126　② 0.042

3 ㉡

4 ① $4.8 \times 5.2 = \dfrac{48}{10} \times \dfrac{52}{10} = \dfrac{2496}{100} = 24.96$

　② 예 135×24=3240인데 1.35에 2.4를 곱하면
　　1.35의 2배인 2.7보다 커야 하므로 3.24입니다.

2 ① $0.3 \times 0.42 = \dfrac{3}{10} \times \dfrac{42}{100} = \dfrac{126}{1000} = 0.126$

　②
```
    1 5              0.1 5
  ×   2 8    ⇒     ×   0.2 8
  ─────────        ───────────
    4 2 0           0.0 4 2 0   ⇒  0.042
```

3 ㉠ 8.4의 0.5는 8의 0.5배 정도로 어림하면 4보다 큽니다.
　㉡ 2.9의 1.3배는 3의 1.3배인 3.9보다 작습니다.
　㉢ 4.2의 1.2배는 4.2의 1배인 4.2보다 큽니다.
　따라서 계산 결과가 4보다 작은 것은 ㉡입니다.

STEP 1 교과개념 4. 곱의 소수점 위치   101쪽

1 ① 2.57, 25.7, 257, 2570
　② 3.84, 38.4, 384, 3840

2 ① 160, 16, 1.6, 0.16
　② 720, 72, 7.2, 0.72

3 자연수의 곱셈으로 계산하기　0.001 / 0.064

　분수의 곱셈으로 계산하기

　예 $0.4 \times 0.16 = \dfrac{4}{10} \times \dfrac{16}{100} = \dfrac{64}{1000} = 0.064$

　이유 예 0.4는 4의 0.1배$\left(\text{또는 } \dfrac{1}{10} \text{배}\right)$이고,

　　0.16은 16의 0.01배$\left(\text{또는 } \dfrac{1}{100} \text{배}\right)$이므로

　　0.4×0.16의 값은 4×16의 값인 64의 0.001배

　　$\left(\text{또는 } \dfrac{1}{1000} \text{배}\right)$여야 하므로 64에서 소수점을

　　왼쪽으로 세 칸 옮기면 0.064입니다.

1 곱하는 수의 0이 하나씩 늘어날 때마다 곱의 소수점이 오른쪽으로 한 칸씩 옮겨집니다. 이때 소수점을 옮길 자리가 없으면 오른쪽에 0을 더 채워 씁니다.

2 곱하는 소수의 소수점 아래 자리 수가 하나씩 늘어날 때마다 곱의 소수점이 왼쪽으로 한 칸씩 옮겨집니다. 이때 소수점 아래 마지막 0은 생략합니다.

STEP 2 꼭 나오는 유형   102~108쪽

1 1.8　　　　　　준비 (1) $\dfrac{9}{10}$　(2) 0.31

2 (1) $\dfrac{4}{10} \times 7 = \dfrac{4 \times 7}{10} = \dfrac{28}{10} = 2.8$

　(2) $\dfrac{27}{100} \times 6 = \dfrac{27 \times 6}{100} = \dfrac{162}{100} = 1.62$

3 (1) 5.6　(2) 1.17　　**4** 7.5, 4.35

5 예 0.48, 7, 3.36　　**6** 2.1 kg

7 잘못 말한 부분 예 0.45와 6의 곱은 30 정도예요.
　바르게 고치기 예 0.45와 6의 곱은 3 정도예요.

8 2개　　　　　　**9** 3.6

10 (1) 17, 17, 68, 6.8　(2) 68, 6.8

11 (1) 8.4　(2) 16.48　　**12**

13 은우, 18.72　　　**14** 35.68 cm

15 1106원　　　　　**16** 1.6

17 (1) $12 \times \dfrac{6}{10} = \dfrac{12 \times 6}{10} = \dfrac{72}{10} = 7.2$

　(2) $9 \times \dfrac{54}{100} = \dfrac{9 \times 54}{100} = \dfrac{486}{100} = 4.86$

18 (1) 1.08　(2) 4.59　　**19** 3.2, 11.7

준비 104　　　　　　**20** 4.8

21 ㉢　　　　　　　**22** 28.8 kg

23 2.6

24 (1) 216, 216, 864, 8.64
　(2) (위에서부터) 864, 2.16, 8.64

25 (1) 94.3　(2) 42.4　　**26** 예 26, 215.8

27 27.9　　　　　　**28** 562 km

29 있습니다에 ○표 /
　　이유 예 400×8.5는 $400 \times 9 = 3600$보다 작기 때문입니다.
　　　　（또는 $400 \times 8.5 = 3400$(원)이기 때문입니다.）

30 $\dfrac{7}{10} \times \dfrac{12}{100} = \dfrac{84}{1000} = 0.084$

31 (1) 0.112　(2) 0.192

32 0.18, 0.054

33 0.128, 0.072, 0.124

준비 $>$　　　　　　**34** 0.02

35 2.1 kg　　　　　**36** 1.11 kg

37 (1) 2.832　(2) 62.13

38 $\dfrac{14}{100} \times \dfrac{3}{10} = \dfrac{42}{1000} = 0.042$

39 예 8, 1, 3, 6 / 예 29.16

40 (위에서부터) 1.512, 2.808

41 6.992　　　　　**42** 11.73

43 9.24 kg　　　　**44** 94.3, 9.43, 0.943

45 （　）
　　（○）

46 ㉡

47 예 ｜2.8｜×｜1.7｜=｜4.76｜

48 (1) 0.54　(2) 0.01　**49** ㉠, ㉡, ㉢, ㉣

50 $>$　　　　　　**51** 1464.8 g

3 (1) $0.8 \times 7 = \dfrac{8}{10} \times 7 = \dfrac{8 \times 7}{10} = \dfrac{56}{10} = 5.6$

　(2) $0.39 \times 3 = \dfrac{39}{100} \times 3 = \dfrac{39 \times 3}{100} = \dfrac{117}{100} = 1.17$

4 $0.5 \times 15 = 7.5$, $0.29 \times 15 = 4.35$

내가 만드는 문제
5 예 $0.48 \times 7 = \dfrac{48}{100} \times 7 = \dfrac{336}{100} = 3.36$

6 (상자의 무게)$= 0.7 \times 3 = 2.1$ (kg)

7

평가 기준
잘못 말한 부분을 찾았나요?
바르게 고쳤나요?

8 이번 주에 필요한 찰흙의 양은 $0.4 \times 3 = 1.2$ (kg)이므로
　1 kg짜리 찰흙을 적어도 2개 사야 합니다.

11 (1) $1.4 \times 6 = \dfrac{14}{10} \times 6 = \dfrac{14 \times 6}{10} = \dfrac{84}{10} = 8.4$

　(2) $2.06 \times 8 = \dfrac{206}{100} \times 8 = \dfrac{206 \times 8}{100} = \dfrac{1648}{100} = 16.48$

12 $2.4 \times 7 = 16.8$, $4.16 \times 5 = 20.8$

13 은우: $2.08 \times 9 = \dfrac{208}{100} \times 9 = \dfrac{1872}{100} = 18.72$

14 (정사각형의 둘레)$=$(한 변의 길이)$\times 4$
　　　　　　　　$= 8.92 \times 4 = 35.68$ (cm)

15 예 튀르키예 돈 50리라를 바꾸는 데 필요한 돈은
　　$77.88 \times 50 = 3894$(원)입니다.
　　따라서 남은 우리나라 돈은 $5000 - 3894 = 1106$(원)
　　입니다.

평가 기준
튀르키예 돈 50리라를 바꾸는 데 필요한 우리나라 돈은 얼마인지 구했나요?
남은 우리나라 돈은 얼마인지 구했나요?

16 2를 10등분 한 다음 8칸을 색칠한 것입니다.
　　한 칸의 크기는 2의 0.1배인 0.2이므로 8칸의 크기는 2의
　　0.8배인 1.6입니다.

18 (1) $4 \times 0.27 = 4 \times \dfrac{27}{100} = \dfrac{4 \times 27}{100} = \dfrac{108}{100} = 1.08$

　(2) $51 \times 0.09 = 51 \times \dfrac{9}{100} = \dfrac{51 \times 9}{100} = \dfrac{459}{100} = 4.59$

19 $5 \times 0.64 = 3.2$, $13 \times 0.9 = 11.7$

준비 $\square = 13 \times 8 = 104$

20 $\square \div 0.32 = 15$ ➡ $\square = 15 \times 0.32 = 4.8$

21 ㉠ $8 \times 0.15 = 1.2$　㉡ $5 \times 0.62 = 3.1$
　　㉢ $12 \times 0.5 = 6$　　㉣ $14 \times 0.25 = 3.5$
　　따라서 계산 결과가 자연수인 것은 ㉢입니다.

22 (은주의 몸무게)$= 72 \times 0.5 = 36$ (kg)
　　(동생의 몸무게)$= 36 \times 0.8 = 28.8$ (kg)

23 2의 1배는 2이고, 2의 0.3배는 0.6이므로 2의 1.3배는
　　2.6입니다.

24 (2) 216의 $\dfrac{1}{100}$배는 2.16이고 곱하는 수를 $\dfrac{1}{100}$배 하면
　　계산 결과도 $\dfrac{1}{100}$배가 됩니다.

25 (1) $23 \times 4.1 = 23 \times \dfrac{41}{10} = \dfrac{23 \times 41}{10} = \dfrac{943}{10} = 94.3$

(2) $40 \times 1.06 = 40 \times \dfrac{106}{100} = \dfrac{40 \times 106}{100} = \dfrac{4240}{100}$
$= 42.4$

😊 내가 만드는 문제
26 ⑩ $26 \times 8.3 = 215.8$

27 $18 \times 3.3 = 59.4$, $21 \times 1.5 = 31.5$
➡ $59.4 - 31.5 = 27.9$

28 (갈 수 있는 거리) $= 50 \times 11.24 = 562$ (km)

29

평가 기준
과자를 살 수 있는지 없는지 알았나요?
그 이유를 바르게 썼나요?

31 (1) $\quad 14 \times 8 = 112$
$\quad\quad \downarrow \frac{1}{100}$배 $\downarrow \frac{1}{10}$배 $\downarrow \frac{1}{1000}$배
$\quad 0.14 \times 0.8 = 0.112$
(2) $\quad 6 \times 32 = 192$
$\quad\quad \downarrow \frac{1}{10}$배 $\downarrow \frac{1}{100}$배 $\downarrow \frac{1}{1000}$배
$\quad 0.6 \times 0.32 = 0.192$

32 $0.5 \times 0.36 = 0.18$, $0.12 \times 0.45 = 0.054$

33 $0.24 \times 0.3 = 0.072$
$0.31 \times 0.4 = 0.124$
$0.8 \times 0.16 = 0.128$

준비 0.7은 0.01이 70개, 0.09는 0.01이 9개인 수이므로
$0.7 > 0.09$입니다.

34 $0.5 > 0.2 > 0.06 > 0.04$이므로 가장 큰 수와 가장 작은 수의 곱은 $0.5 \times 0.04 = 0.02$입니다.

35 세 근 반은 3.5근이므로 어머니께서 사 오신 돼지고기는 $0.6 \times 3.5 = 2.1$ (kg)입니다.

36 ⑩ ○○ 밀가루 한 봉지에 들어 있는 탄수화물 성분은 $0.5 \times 0.74 = 0.37$ (kg)입니다.
따라서 3봉지에 들어 있는 탄수화물 성분은 모두 $0.37 \times 3 = 1.11$ (kg)입니다.

평가 기준
한 봉지에 들어 있는 탄수화물 성분은 몇 kg인지 구했나요?
3봉지에 들어 있는 탄수화물 성분은 모두 몇 kg인지 구했나요?

37 (1) $1.18 \times 2.4 = \dfrac{118}{100} \times \dfrac{24}{10} = \dfrac{2832}{1000} = 2.832$

(2) $1.9 \times 32.7 = \dfrac{19}{10} \times \dfrac{327}{10} = \dfrac{6213}{100} = 62.13$

38 소수 두 자리 수를 분모가 10인 분수로 고쳐서 계산해서 틀렸습니다.

😊 내가 만드는 문제
39 ⑩ $8.1 \times 3.6 = 29.16$

40 $1.08 \times 1.4 = 1.512$, $1.08 \times 2.6 = 2.808$

41 ⑩ 주성이가 누른 계산기의 식은 1.6×4.37입니다.
따라서 계산 결과는 $1.6 \times 4.37 = 6.992$입니다.

평가 기준
누른 계산기의 식을 구했나요?
계산 결과가 얼마인지 구했나요?

42 $4.25 > 3.2 > 2.76 > 1.8$이므로 가장 큰 수는 4.25이고, 두 번째로 작은 수는 2.76입니다.
➡ $4.25 \times 2.76 = 11.73$

43 인선이가 태어난 지 1년 후의 몸무게는
$3.3 \times 2.8 = 9.24$ (kg)입니다.

44 자연수에 0.1, 0.01, 0.001을 곱하면 곱하는 수의 소수점 아래 자리 수만큼 소수점이 왼쪽으로 한 칸씩 옮겨집니다.

45 • $20.8 \times \square = 208$에서 곱해지는 수의 소수점이 오른쪽으로 한 칸 옮겨졌으므로 $\square = 10$입니다.
• $0.079 \times \square = 7.9$에서 곱해지는 수의 소수점이 오른쪽으로 두 칸 옮겨졌으므로 $\square = 100$입니다.

46 ㉠ 5.9 ㉡ 0.59 ㉢ 5.9 ㉣ 5.9

47 곱하는 두 수의 소수점 아래 자리 수를 더한 것과 결괏값의 소수점 아래 자리 수가 같도록 알맞게 소수점을 찍습니다.

48 (1) 소수점이 오른쪽으로 한 칸 옮겨져서 5.4가 되었으므로 $\square = 0.54$입니다.
(2) 604에서 6.04로 소수점이 왼쪽으로 두 칸 옮겨졌으므로 $\square = 0.01$입니다.

49 $233 \times 187 = 43571$이므로 소수점 아래 자리 수를 비교합니다.

ⓐ 소수 네 자리 수 ⓑ 소수 세 자리 수
ⓒ 소수 두 자리 수 ⓓ 소수 한 자리 수

50 37×146=5402이므로 소수점 아래 자리 수를 비교하면
(소수 두 자리 수)>(소수 세 자리 수)입니다.

다른 풀이
3.7×14.6=54.02, 0.037×146=5.402
➡ 54.02>5.402

51 예 (막대사탕 10개의 무게)=52.48×10=524.8 (g)
(초콜릿 100개의 무게)=9.4×100=940 (g)
따라서 두 사람이 포장한 간식은 모두
524.8+940=1464.8 (g)입니다.

평가 기준
막대사탕 10개와 초콜릿 100개의 무게를 각각 구했나요?
두 사람이 포장한 간식은 모두 몇 g인지 구했나요?

STEP 3 자주 틀리는 유형
109~112쪽

1 3.588	**2** 3.01
3 19.74	**4** <
5 ⓑ	**6** ⓑ, ⓐ, ⓒ
7 13.5 cm²	**8** 0.162 m²
9 1.4 cm²	**10** 1.88 kg
11 6.12 m	**12** 137.7 cm
13 ⓑ	**14** 5.8×1.9에 ○표
15 ⓑ, ⓓ	**16** 2
17 3	**18** 41, 42
19 0.018	**20** 0.43
21 260	**22** 1000배
23 0.1배	**24** 100배

1 0.8×3.9×1.15=3.12×1.15=3.588

2 4.3×0.28×2.5=1.204×2.5=3.01

3 ⓐ 3.6×5.2×0.45=18.72×0.45=8.424
ⓑ 2.05×4.6×1.2=9.43×1.2=11.316
➡ ⓐ+ⓑ=8.424+11.316=19.74

4 수의 배열이 같고 자리 수가 다르므로 곱의 소수점 아래
자리 수를 비교하면 0.369×0.04는 소수 다섯 자리 수
이고 36.9×0.004는 소수 네 자리 수입니다.
➡ 0.369×0.04<36.9×0.004

5 수의 배열이 같고 자리 수가 다르므로 곱의 소수점 아래
자리 수를 비교합니다.
ⓐ 소수 두 자리 수 ⓑ 소수 한 자리 수
ⓒ 소수 세 자리 수 ⓓ 소수 다섯 자리 수
따라서 곱이 가장 큰 것은 소수점 아래 자리 수가 가장 적은
ⓑ입니다.

6 수의 배열이 같고 자리 수가 다르므로 곱의 소수점 아래
자리 수를 비교합니다.
ⓐ 소수 네 자리 수 ⓑ 소수 다섯 자리 수
ⓒ 소수 세 자리 수
➡ ⓑ<ⓐ<ⓒ

7 (직사각형의 넓이)=(가로)×(세로)
=6×2.25=13.5 (cm²)

8 (평행사변형의 넓이)=(밑변의 길이)×(높이)
=0.27×0.6=0.162 (m²)

9 (직사각형의 넓이)=4.8×7=33.6 (cm²)
(평행사변형의 넓이)=5.6×6.25=35 (cm²)
➡ (넓이의 차)=35-33.6=1.4 (cm²)

10 (떡을 만드는 데 사용한 쌀의 무게)
=(전체 쌀의 무게)×0.4
=4.7×0.4=1.88 (kg)

11 (모빌을 만드는 데 사용한 철사의 길이)
=(전체 철사의 길이)×0.9
=6.8×0.9=6.12 (m)

12 (어머니의 키)=(아버지의 키)×0.9
=180×0.9=162 (cm)
(수현이의 키)=(어머니의 키)×0.85
=162×0.85=137.7 (cm)

13 ⓐ 0.21×8은 0.2와 8의 곱인 1.6보다 큽니다.
ⓑ 0.27×3은 0.3과 3의 곱인 0.9보다 작습니다.
ⓒ 0.33×4는 0.3과 4의 곱인 1.2보다 큽니다.

14 • 4.1×4.6은 4와 4의 곱인 16보다 큽니다.
• 5.8×1.9는 6과 2의 곱인 12보다 작습니다.
• 2.3×7.2는 2와 7의 곱인 14보다 큽니다.

15 ㉠ 5×0.95는 5와 1의 곱인 5보다 작습니다.
㉡ 8×2.3은 8과 2의 곱인 16보다 큽니다.
㉢ 6×1.84는 6과 2의 곱인 12보다 작습니다.
㉣ 4×4.62는 4와 4의 곱인 16보다 큽니다.

16 4.4×0.65=2.86
2.86>□에서 □ 안에 들어갈 수 있는 가장 큰 자연수는 2입니다.

17 2.8×1.05=2.94
2.94<□에서 □ 안에 들어갈 수 있는 가장 작은 자연수는 3입니다.

18 4.5×9=40.5이고 25×1.7=42.5이므로 □ 안에 들어갈 수 있는 수는 40.5보다 크고 42.5보다 작은 수입니다.
따라서 □ 안에 들어갈 수 있는 자연수는 41, 42입니다.

19 32의 소수점이 오른쪽으로 한 칸 옮겨지고, 576의 소수점이 왼쪽으로 두 칸 옮겨졌으므로 18의 소수점은 왼쪽으로 세 칸 옮겨져야 합니다. ➡ □=0.018

20 26의 소수점이 왼쪽으로 두 칸 옮겨지고, 1118의 소수점이 왼쪽으로 네 칸 옮겨졌으므로 43의 소수점은 왼쪽으로 두 칸 옮겨져야 합니다. ➡ □=0.43

21 0.59는 59에서 소수점이 왼쪽으로 두 칸 옮겨진 것이고, 두 식의 계산 결과는 같으므로 ㉠은 2.6에서 소수점이 오른쪽으로 두 칸 옮겨진 260입니다.

22 ㉠과 ㉡은 수의 배열이 같고 소수점 아래 자리 수가 다르므로 곱의 소수점 아래 자리 수를 비교합니다.
㉠은 소수 두 자리 수이고 ㉡은 소수 다섯 자리 수이므로 ㉠은 ㉡의 1000배입니다.

23 ㉠과 ㉡은 수의 배열이 같고 소수점 아래 자리 수가 다르므로 곱의 소수점 아래 자리 수를 비교합니다.
㉠은 소수 네 자리 수이고 ㉡은 소수 세 자리 수이므로 ㉠은 ㉡의 0.1배입니다.

24 ㉠과 ㉡은 수의 배열이 같고 소수점 아래 자리 수가 다르므로 곱의 소수점 아래 자리 수를 비교합니다.
㉠은 소수 네 자리 수이고 ㉡은 소수 여섯 자리 수이므로 ㉠은 ㉡의 100배입니다.

STEP 4 최상위 도전 유형
113~115쪽

1 26.64 cm		**2** 18.24 cm	
3 25.76 cm		**4** 1.4	
5 18.24		**6** 0.45	
7 4.32 m		**8** 3.375 m	
9 6.75 m			

10 9, 3, 6, 5, 60.45 (또는 6.5×9.3=60.45)
11 2, 7, 4, 8, 12.96 (또는 4.8×2.7=12.96)
12 9, 2, 7, 5, 0.69 (또는 0.75×0.92=0.69)

13 385 km		**14** 1.35 L	
15 18.72 L		**16** 135 cm	
17 203.75 cm		**18** 32.4 cm	

1 (직사각형의 세로)=7.4×0.8=5.92 (cm)
➡ (직사각형의 둘레)=(7.4+5.92)×2
                    =26.64 (cm)

2 (직사각형의 가로)=3.8×1.4=5.32 (cm)
➡ (직사각형의 둘레)=(5.32+3.8)×2
                    =18.24 (cm)

3 (새로운 직사각형의 가로)=5.6×0.8=4.48 (cm)
(새로운 직사각형의 세로)=5.6×1.5=8.4 (cm)
➡ (새로운 직사각형의 둘레)=(4.48+8.4)×2
                        =25.76 (cm)

4 어떤 수를 □라 하면 □+0.7=2.7에서
□=2.7−0.7=2입니다.
따라서 바르게 계산하면 2×0.7=1.4입니다.

5 어떤 수를 □라 하면 □−2.4=5.2에서
□=5.2+2.4=7.6입니다.
따라서 바르게 계산하면 7.6×2.4=18.24입니다.

6 어떤 수를 □라 하면 □÷0.75=0.8에서
□=0.8×0.75=0.6입니다.
따라서 바르게 계산하면 0.6×0.75=0.45입니다.

7 (첫 번째로 튀어 오른 공의 높이)=12×0.6=7.2 (m)
(두 번째로 튀어 오른 공의 높이)=7.2×0.6
                              =4.32 (m)

8 (첫 번째로 튀어 오른 공의 높이)$=8\times0.75=6$ (m)
(두 번째로 튀어 오른 공의 높이)$=6\times0.75=4.5$ (m)
(세 번째로 튀어 오른 공의 높이)$=4.5\times0.75$
$\qquad=3.375$ (m)

9 (첫 번째로 튀어 오른 공의 높이)$=18\times0.5=9$ (m)
(두 번째로 튀어 오른 공의 높이)$=9\times0.5=4.5$ (m)
(세 번째로 튀어 오른 공의 높이)$=4.5\times0.5$
$\qquad=2.25$ (m)
따라서 첫 번째로 튀어 오른 공의 높이와 세 번째로 튀어 오른 공의 높이의 차는 $9-2.25=6.75$ (m)입니다.

10 수의 크기를 비교하면 $9>6>5>3$이므로 곱하는 두 소수의 자연수 부분에 9와 6을 놓고 소수 첫째 자리에 5와 3을 놓습니다.
$9.5\times6.3=59.85$, $9.3\times6.5=60.45$이므로 곱이 가장 큰 곱셈식은 $9.3\times6.5=60.45$입니다.

11 수의 크기를 비교하면 $2<4<7<8$이므로 곱하는 두 소수의 자연수 부분에 2와 4를 놓고 소수 첫째 자리에 7과 8을 놓습니다.
$2.7\times4.8=12.96$, $2.8\times4.7=13.16$이므로 곱이 가장 작은 곱셈식은 $2.7\times4.8=12.96$입니다.

12 높은 자리의 수가 클수록 곱이 커지므로 소수 첫째 자리부터 큰 수를 놓습니다.
$0.92\times0.75=0.69$, $0.95\times0.72=0.684$이므로 곱이 가장 큰 곱셈식은 $0.92\times0.75=0.69$입니다.

13 4시간 24분$=4\dfrac{24}{60}$시간$=4\dfrac{4}{10}$시간$=4.4$시간
(자동차가 갈 수 있는 거리)$=87.5\times4.4=385$ (km)

14 3시간 45분$=3\dfrac{45}{60}$시간$=3\dfrac{3}{4}$시간$=3.75$시간
(사용된 물의 양)$=0.36\times3.75=1.35$ (L)

15 2시간 36분$=2\dfrac{36}{60}$시간$=2\dfrac{6}{10}$시간$=2.6$시간
(1시간 동안 사용하게 되는 휘발유의 양)
$\quad=0.08\times90=7.2$ (L)
(2시간 36분 동안 사용하게 되는 휘발유의 양)
$\quad=7.2\times2.6=18.72$ (L)

16 (색 테이프의 길이의 합)$=10.4\times15=156$ (cm)
(겹친 부분의 길이의 합)$=1.5\times14=21$ (cm)
➡ (이어 붙인 색 테이프의 전체 길이)
$\quad=156-21=135$ (cm)

17 (색 테이프의 길이의 합)$=12.8\times20=256$ (cm)
(겹친 부분의 길이의 합)$=2.75\times19=52.25$ (cm)
➡ (이어 붙인 색 테이프의 전체 길이)
$\quad=256-52.25=203.75$ (cm)

18 (종이 5장의 가로의 길이의 합)$=3.2\times5=16$ (cm)
(겹친 부분의 가로의 합)$=0.4\times4=1.6$ (cm)
➡ (만든 직사각형의 가로)$=16-1.6=14.4$ (cm)
따라서 만든 직사각형의 둘레는
$(14.4+1.8)\times2=32.4$ (cm)입니다.

수시 평가 대비 Level ❶
116~118쪽

1 16, 16 / 112, 11.2　　**2** 192, $\dfrac{1}{10}$, 19.2

3 (1) 2.1　(2) 21.24

4 $\dfrac{4}{10}\times\dfrac{14}{100}=\dfrac{56}{1000}=0.056$

5 ㉡　　　　　　　　**6** 36.9

7 $>$　　　　　　　**8** 59.3, 5.93, 0.593

9 7.2, 108　　　　　**10** ⑤

11 ✕ (선으로 연결)　　**12** 5시간

13 37.2 cm　　　　　**14** 180540원

15 7.848　　　　　　**16** 58.32 cm²

17 19.74　　　　　　**18** 38 cm

19 4개　　　　　　　**20** 37.31 kg

3 (1) $0.7\times3=\dfrac{7}{10}\times3=\dfrac{7\times3}{10}=\dfrac{21}{10}=2.1$

(2) $6\times3.54=6\times\dfrac{354}{100}=\dfrac{6\times354}{100}=\dfrac{2124}{100}=21.24$

5 ㉠ 3.1×6.2는 3과 6의 곱인 18보다 큽니다.
㉡ 1.6×8.5는 2와 9의 곱인 18보다 작습니다.
㉢ 4.2×7.3은 4와 7의 곱인 28보다 큽니다.
따라서 계산 결과가 18보다 작은 것은 ㉡입니다.

6 $4.5\times8.2=\dfrac{45}{10}\times\dfrac{82}{10}=\dfrac{45\times82}{100}=\dfrac{3690}{100}=36.9$

7 $8 \times 0.9 = 7.2$, $2 \times 3.05 = 6.1$ ➡ $7.2 > 6.1$

8 곱하는 소수의 소수점 아래 자리 수가 하나씩 늘어날 때마다 곱의 소수점이 왼쪽으로 한 자리씩 옮겨집니다.

9 $0.6 \times 12 = 7.2$, $7.2 \times 15 = 108$

10 ① $0.6 \times 17 = 10.2$ ② $26 \times 0.45 = 11.7$
③ $13 \times 1.6 = 20.8$ ④ $3.4 \times 4.9 = 16.66$
⑤ $5.12 \times 2.5 = 12.8$

11 $5 \times 9 = 45$
• $5 \times 0.009 = 0.045$ • $50 \times 0.09 = 4.5$
• $0.5 \times 9 = 4.5$ • $0.05 \times 0.9 = 0.045$

12 1시간 15분 $= 1\frac{15}{60}$시간 $= 1.25$시간
진수가 이번 주에 자전거를 탄 시간은 모두
$1.25 \times 4 = 5$(시간)입니다.

13 마름모는 네 변의 길이가 같습니다.
➡ (마름모의 둘레) $= 9.3 \times 4 = 37.2$ (cm)

14 1000크로네는 10크로네의 100배이므로 1000크로네는 우리나라 돈으로 $1805.4 \times 100 = 180540$(원)입니다.

15 • 1.8은 18의 0.1배인데, 78.48은 7848의 0.01배이므로 ㉠에 알맞은 수는 436의 0.1배인 43.6입니다.
• 4.36은 436의 0.01배인데, 0.7848은 7848의 0.0001배이므로 ㉡에 알맞은 수는 18의 0.01배인 0.18입니다.
따라서 ㉠과 ㉡에 알맞은 수의 곱은
$43.6 \times 0.18 = 7.848$입니다.

16 (새로 만든 직사각형의 가로) $= 9 \times 1.2 = 10.8$ (cm)
(새로 만든 직사각형의 세로) $= 9 \times 0.6 = 5.4$ (cm)
➡ (새로 만든 직사각형의 넓이)
 $= 10.8 \times 5.4 = 58.32$ (cm²)

17 어떤 수를 ☐라고 하면 $☐ + 4.7 = 8.9$,
$☐ = 8.9 - 4.7 = 4.2$입니다.
따라서 바르게 계산하면 $4.2 \times 4.7 = 19.74$입니다.

18 (색 테이프 8장의 길이의 합) $= 5.45 \times 8 = 43.6$ (cm)
겹쳐진 부분은 $8 - 1 = 7$(군데)입니다.
➡ (겹쳐진 부분의 길이의 합) $= 0.8 \times 7 = 5.6$ (cm)
따라서 이어 붙인 색 테이프의 전체 길이는
$43.6 - 5.6 = 38$ (cm)입니다.

19 예 $3.4 \times 12 = 40.8$이고 $7.35 \times 6 = 44.1$이므로 ☐ 안에 들어갈 수 있는 수는 40.8보다 크고 44.1보다 작은 수입니다.
따라서 ☐ 안에 들어갈 수 있는 자연수는 41, 42, 43, 44로 모두 4개입니다.

평가 기준	배점
두 곱셈식을 각각 계산했나요?	3점
☐ 안에 들어갈 수 있는 자연수의 개수를 구했나요?	2점

20 예 어머니의 몸무게는 $65 \times 0.82 = 53.3$ (kg)입니다.
따라서 지아의 몸무게는 $53.3 \times 0.7 = 37.31$ (kg)입니다.

평가 기준	배점
어머니의 몸무게를 구했나요?	2점
지아의 몸무게를 구했나요?	3점

수시 평가 대비 Level ❷ 119~121쪽

1 4, 4, 112, 11.2

2 4485, $\frac{1}{1000}$, 4.485

3 (1) 12.8 (2) 3.42 **4** 16.64, 8.96

5 2.736 **6** >

7 ㉠ **8** 1.5×0.6에 ○표

9 (선 연결) **10** 12.6, 34.02

11 11.56 m² **12** ㉢

13 0.057 kg

14 0.6과 4.5 (또는 6과 0.45)

15 8 **16** 250.56 m

17 서진, 0.16 L

18 3, 6, 5, 8, 20.88 (또는 $5.8 \times 3.6 = 20.88$)

19 28.08 cm² **20** 0.46

2 1.95는 195의 $\frac{1}{100}$배, 2.3은 23의 $\frac{1}{10}$배이므로
1.95×2.3의 계산 결과는 195×23의 $\frac{1}{1000}$배가 됩니다.

3 (1) $1.6 \times 8 = \dfrac{16}{10} \times 8 = \dfrac{16 \times 8}{10} = \dfrac{128}{10} = 12.8$

(2) $9 \times 0.38 = 9 \times \dfrac{38}{100} = \dfrac{9 \times 38}{100} = \dfrac{342}{100} = 3.42$

4 $13 \times 1.28 = 16.64$, $7 \times 1.28 = 8.96$

5 $7.2 \times 0.38 = \dfrac{72}{10} \times \dfrac{38}{100} = \dfrac{72 \times 38}{10 \times 100} = \dfrac{2736}{1000}$
$= 2.736$

6 $5.1 \times 9 = 45.9$, $8.36 \times 5 = 41.8$
➡ $45.9 > 41.8$

7 ㉠ 72.8 ㉡ 728 ㉢ 728
따라서 계산 결과가 다른 하나는 ㉠입니다.

8 · $0.8 \times 0.9 = 0.72$ ➡ 소수 두 자리 수
· $1.5 \times 0.6 = 0.9$ ➡ 소수 한 자리 수
· $0.7 \times 2.4 = 1.68$ ➡ 소수 두 자리 수

9 $26 \times 31 = 806$
➡ $26 \times 3.1 = 80.6$
$260 \times 3.1 = 806$
$0.26 \times 3.1 = 0.806$
$2.6 \times 310 = 806$
$26 \times 0.031 = 0.806$
$0.26 \times 310 = 80.6$

10 $1.8 \times 7 = 12.6$, $12.6 \times 2.7 = 34.02$

11 (정사각형의 넓이) $= 3.4 \times 3.4 = 11.56 \, (\text{m}^2)$

12 ㉠ $134 \times 0.1 = 13.4$ ➡ □$=0.1$
㉡ $0.058 \times 100 = 5.8$ ➡ □$=0.058$
㉢ $4.2 \times 100 = 420$ ➡ □$=100$
㉣ $375 \times 0.001 = 0.375$ ➡ □$=375$
㉤ $8.5 \times 0.01 = 0.085$ ➡ □$=0.01$

13 (두부 한 모에 들어 있는 단백질 성분)
$= 0.6 \times 0.095 = 0.057 \, (\text{kg})$

14 $0.6 \times 0.45 = 0.27$입니다.
수 하나의 소수점 위치를 잘못 눌러서 계산 결과가 2.7이
나왔으므로 하은이가 계산기에 누른 두 수는 0.6과 4.5
또는 6과 0.45입니다.

15 $2.8 \times 3.15 = 8.82$
$8.82 >$□에서 □ 안에 들어갈 수 있는 가장 큰 자연수는
8입니다.

16 5분 48초 $= 5\dfrac{48}{60}$ 분 $= 5\dfrac{8}{10}$ 분 $= 5.8$분
(5분 48초 동안 갈 수 있는 거리)
$= 43.2 \times 5.8 = 250.56 \, (\text{m})$

17 (주성이가 마신 물의 양) $= 3 \times 0.38 = 1.14 \, (\text{L})$
$1.14 < 1.3$이므로 서진이가 물을
$1.3 - 1.14 = 0.16 \, (\text{L})$ 더 많이 마셨습니다.

18 높은 자리 숫자가 작을수록 곱이 작으므로 일의 자리부터
작은 숫자를 놓습니다.
$3.8 \times 5.6 = 21.28$, $3.6 \times 5.8 = 20.88$이므로 곱이 가
장 작은 곱셈식은 $3.6 \times 5.8 = 20.88$입니다.

19 예 (새로운 직사각형의 가로) $= 6.5 \times 0.8 = 5.2 \, (\text{cm})$
(새로운 직사각형의 세로) $= 3.6 \times 1.5 = 5.4 \, (\text{cm})$
➡ (새로운 직사각형의 넓이) $= 5.2 \times 5.4$
$= 28.08 \, (\text{cm}^2)$

평가 기준	배점
새로운 직사각형의 가로와 세로를 각각 구했나요?	3점
새로운 직사각형의 넓이를 구했나요?	2점

20 예 어떤 수를 □라 하면 □$\div 0.5 = 1.84$에서
□$= 1.84 \times 0.5 = 0.92$입니다.
따라서 바르게 계산하면 $0.92 \times 0.5 = 0.46$입니다.

평가 기준	배점
어떤 수를 구했나요?	3점
바르게 계산한 값을 구했나요?	2점

사고력이 반짝 122쪽

5 직육면체

우리는 일상생활에서 도형을 쉽게 발견할 수 있습니다. 도형에 대한 학습은 1학년 때 여러 가지 모양을 관찰하고 여러 가지 모양을 만들어 보는 활동을 통해 기본적인 감각을 익혔고, 2학년 1학기 때 도형의 이름을 알아보는 활동을 하였습니다. 초등학교에서는 도형의 개념을 형식화된 방법으로 구성해 나가는 것이 아니라, 직관에 의한 관찰을 통하여 도형의 기본적인 구성 요소와 성질을 파악하게 됩니다. 생활 주변의 물건들을 기하학적 관점에서 바라보고 입체도형의 일부로 인식함으로써 학생들은 공간 지각 능력이 발달하는 기회를 가지게 됩니다. 직육면체에 대한 구체적이고 다양한 활동으로 학생들이 주변 사물에 대한 공간 지각 능력을 향상시킬 수 있도록 지도하는 것이 바람직합니다.

STEP 1 교과개념 1. 직육면체, 정육면체 알아보기 125쪽

1

2 나, 라

3 정육면체

4 나, 바

1 선분으로 둘러싸인 부분을 면, 면과 면이 만나는 선분을 모서리, 모서리와 모서리가 만나는 점을 꼭짓점이라고 합니다.

2 직사각형 6개로 둘러싸인 도형을 모두 찾아봅니다.

> **참고** 정육면체의 면의 모양은 정사각형이고 정사각형은 직사각형이라 할 수 있으므로 정육면체는 직육면체라고 할 수 있습니다.

4 정육면체는 정사각형 6개로 둘러싸여 있고 모서리의 길이가 모두 같습니다.

STEP 1 교과개념 2. 직육면체의 성질, 직육면체의 겨냥도 알아보기 127쪽

2 ① 면 ㄱㄴㄷㄹ, 면 ㄴㅂㅅㄷ, 면 ㄷㅅㅇㄹ ② 직각

3 실선, 점선

4 ㉡

1 색칠한 면과 마주 보는 면에 색칠합니다.

3 직육면체의 겨냥도는 직육면체 모양을 잘 알 수 있도록 보이는 모서리는 실선으로, 보이지 않는 모서리는 점선으로 그린 그림입니다.

4 보이는 모서리는 실선으로, 보이지 않는 모서리는 점선으로 그린 것을 찾으면 ㉡입니다.

STEP 1 교과개념 3. 정육면체와 직육면체의 전개도 알아보기 129쪽

1 전개도

1 나, 라

2 (위에서부터) 꼭짓점, 면, 모서리

준비 (○) (   ) (○) (   )

3 다, 라   **4** 6, 12, 8

5 예 직육면체는 6개의 직사각형으로 이루어져 있지만 준서가 만든 모양은 사다리꼴 4개와 직사각형 2개로 이루어져 있기 때문입니다.

6 68 cm   **7** 가, 다

8 정사각형   **9** 5

10 ㉡   **11** 정호

12 ㉠, ㉢   **13** 예 주사위, 14개

14 16개   **15** ㉢

준비 직선 다와 직선 마

16 예

17 (1) 3 (2) 4   **18** 면 ㄱㅁㅇㄹ

19 면 ㄱㄴㄷㄹ, 면 ㄴㅂㅅㄷ, 면 ㅁㅂㅅㅇ, 면 ㄱㅁㅇㄹ

20 3개   **21** 14

22 ㉣

23

24 3, 3, 7, 1

25 예 보이지 않는 모서리는 점선으로 그려야 하는데 실선으로 그렸습니다.

26 2개, 2개

27 예
 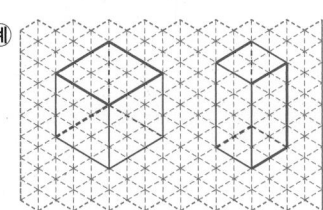

28 나, 다

준비 90°

29 면 다

30 면 가, 면 다, 면 마, 면 바

31

32 예

33 예

34 ㉠, ㉣   **35** (위에서부터) 5, 4

36 예 전개도를 접었을 때 겹치는 모서리의 길이가 같지 않습니다.

37 면 ㄴㄷㄹㅍ

38 면 ㄱㄴㅍㅎ, 면 ㅍㄹㅁㅌ, 면 ㅁㅂㅅㅇ, 면 ㅋㅇㅈㅊ

39

40 예

1 직사각형 6개로 둘러싸인 도형은 나, 라입니다.

3 직육면체는 직사각형 6개로 둘러싸인 도형이므로 직육면체의 면이 될 수 있는 도형은 직사각형인 다, 라입니다.

4 직육면체의 면은 6개, 모서리는 12개, 꼭짓점은 8개입니다.

5

평가 기준
직육면체를 바르게 이해했나요?
직육면체가 아닌 이유를 썼나요?

6 직육면체의 각 면은 직사각형이므로 면 ㄴㅂㅅㄷ의 모서리의 길이의 합은 $(16+18) \times 2 = 68$ (cm)입니다.

7 정사각형 6개로 둘러싸인 도형은 가, 다입니다.

8 정육면체는 정사각형 6개로 둘러싸인 도형이므로 면 ㉮를 본뜬 모양은 정사각형입니다.

9 정육면체는 모든 모서리의 길이가 같습니다.

10 ㉡ 정육면체는 면의 모양과 크기가 모두 같습니다.

11 정사각형은 직사각형이라고 할 수 있으므로 정육면체는 직육면체라고 할 수 있습니다.

주의 | 직사각형은 정사각형이라고 할 수 없으므로 직육면체는 정육면체라고 할 수 없습니다.

12 ㉠ 직육면체는 길이가 같은 모서리가 4개씩 3쌍이고, 정육면체는 모든 모서리의 길이가 같습니다.
㉢ 직육면체의 면은 직사각형 모양이고, 정육면체의 면은 정사각형 모양입니다.

☺ 내가 만드는 문제
13 면의 수는 6개, 꼭짓점의 수는 8개이므로 $6+8=14$(개)입니다.

14 정육면체에서 보이는 모서리는 9개, 보이는 꼭짓점은 7개입니다.
➡ $9+7=16$(개)

15 ㉢ 색칠한 면과 평행한 면을 색칠한 것입니다.

☺ 내가 만드는 문제
16 직육면체의 한 면에 색칠한 다음 색칠한 면과 마주 보는 면에 빗금을 그어 봅니다.

18 면 ㄴㅂㅅㄷ과 서로 마주 보는 면은 면 ㄱㅁㅇㄹ입니다.

19 면 ㄴㅁㅂㄱ과 만나는 면을 모두 찾습니다.

20 직육면체에서 한 꼭짓점에서 만나는 면은 모두 3개입니다.

21 ㉠ 5의 눈이 그려진 면과 평행한 면의 눈의 수는 $7-5=2$입니다.
따라서 5의 눈이 그려진 면과 수직인 면들의 눈의 수의 합은 $1+3+4+6=14$입니다.

평가 기준
5의 눈이 그려진 면과 평행한 면의 눈의 수를 구했나요?
5의 눈이 그려진 면과 수직인 면들의 눈의 수의 합을 구했나요?

22 보이는 모서리를 실선으로, 보이지 않는 모서리를 점선으로 그린 것은 ㉣입니다.

23 직육면체에서 보이지 않는 모서리 3개를 점선으로 그려 넣습니다.

25
평가 기준
직육면체의 겨냥도를 그리는 방법을 바르게 이해했나요?
잘못 그린 이유를 썼나요?

26

직육면체의 겨냥도를 완성하려면 보이는 모서리 2개를 실선으로, 보이지 않는 모서리 2개를 점선으로 더 그려야 합니다.

☺ 내가 만드는 문제
27 찾은 물건의 모양에 따라 여러 가지 직육면체의 겨냥도를 그릴 수 있습니다.

28 나: 면이 5개입니다.
다: 접었을 때 겹치는 면이 있습니다.

29 면 마와 평행한 면은 서로 마주 보는 면인 면 다입니다.

30 면 라와 수직인 면은 면 라와 평행한 면인 면 나를 제외한 나머지 면입니다.

31 전개도를 접었을 때 만나는 꼭짓점은 같은 기호로 나타냅니다.

☺ 내가 만드는 문제
32 예

㉠과 ㉣, ㉡과 ㉢, ㉢과 ㉤에 각각 같은 모양을 그립니다.

34 ㉡ 면이 5개입니다.
㉢ 접었을 때 서로 겹치는 면이 있습니다.

36
평가 기준
직육면체의 전개도를 바르게 이해했나요?
직육면체의 전개도가 아닌 이유를 썼나요?

37 면 ㅌㅁㅇㅋ과 평행한 면은 면 ㄴㄷㄹㅍ입니다.

38 면 ㅌㅁㅇㅋ과 수직인 면은 면 ㅌㅁㅇㅋ과 평행한 면인 면 ㄴㄷㄹㅍ을 제외한 나머지 면입니다.

1 6 cm   **2** 4개   **3** 38 cm

4 면 ㄱㅁㅇㄹ, 면 ㄴㅂㅅㄷ에 ○표

5 면 ㄴㅂㅅㄷ, 면 ㄱㅁㅇㄹ   **6** 2, 5

7 14 cm   **8** 21 cm   **9** 6 cm

10 84 cm   **11** 144 cm   **12** 36 cm

13 선분 ㅎㄱ   **14** 선분 ㅇㅅ   **15** 점 ㅅ, 점 ㅍ

16

17   **18** 10

1 모서리 ㄷㅅ의 길이는 모서리 ㄹㅇ의 길이와 같으므로 6 cm입니다.

2 직육면체에는 길이가 같은 모서리가 4개씩 3쌍 있으므로 길이가 4 cm인 모서리는 모두 4개입니다.

3 면 ㄱㅁㅇㄹ과 평행한 면은 면 ㄴㅂㅅㄷ이고 면 ㄱㅁㅇㄹ의 모서리의 길이와 같습니다.
➡ $(10+9) \times 2 = 38$ (cm)

4 • 면 ㄱㄴㄷㄹ과 수직인 면:
  면 ㄴㅂㅁㄱ, 면 ㄴㅂㅅㄷ, 면 ㄷㅅㅇㄹ, 면 ㄱㅁㅇㄹ
• 면 ㄷㅅㅇㄹ과 수직인 면:
  면 ㄱㄴㄷㄹ, 면 ㄴㅂㅅㄷ, 면 ㅁㅂㅅㅇ, 면 ㄱㅁㅇㄹ
따라서 두 면에 공통으로 수직인 면은
면 ㄴㅂㅅㄷ, 면 ㄱㅁㅇㄹ입니다.

5 • 면 ㅁㅂㅅㅇ과 수직인 면:
  면 ㄴㅂㅁㄱ, 면 ㄴㅂㅅㄷ, 면 ㄷㅅㅇㄹ, 면 ㄱㅁㅇㄹ
• 면 ㄴㅂㅁㄱ과 수직인 면:
  면 ㄱㄴㄷㄹ, 면 ㄴㅂㅅㄷ, 면 ㅁㅂㅅㅇ, 면 ㄱㅁㅇㄹ
따라서 두 면에 공통으로 수직인 면은
면 ㄴㅂㅅㄷ, 면 ㄱㅁㅇㄹ입니다.

6 눈의 수가 1인 면과 평행한 면의 눈의 수는 $7-1=6$이므로 수직인 면의 눈의 수는 2, 3, 4, 5이고, 눈의 수가 3인 면과 평행한 면의 눈의 수는 $7-3=4$이므로 수직인 면의 눈의 수는 1, 2, 5, 6입니다.
따라서 두 면에 공통으로 수직인 면의 눈의 수는 2, 5입니다.

7 점선으로 그려진 모서리의 길이는 8 cm, 3 cm, 3 cm이므로
(보이지 않는 모서리의 길이의 합)
$=8+3+3=14$ (cm)입니다.

8 점선으로 그려진 모서리의 길이는 4 cm, 5 cm, 12 cm이므로
(보이지 않는 모서리의 길이의 합)
$=4+5+12=21$ (cm)입니다.

9 보이지 않는 모서리의 길이의 합이 19 cm이므로 모서리 ㄱㅁ의 길이는 $19-3-10=6$ (cm)입니다.
모서리 ㄴㅂ의 길이는 모서리 ㄱㅁ의 길이와 같으므로 6 cm입니다.

10 정육면체는 모든 모서리의 길이가 같으므로
(모든 모서리의 길이의 합)
$=7 \times 12 = 84$ (cm)입니다.

11 정육면체는 모든 모서리의 길이가 같으므로
(모든 모서리의 길이의 합)
$=12 \times 12 = 144$ (cm)입니다.

12 직육면체는 길이가 같은 모서리가 4개씩 3쌍 있으므로
(모든 모서리의 길이의 합)
$=(4+2+3) \times 4 = 36$ (cm)입니다.

13

전개도를 접었을 때 점 ㅌ과 만나는 점은 점 ㅎ이고 점 ㅋ과 만나는 점은 점 ㄱ이므로 선분 ㅌㅋ과 겹치는 선분은 선분 ㅎㄱ입니다.

14

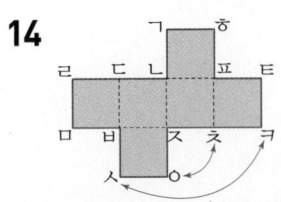

전개도를 접었을 때 점 ㅊ과 만나는 점은 점 ㅇ이고 점 ㅋ과 만나는 점은 점 ㅅ이므로 선분 ㅊㅋ과 겹치는 선분은 선분 ㅇㅅ입니다.

15

전개도를 접었을 때 점 ㅋ과 만나는 점은 점 ㅅ과 점 ㅍ입니다.

16

각각의 면과 서로 평행한 면을 찾으면 (㉠, 5), (㉡, 1), (㉢, 4)입니다. 서로 평행한 두 면의 눈의 수의 합이 7이므로 ㉠=7−5=2, ㉡=7−1=6, ㉢=7−4=3입니다.

17

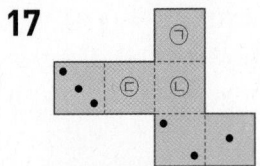

각각의 면과 서로 평행한 면을 찾으면 (㉠, 2), (㉡, 3), (㉢, 1)입니다. 서로 평행한 두 면의 눈의 수의 합이 7이므로 ㉠=7−2=5, ㉡=7−3=4, ㉢=7−1=6입니다.

18 전개도를 접었을 때 눈의 수가 2인 면과 눈의 수가 7인 면이 서로 평행하므로 서로 평행한 두 면의 눈의 수의 합은 2+7=9입니다.
따라서 ㉠=9−3=6, ㉡=9−5=4이므로 ㉠+㉡=6+4=10입니다.

STEP 4 최상위 도전 유형 139~141쪽

1 6 cm **2** 9 cm

3 40 cm **4** 빨간색

5 노란색 **6** 6

7 63 cm **8** 132 cm

9 60 cm **10** 38 cm

11 38 cm **12** 22 cm

13 **14**

15 **16** 48 cm

17 98 cm **18** 56 cm

1 모서리 ㅅㅇ의 길이를 □cm라고 하면
(5+□+2)×4=52, 5+□+2=13, 7+□=13, □=6입니다.

2 모서리 ㄴㅂ의 길이를 □cm라고 하면
(5+6+□)×4=80, 5+6+□=20, 11+□=20, □=9입니다.

3 정육면체는 모서리가 12개이고 길이가 모두 같으므로 한 모서리의 길이를 □cm라고 하면
□×12=120, □=10입니다.
따라서 정육면체의 한 면의 둘레는 10×4=40 (cm)입니다.

4 정육면체의 여섯 면의 색은 각각 파란색, 빨간색, 초록색, 주황색, 노란색, 보라색입니다.
주황색과 수직인 면은 파란색, 노란색, 보라색, 초록색이므로 평행한 면은 빨간색입니다.

5 정육면체의 여섯 면의 색은 각각 파란색, 노란색, 보라색, 초록색, 빨간색, 주황색입니다.
초록색과 수직인 면은 파란색, 보라색, 빨간색, 주황색이므로 평행한 면은 노란색입니다.

6 5가 쓰여진 면과 수직인 면에 쓰여진 수는 3, 4, 7, 8입니다. 따라서 5가 쓰여진 면과 평행한 면에 쓰여진 수는 6입니다.

7 사용한 끈은 가로의 2배, 세로의 4배, 높이의 2배만큼 묶었으므로 한 모서리의 길이의 8배만큼과 매듭의 길이입니다.
따라서 사용한 끈의 길이는 $6 \times 8 + 15 = 63$ (cm)입니다.

8 $24 \times 2 + 12 \times 2 + 10 \times 4 = 112$ (cm)이고 매듭의 길이는 20 cm이므로 상자를 묶는 데 사용한 끈의 길이는 $112 + 20 = 132$ (cm)입니다.

9 5 cm의 4배, 10 cm의 4배만큼 붙였으므로 사용한 색 테이프의 길이는 $5 \times 4 + 10 \times 4 = 60$ (cm)입니다.

10 앞과 옆에서 본 모양에서 직육면체의 서로 다른 세 모서리의 길이는 13 cm, 9 cm, 6 cm입니다.
직육면체를 위에서 본 모양은 가로가 13 cm, 세로가 6 cm인 직사각형 모양이므로
(둘레)$=(13+6) \times 2 = 38$ (cm)입니다.

11 앞과 옆에서 본 모양에서 직육면체의 서로 다른 세 모서리의 길이는 7 cm, 10 cm, 12 cm입니다.
직육면체를 위에서 본 모양은 가로가 7 cm, 세로가 12 cm인 직사각형 모양이므로
(둘레)$=(7+12) \times 2 = 38$ (cm)입니다.

12 위와 앞에서 본 모양에서 직육면체의 서로 다른 세 모서리의 길이는 9 cm, 7 cm, 4 cm입니다.
직육면체를 옆에서 본 모양은 가로가 7 cm, 세로가 4 cm인 직사각형 모양이므로
(둘레)$=(7+4) \times 2 = 22$ (cm)입니다.

13 색 테이프를 붙인 면은 4개입니다. 전개도를 접었을 때 색 테이프가 붙은 면을 생각하여 전개도에 나타냅니다.

15 전개도를 접었을 때 겹치는 꼭짓점을 생각해 봅니다.

16 전개도의 둘레에는 길이가 5 cm인 선분이 4개, 2 cm인 선분이 8개, 6 cm인 선분이 2개 있습니다.
➡ $5 \times 4 + 2 \times 8 + 6 \times 2 = 48$ (cm)

17 정육면체의 한 모서리의 길이를 □ cm라고 하면
$□ \times 4 = 28$, □$=7$입니다.
전개도의 둘레에는 길이가 7 cm인 선분이 14개 있으므로 $7 \times 14 = 98$ (cm)입니다.

18 전개도의 둘레에는 길이가 6 cm인 선분이 4개, 2 cm인 선분이 6개, 5 cm인 선분이 4개 있습니다.
➡ $6 \times 4 + 2 \times 6 + 5 \times 4 = 56$ (cm)

수시 평가 대비 Level ❶
142~144쪽

1 ③, ⑤
2 (위에서부터) 7, 5, 8
3 6, 12, 8
4 면 ㄴㅂㅁㄱ
5 지희
6 84 cm

7

8 10개
9 면 라
10 면 가, 면 바
11 5

12 (예)

13 1, 4, 5

14

15 28 cm
16 138 cm
17 4 cm

18

19 기호 ⓒ, ②
바르게 고치기 (예) ⓒ 직육면체는 면의 모양이 직사각형이고, 정육면체는 면의 모양이 정사각형입니다.
② 직육면체는 정육면체라고 할 수 없습니다.

20 60 cm

---

1 직사각형 6개로 둘러싸인 도형은 ③, ⑤입니다.

2 직육면체에서 서로 평행한 모서리의 길이는 같습니다.

4 직육면체에서 서로 마주 보는 두 면은 평행합니다.
따라서 면 ㄷㅅㅇㄹ과 평행한 면은 면 ㄴㅂㅁㄱ입니다.

5 지희: 한 면과 수직으로 만나는 면은 모두 4개입니다.

6 $7 \times 12 = 84$ (cm)

7 겨냥도에서 보이는 모서리는 실선으로, 보이지 않는 모서리는 점선으로 그립니다.

8 정육면체에서 보이는 모서리는 9개, 보이지 않는 꼭짓점은 1개입니다.
➡ $9 + 1 = 10$(개)

9 전개도를 접었을 때 면 나와 서로 평행한 면은 면 라입니다.

10 전개도를 접었을 때 면 다, 면 라와 만나는 면을 각각 찾아봅니다.
• 면 다와 수직인 면: 면 가, 면 나, 면 라, 면 바
• 면 라와 수직인 면: 면 가, 면 다, 면 마, 면 바
➡ 면 다와 면 라에 공통으로 수직인 면: 면 가, 면 바

11 10 cm, ㉠ cm, 8 cm인 모서리가 각각 4개씩 있습니다.
$10 \times 4 + ㉠ \times 4 + 8 \times 4 = 92$,
$40 + ㉠ \times 4 + 32 = 92$, $㉠ \times 4 = 20$, $㉠ = 5$

12 전개도를 접었을 때 겹치는 면이 있으므로 직육면체의 전개도가 아닙니다. 겹치는 면을 겹치지 않는 곳으로 옮겨 그립니다.

13 각각의 면과 서로 평행한 면을 찾으면 눈의 수는 (㉠, 6), (㉡, 3), (㉢, 2)입니다.
서로 평행한 두 면의 눈의 수의 합이 7이므로
$㉠ = 7 - 6 = 1$, $㉡ = 7 - 3 = 4$, $㉢ = 7 - 2 = 5$입니다.

15 주어진 보이는 두 면의 모양에 맞게 직육면체의 겨냥도를 그리면 오른쪽과 같습니다.
보이는 나머지 한 면의 모양은 가로가 5 cm, 세로가 9 cm인 직사각형이므로 네 변의 길이의 합은 $(5 + 9) \times 2 = 28$ (cm)입니다.

9 cm
5 cm
4 cm

16 매듭을 제외한 상자를 묶은 끈의 길이는 길이가 20 cm인 끈 2개, 길이가 16 cm인 끈 2개, 길이가 12 cm인 끈 4개의 길이의 합과 같습니다.
➡ (상자를 묶는 데 사용한 끈의 길이)
= (매듭을 제외한 상자를 묶은 끈의 길이)
+ (매듭의 길이)
= $(20 \times 2 + 16 \times 2 + 12 \times 4) + 18$
= $120 + 18 = 138$ (cm)

17 (직육면체의 모든 모서리의 길이의 합)
= $6 \times 4 + 2 \times 4 + 4 \times 4$
= $24 + 8 + 16 = 48$ (cm)
정육면체는 모서리가 12개이고 길이가 모두 같습니다.
➡ (정육면체의 한 모서리의 길이) = $48 \div 12$
= 4 (cm)

18 전개도를 접었을 때 겹치는 꼭짓점을 생각해 봅니다.

19

평가 기준	배점
잘못 설명한 것을 모두 찾아 기호를 썼나요?	2점
바르게 고쳐 썼나요?	3점

20 ⑩ 전개도를 접어서 만든 정육면체의 한 모서리의 길이는 $20 \div 4 = 5$ (cm)입니다.
정육면체의 모서리는 12개이므로 정육면체의 모든 모서리의 길이의 합은
$5 \times 12 = 60$ (cm)입니다.

평가 기준	배점
정육면체의 한 모서리의 길이를 구했나요?	2점
정육면체의 모든 모서리의 길이의 합을 구했나요?	3점

수시 평가 대비 Level ❷
145~147쪽

1 ㉠, ㉢, ㉥

2 ㉣

3 (위에서부터) 7, 10

4 ㉢, ㉤

5 ㉡

6 면 ㄴㅂㅁㄱ

7 면 ㄴㅂㅁㄱ, 면 ㄱㄴㄷㄹ, 면 ㄷㅅㅇㄹ, 면 ㅁㅂㅅㅇ

8 36 cm

9

10 12개

11 면 ㅌㅅㅇㅋ

12 선분 ㅈㅇ

13

14 면 ㄱㄴㄷㄹ, 면 ㅁㅂㅅㅇ

15 5

16 예

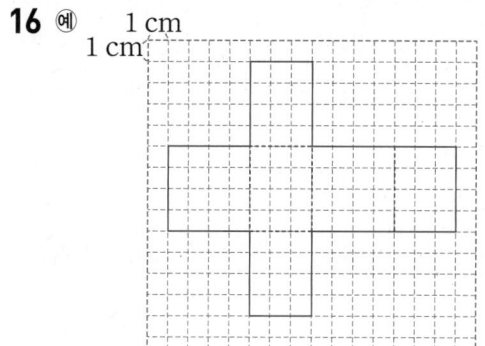

17 140 cm

18 6

19 15 cm

20 84 cm

---

1 직사각형 6개로 둘러싸인 도형은 ㉠, ㉢, ㉤입니다.

2 정사각형 6개로 둘러싸인 도형은 ㉤입니다.

3 직육면체에서 서로 마주 보는 모서리끼리 길이가 같습니다.

4 ㉠ 모서리의 길이가 모두 같습니다.
㉡ 꼭짓점은 8개입니다.
㉣ 정사각형 6개로 둘러싸여 있습니다.

5 ㉠ 4개   ㉡ 12개   ㉢ 8개
따라서 수가 가장 많은 것은 ㉡입니다.

6 면 ㄷㅅㅇㄹ과 서로 마주 보는 면은 면 ㄴㅂㅁㄱ입니다.

7 면 ㄴㅂㅅㄷ과 수직인 면은 면 ㄴㅂㅅㄷ과 평행한 면인 면 ㄱㅁㅇㄹ을 제외한 나머지 4개의 면입니다.

8 정육면체는 모서리가 12개이고 길이가 모두 같으므로 모든 모서리의 길이의 합은 $3 \times 12 = 36$ (cm)입니다.

9 완성된 직육면체의 모양을 생각하여 보이는 모서리는 실선으로, 보이지 않는 모서리는 점선으로 그립니다.

10 보이는 모서리의 수: 9개
보이지 않는 면의 수: 3개
➡ $9 + 3 = 12$(개)

12 전개도를 접었을 때 점 ㅁ과 만나는 점은 점 ㅈ이고, 점 ㅂ과 만나는 점은 점 ㅇ이므로 선분 ㅁㅂ과 겹치는 선분은 선분 ㅈㅇ입니다.

13 전개도를 접어 정육면체를 만들었을 때 색칠한 면과 만나는 면을 모두 찾아 색칠합니다.

14 • 면 ㄴㅂㅅㄷ과 수직인 면:
면 ㄱㄴㄷㄹ, 면 ㄴㅂㅁㄱ, 면 ㅁㅂㅅㅇ, 면 ㄷㅅㅇㄹ
• 면 ㄷㅅㅇㄹ과 수직인 면:
면 ㄱㄴㄷㄹ, 면 ㄴㅂㅅㄷ, 면 ㅁㅂㅅㅇ, 면 ㄱㅁㅇㄹ
따라서 두 면에 공통으로 수직인 면은
면 ㄱㄴㄷㄹ, 면 ㅁㅂㅅㅇ입니다.

15 눈의 수가 4인 면과 평행한 면의 눈의 수는 $7 - 4 = 3$이므로 수직인 면의 눈의 수는 1, 2, 5, 6이고 이 중 가장 큰 수와 가장 작은 수의 차는 $6 - 1 = 5$입니다.

17 (사용한 색 테이프의 길이)
$= 10 \times 4 + 20 \times 2 + 30 \times 2 = 140$ (cm)

18 $(\square + 10 + 3) \times 4 = 76$, $\square + 10 + 3 = 19$, $\square = 6$

19 예 보이지 않는 모서리는 점선으로 된 부분이므로 6 cm, 4 cm, 5 cm입니다.
따라서 보이지 않는 모서리의 길이의 합은
$6 + 4 + 5 = 15$ (cm)입니다.

평가 기준	배점
보이지 않는 모서리의 길이를 모두 구했나요?	2점
보이지 않는 모서리의 길이의 합을 구했나요?	3점

20 예 전개도의 둘레에는 길이가 4 cm인 선분이 8개, 길이가 6 cm인 선분이 2개, 길이가 10 cm인 선분이 4개이므로
(전개도의 둘레) $= 4 \times 8 + 6 \times 2 + 10 \times 4$
$= 84$ (cm)입니다.

평가 기준	배점
길이가 4 cm, 6 cm, 10 cm인 선분이 각각 몇 개인지 구했나요?	3점
전개도의 둘레를 구했나요?	2점

💡 **사고력이 반짝**
148쪽

시각: 오후 TWO시 (오후 2시),
장소: ZOO (동물원)

6 평균과 가능성

일상생활에서 접하는 많은 상황들에는 제시된 정보의 특성을 파악하고 그와 관련된 자료들을 수집하고 정리하며 해석하는 등 통계적 이해를 바탕으로 정보를 처리하고 문제를 해결해야 하는 경우가 포함되어 있습니다. 이러한 정보 처리 과정은 수집된 자료의 각 값들을 고르게 하여 자료의 대푯값을 정하는 평균에 대한 개념을 바탕으로 하고 있습니다. 평균의 개념은 주어진 자료들이 분포된 상태를 직관적으로 파악할 수 있도록 할 뿐만 아니라, 제시된 자료들을 통계적으로 분석하는 데 가장 기초가 되는 개념이며 확률 개념의 기초와도 관련이 있습니다. 한편 확률 개념은 중학교에서 다루지만 확률 개념의 기초가 되는 '일이 일어날 가능성'은 초등학교에서 다룹니다. 이와 같은 '평균' 및 '일이 일어날 가능성'에 대한 개념은 통계적 이해를 위한 가장 기초적이고도 핵심적인 개념으로써 중요성을 가집니다.

STEP 1 교과개념 1. 평균 알아보기, 평균 구하기 151쪽

1 ① ㉔ 25명 ② 세진 ③ 25명

2 풀이 참조

1 ③ (5학년 한 학급의 학생 수의 평균)
= (25+23+26+25+26)÷5
= 125÷5
= 25(명)

2 방법 1 예상한 평균: ㉔ 125타
㉔ 평균을 125타로 예상한 후 (125, 125), (130, 120)으로 수를 옮기고 짝 지어 자료의 값을 고르게 하면 지수의 주별 최고 타자 기록의 평균은 125타입니다.

방법 2
㉔ (130+125+125+120)÷4=500÷4=125(타)
지수의 주별 최고 타자 기록의 합을 주 수 4로 나누면 125입니다. 따라서 지수의 주별 최고 타자 기록의 평균은 125타입니다.

STEP 1 교과개념 2. 평균을 이용하여 문제 해결하기 153쪽

1 ① 80, 320 ② 320, 86

2 ① 23 ② 23, 69 ③ 69, 18

3 14초

1 ① (하은이네 모둠 학생들이 읽은 전체 책 수)
= (평균)×(학생 수)
= 80×4=320(권)

2 ① (한별이의 팔굽혀펴기 기록의 평균)
= (30+18+25+19)÷4
= 23(회)
② (진혁이의 3회 동안의 팔굽혀펴기 기록의 합)
= (평균)×(횟수)
= 23×3=69(회)

3 건우의 4회 동안의 100 m 달리기 기록의 합은 15×4=60(초)입니다. 따라서 3회의 100 m 달리기 기록은 60-(15+19+12)=14(초)입니다.

STEP 1 교과개념 3. 일이 일어날 가능성을 말로 표현하기, 비교하기 155쪽

1 (왼쪽에서부터) 불가능하다, ~일 것 같다

2 ㉔

가능성 일	불가능하다	~아닐 것 같다	반반이다	~일 것 같다	확실하다
강아지는 동물일 것입니다.					○
주사위를 2번 굴리면 주사위 눈의 수가 모두 3이 나올 것입니다.		○			
곧 태어날 동생은 남자 아이일 것입니다.			○		
개나리는 곤충일 것입니다.	○				
여름에는 반팔 옷을 입은 사람들이 긴팔 옷을 입은 사람보다 많을 것입니다.				○	

3 ① ㉡, ㉢ ② ㉣

STEP 1 교과개념 · 4. 일이 일어날 가능성을 수로 표현하기 157쪽

1 ① (수직선: 0 — 1/2 — 1, 화살표가 1에)
② (수직선: 0 — 1/2 — 1, 화살표가 1/2에)
③ (수직선: 0 — 1/2 — 1, 화살표가 0에)

2 ① 불가능하다 / 0 ② 확실하다 / 1

1 ① 가 주머니에서 공을 한 개 꺼낼 때 꺼낸 공이 검은색 공일 가능성은 '확실하다'이므로 수로 표현하면 1입니다.

② 나 주머니에서 공을 한 개 꺼낼 때 꺼낸 공이 검은색 공일 가능성은 '반반이다'이므로 수로 표현하면 $\frac{1}{2}$입니다.

③ 다 주머니에서 공을 한 개 꺼낼 때 꺼낸 공이 검은색 공일 가능성은 '불가능하다'이므로 수로 표현하면 0입니다.

STEP 2 꼭 나오는 유형 158~162쪽

1 (1) 75쪽 (2) 15쪽   **2** 7℃

3 방법1 예 평균을 22라고 예상한 후 (27, 17), (19, 25), 22로 수를 옮기고 짝 지어 고르게 하면 평균은 22입니다.

방법2 예 (평균)=(27＋19＋25＋17＋22)÷5
＝110÷5=22

4 5000원

5 예 친구들의 키 / 예 148 cm

이름	미라	선호	지유	서진
키(cm)	150	148	152	142

6 (1) 9, 11, 8 (2) 나 모둠   **7** 34명

8 윤지네 모둠, 1점   **9** 13권

10 100점   **11** 오후 5시 30분

12

불가능 하다	반반 이다	확실 하다
○		
	○	

13

14 예 상자 안에서 7번 번호표를 꺼내는 것은 불가능해.

준비 1, 2, 5, 10   **15** (1) ㉡ (2) ㉠

16 남진 / 예 검은색 구슬만 들어 있는 주머니에서 흰색 구슬을 꺼낼 가능성은 '불가능하다'입니다.

17 예 토요일 다음 날은 일요일일 것입니다. /
예 서울의 8월 평균 기온이 5 ℃보다 낮을 것입니다.

18 ( )
(○)   **19** 민지

20 예 지금은 오전 9시니까 1시간 후에는 10시가 될 거야.

21 선우, 우영, 민지   **22** ㉢, ㉡, ㉠

23 가   **24** 예
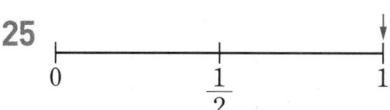

25 (수직선: 0 — 1/2 — 1, 화살표가 1 근처에)

26 (수직선: 0 — 1/2 — 1, 화살표가 0에)

준비 4개   **27** $\frac{1}{2}$

28 0   **29** 1

30 반반이다, $\frac{1}{2}$ **31** 예

1 (1) (푼 문제집 쪽수의 합)
$= 14 + 9 + 20 + 17 + 15 = 75$(쪽)
(2) (평균) $= 75 \div 5 = 15$(쪽)

2 막대의 높이를 고르게 하여 평균을 구하거나 자료의 값을 모두 더한 후 자료의 수로 나누어 평균을 구합니다.
➡ (평균) $= (8 + 6 + 10 + 6 + 5) \div 5$
$= 35 \div 5 = 7 \, (\text{℃})$

3

평가 기준
한 가지 방법으로 평균을 구했나요?
다른 한 가지 방법으로 평균을 구했나요?

4 (평균) $= (5000 + 3200 + 7100 + 4700) \div 4$
$= 20000 \div 4 = 5000$(원)

😊 내가 만드는 문제
5 예 (평균) $= (150 + 148 + 152 + 142) \div 4$
$= 592 \div 4 = 148 \, (\text{cm})$

6 (1) 가 모둠: $36 \div 4 = 9$(개)
나 모둠: $55 \div 5 = 11$(개)
다 모둠: $48 \div 6 = 8$(개)
(2) 1인당 먹은 귤 수를 비교하면 나 모둠이 11개로 가장 많습니다.

7 (1반부터 5반까지 학생 수의 합) $= 32 \times 5 = 160$(명)
➡ (5반의 학생 수)
$= 160 - (30 + 34 + 33 + 29) = 34$(명)

8 윤지네 모둠: $(5 + 7 + 4 + 8) \div 4 = 24 \div 4 = 6$(점)
민기네 모둠: $(6 + 2 + 7 + 5) \div 4 = 20 \div 4 = 5$(점)
따라서 윤지네 모둠이 $6 - 5 = 1$(점) 더 높습니다.

9 (1월부터 6월까지 읽은 책 수의 평균)
$= (10 + 9 + 6 + 1 + 8 + 2) \div 6 = 36 \div 6 = 6$(권)
따라서 전체 평균을 1권이라도 늘리려면 7월에 최소 $6 + 7 = 13$(권)을 읽어야 합니다.

10 1회부터 5회까지의 평균 점수가 90점이 되려면 점수의 합이 $90 \times 5 = 450$(점)이 되어야 합니다.
따라서 5회에는 $450 - (95 + 85 + 80 + 90) = 100$(점)을 받아야 합니다.

11 예 (3일 동안 연습한 시간의 합) $= 30 \times 3 = 90$(분)
(월요일의 연습 시간) $= 6시 - 5시 20분 = 40분$
(화요일의 연습 시간) $= 5시 10분 - 4시 40분 = 30분$
수요일에는 $90 - (40 + 30) = 20$(분) 동안 연습을 했으므로 끝난 시각은 오후 5시 10분 + 20분 = 오후 5시 30분입니다.

평가 기준
3일 동안 연습한 시간의 합을 구했나요?
수요일의 연습 시간을 구했나요?
수요일에 끝난 시각을 구했나요?

13 • 12월에 10월보다 눈이 자주 올 가능성은 '~일 것 같다' 입니다.
• 내년에 내 나이가 언니 나이보다 많을 가능성은 '불가능하다'입니다.

14 상자 안에는 1번부터 6번까지의 번호표가 있으므로 7번 번호표를 꺼낼 가능성은 '불가능하다'입니다.

준비 10을 나누어떨어지게 하는 수는 1, 2, 5, 10입니다.

15 (1) 4의 약수는 1, 2, 4이므로 일이 일어날 가능성은 '반반이다'입니다.
(2) 1부터 6까지의 수 중 8의 배수는 없으므로 일이 일어날 가능성은 '불가능하다'입니다.

16

평가 기준
잘못 말한 사람의 이름을 썼나요?
이유를 썼나요?

18 • 주사위 눈의 수 1부터 6까지 중에서 눈의 수가 2가 나올 가능성은 '~ 아닐 것 같다'입니다.
• 내일 전학 오는 학생은 여학생 또는 남학생이므로 여학생일 가능성은 '반반이다'입니다.

19 오전 9시에서 1시간 후는 10시이므로 11시가 되는 것은 불가능합니다.
따라서 일이 일어날 가능성이 '불가능하다'인 경우를 말한 친구는 민지입니다.

21 선우: 현재 5학년이기 때문에 내년 3월에 6학년이 될 가능성은 '확실하다'입니다.

우영: 주사위 눈의 수는 6가지이므로 주사위를 2번 굴려서 나온 주사위 눈의 수가 모두 1이 나올 가능성은 '~ 아닐 것 같다'입니다.

22 ㉠ 확실하다   ㉡ 반반이다   ㉢ 불가능하다

23 표에서 화살이 빨간색에 멈춘 횟수는 가장 많고 파란색과 노란색에 멈춘 횟수는 비슷합니다.

회전판 가에서 빨간색은 전체의 $\frac{3}{4}$이고 파란색과 노란색은 각각 전체의 $\frac{1}{8}$이므로 일이 일어날 가능성이 표의 횟수와 비슷합니다.

😊 내가 만드는 문제
24 화살이 파란색에 멈출 가능성이 가장 높기 때문에 회전판에서 파란색을 가장 넓게 색칠하고 화살이 빨간색에 멈출 가능성과 노란색에 멈출 가능성은 같으므로 파란색을 색칠한 나머지 부분을 똑같이 나누어 빨간색과 노란색을 색칠합니다.

25 당첨 제비만 6개 들어 있는 제비뽑기 상자에서 뽑은 제비 1개가 당첨 제비일 가능성은 '확실하다'이므로 수로 표현하면 1입니다.

26 당첨 제비만 6개 들어 있는 제비뽑기 상자에서 뽑은 제비 1개가 당첨 제비가 아닐 가능성은 '불가능하다'이므로 수로 표현하면 0입니다.

준비 12, 14, 16, 18 ➡ 4개

27 예 수 카드 1장을 꺼낼 때 나올 수 있는 수는 1, 2, 3, 4로 4가지이고 이 중 짝수는 2, 4로 2가지입니다.
따라서 짝수가 나올 가능성은 '반반이다'이고 수로 표현하면 $\frac{1}{2}$입니다.

평가 기준
짝수가 나오는 경우를 구했나요?
짝수가 나올 가능성을 수로 표현했나요?

28 주사위 눈의 수는 1, 2, 3, 4, 5, 6이므로 주사위 한 개를 굴릴 때 주사위 눈의 수가 7 이상으로 나올 가능성은 '불가능하다'이고 수로 표현하면 0입니다.

29 주어진 악보의 계이름은 '미, 미, 미, 미'이므로 '미' 소리를 낼 가능성은 '확실하다'이고 수로 표현하면 1입니다.

30 상자 속에는 보라색 구슬 2개, 노란색 구슬 2개가 들어 있으므로 구슬을 1개 꺼낼 때 꺼낸 구슬이 노란색일 가능성은 '반반이다'이고 수로 표현하면 $\frac{1}{2}$입니다.

31 전체 4칸 중 2칸을 빨간색으로 색칠하면 화살이 빨간색에 멈출 가능성이 $\frac{1}{2}$이므로 가능성이 0보다 크고 $\frac{1}{2}$보다 작으려면 한 칸에 색칠해야 합니다.

STEP 3 자주 틀리는 유형   163~164쪽

1 750번	**2** 6000 mL	**3** 5270명
4 현아네 모둠	**5** 재희네 밭	**6** 완희
7 0	**8** $\frac{1}{2}$	**9** $\frac{1}{2}$
10 2회	**11** 승우	**12** 금요일

1 11월의 날수는 30일입니다.
(11월 한 달 동안 한 윗몸 말아 올리기 횟수)
$= 25 \times 30 = 750$(번)

2 4월의 날수는 30일입니다.
(4월 한 달 동안 마신 우유의 양)
$= 200 \times 30 = 6000$ (mL)

3 3월의 날수는 31일입니다.
(3월 한 달 동안 미술관을 방문한 사람 수)
$= 170 \times 31 = 5270$(명)

4 (현아네 모둠의 평균 점수)=792÷9=88(점)
(민주네 모둠의 평균 점수)=924÷11=84(점)
따라서 평균 점수가 더 높은 현아네 모둠의 성적이 더 좋다고 할 수 있습니다.

5 1 m²당 수확한 평균 고구마의 양이
재희네 밭은 900÷50=18 (kg),
주리네 밭은 2100÷140=15 (kg)입니다.
따라서 재희네 밭에서 고구마를 더 잘 수확했다고 할 수 있습니다.

6 하루 평균 공부 시간이 완희는 28÷7=4(시간)이고
재원이는 30÷10=3(시간)입니다.
따라서 완희가 하루에 더 많이 공부했다고 할 수 있습니다.

7 바둑돌은 모두 흰색이므로 꺼낸 바둑돌이 흰색이 아닐 가능성은 '불가능하다'입니다.
따라서 수로 표현하면 0입니다.

8 꺼낸 구슬이 빨간색이 아닐 가능성은 꺼낸 구슬이 보라색일 가능성과 같으므로 '반반이다'입니다.
따라서 수로 표현하면 $\frac{1}{2}$입니다.

9 꺼낸 카드의 수가 짝수가 아닐 가능성은 꺼낸 카드의 수가 홀수일 가능성과 같으므로 '반반이다'입니다.
따라서 수로 표현하면 $\frac{1}{2}$입니다.

10 (4회까지 기록의 합)=13×4=52(초)
(3회의 기록)=52-(12+16+10)=14(초)
따라서 은수의 기록이 가장 좋은 때는 2회입니다.

11 (모둠 친구들의 기록의 합)=24×4=96 (m)
(승우의 기록)=96-(22+27+26)=21 (m)
따라서 기록이 가장 낮은 친구는 승우입니다.

12 (준모의 줄넘기 기록의 합)=286×5=1430(회)
(화요일의 기록)=1430-(290+284+288+295)
=273(회)
따라서 줄넘기를 가장 많이 한 날은 금요일입니다.

STEP 4 최상위 도전 유형
165~167쪽

1 89점	**2** 644상자	**3** 33세
4 17 m	**5** 95점	**6** 8500원
7 ㉡	**8** ㉢	**9** ㉢, ㉡, ㉠
10 5개	**11** 9번	**12** 160 cm

13 (예)

방법＼과목	국어	수학	사회	과학
1	80	90	95	85
2	75	85	100	90

14 (예)

방법＼가게	가	나	다	라	마
1	720	960	880	760	920
2	700	1000	900	800	840

15 2개	**16** 4개	**17** 20개

1 (네 과목의 점수의 합)=91×2+87×2=356(점)
(네 과목의 평균 점수)=356÷4=89(점)

2 (다섯 과수원의 사과 수확량의 합)
=638×3+653×2=3220(상자)
(다섯 과수원의 평균 사과 수확량)
=3220÷5=644(상자)

3 (5학년과 6학년 선생님 전체의 나이의 합)
=35×15+30×10=825(세)
5학년과 6학년 선생님은 모두 15+10=25(명)이므로
평균 나이는 825÷25=33(세)입니다.

4 (4명의 평균 기록)=(15+9+14+10)÷4=12 (m)
(5명의 기록의 합)=13×5=65 (m)
(민서의 기록)=65-(15+9+14+10)=17 (m)

5 (5단원까지의 평균 점수)
=(85+90+88+90+92)÷5=89(점)
(6단원까지의 점수의 합)=90×6=540(점)
(6단원 점수)=540-(85+90+88+90+92)
=95(점)

6 (4달 동안의 평균 저금액)
=(5000+3500+2500+3000)÷4=3500(원)
(5달 동안의 저금액의 합)=4500×5=22500(원)

(7월의 저금액)
=22500−(5000+3500+2500+3000)
=8500(원)

7 일이 일어날 가능성을 수로 표현하면 ㉠ $\frac{1}{2}$, ㉡ 1입니다.
따라서 가능성이 더 높은 것은 ㉡입니다.

8 일이 일어날 가능성을 수로 표현하면 ㉠ 1, ㉡ $\frac{1}{2}$, ㉢ 0입니다.
따라서 $0<\frac{1}{2}<1$이므로 가능성이 가장 낮은 것은 ㉢입니다.

9 일이 일어날 가능성을 수로 표현하면 ㉠ 0, ㉡ $\frac{1}{2}$, ㉢ 1입니다.
따라서 $0<\frac{1}{2}<1$이므로 ㉠<㉡<㉢입니다.

10 (지호의 평균)=(8+6+4)÷3=6(개)
승기의 평균도 6개이므로 승기는 모두 6×4=24(개) 걸었습니다.
따라서 승기가 2회에 걸은 고리는
24−(2+8+9)=5(개)입니다.

11 (유라의 평균)=(9+15+12)÷3=12(번)
선호의 평균도 12번이므로 선호는 모두 12×4=48(번) 돌렸습니다.
따라서 선호의 3회의 기록은
48−(13+11+15)=9(번)입니다.

12 (민규의 평균)=(160+152+156)÷3=156 (cm)
은수의 평균도 156 cm이므로 은수의 기록의 합은
156×4=624 (cm)입니다.
따라서 은수의 4회의 기록은
624−(162+148+154)=160 (cm)입니다.

13 (중간 평가의 점수의 합)
=70+80+95+85=330(점)
평균 5점을 올리려면 점수의 합을 5×4=20(점) 올려야 합니다.
따라서 네 과목의 점수의 합이 330+20=350(점)이 되도록 각 과목의 점수를 정합니다.

14 (현재 햄버거 판매량의 합)
=680+920+840+720+880=4040(개)

평균 햄버거 판매량을 40개 늘리려면 전체 햄버거 판매량을 40×5=200(개) 늘려야 합니다.
따라서 각 가게의 햄버거 판매량의 합이
4040+200=4240(개)가 되도록 각 판매량을 정합니다.

15 공 1개를 꺼냈을 때 파란색 공일 가능성이 $\frac{1}{2}$이면 전체 공의 $\frac{1}{2}$이 파란색 공입니다.
따라서 파란색 공의 수는 노란색 공과 초록색 공의 수의 합과 같은 1+1=2(개)입니다.

16 공깃돌 1개를 꺼냈을 때 분홍색 공깃돌일 가능성이 $\frac{1}{2}$이면 전체 공깃돌의 $\frac{1}{2}$이 분홍색입니다.
따라서 분홍색 공깃돌의 수는 빨간색 공깃돌과 노란색 공깃돌의 수의 합과 같은 3+1=4(개)입니다.

17 ・왼쪽 주머니에서 바둑돌 한 개를 꺼낼 때 꺼낸 바둑돌이 검은색일 가능성이 0이므로 왼쪽 주머니에는 흰색 바둑돌만 10개 들어 있습니다.
・오른쪽 주머니에서 바둑돌 한 개를 꺼낼 때 꺼낸 바둑돌이 흰색일 가능성이 1이므로 오른쪽 주머니에는 흰색 바둑돌만 10개 들어 있습니다.
따라서 두 주머니에 들어 있는 흰색 바둑돌은 모두
10+10=20(개)입니다.

수시 평가 대비 Level ❶ 168~170쪽

1 135 m
2 27 m
3 확실하다에 ○표
4 불가능하다에 ○표
5 5개
6 확실하다
7
8 지은
9 8점
10 다
11 반반이다 / $\frac{1}{2}$
12 ㉢, ㉠, ㉡
13

14 16초   **15** 6개

16 나 모둠   **17** 153 cm

18 16번   **19** 3회

20 $\dfrac{1}{2}$

1 (공 던지기 기록의 합)
$$=24+30+21+34+26=135\,(\text{m})$$

2 (평균)$=135\div5=27\,(\text{m})$

3 6월의 다음 달은 7월이므로 내년에는 6월이 7월보다 빨리 올 가능성은 '확실하다'입니다.

4 고양이가 알을 낳을 가능성은 '불가능하다'입니다.

5 막대의 높이를 고르게 하여 평균을 구하거나 자료의 값을 모두 더한 후 자료의 수로 나누어 평균을 구합니다.
➡ (평균)$=(4+6+3+7)\div4=20\div4=5(\text{개})$

6 제비뽑기 상자에 당첨 제비만 6개 들어 있으므로 이 상자에서 뽑은 제비 1개가 당첨 제비일 가능성은 '확실하다'입니다.

7 제비뽑기 상자에 당첨 제비만 6개 들어 있으므로 이 상자에서 뽑은 제비 1개가 당첨 제비가 아닐 가능성은 '불가능하다'이고, 이를 수로 표현하면 0입니다.

8 (윤화의 평균 점수)$=(80+82+90+88)\div4$
$$=340\div4=85(\text{점})$$
(지은이의 평균 점수)$=(84+92+78+90)\div4$
$$=344\div4=86(\text{점})$$
따라서 지은이의 평균 점수가 더 높습니다.

9 평균을 2점 더 올리려면 점수의 합을 $2\times4=8$(점) 더 올려야 합니다.

10 각 회전판에서 빨간색 부분의 넓이가 넓을수록 화살이 빨간색에 멈출 가능성이 높아집니다.
따라서 화살이 빨간색에 멈출 가능성이 가장 높은 회전판은 다입니다.

11 카드 8장 중 ♣ 모양의 카드가 4장이므로 한 장을 뽑을 때 ♣ 모양의 카드를 뽑을 가능성은 '반반이다'이고 수로 표현하면 $\dfrac{1}{2}$입니다.

12 주사위 눈의 수는 1, 2, 3, 4, 5, 6입니다.
  ㉠ 주사위 눈의 수 중 2의 배수는 2, 4, 6이므로 주사위 눈의 수가 2의 배수로 나올 가능성은 '반반이다'입니다.
  ㉡ 주사위 눈의 수 중 6 초과인 수는 없으므로 주사위 눈의 수가 6 초과로 나올 가능성은 '불가능하다'입니다.
  ㉢ 주사위 눈의 수 중 7 미만인 수는 1, 2, 3, 4, 5, 6이므로 주사위 눈의 수가 7 미만으로 나올 가능성은 '확실하다'입니다.

13 화살이 빨간색에 멈출 가능성이 가장 높으므로 회전판에서 가장 넓은 곳에 빨간색을 색칠합니다.
화살이 초록색에 멈출 가능성이 노란색에 멈출 가능성보다 높으므로 가장 좁은 부분에 노란색을 색칠하고, 나머지 부분에 초록색을 색칠합니다.

14 (은지의 기록의 평균)$=(17+18+16)\div3=17(\text{초})$
주희의 기록의 평균도 17초이므로 주희의 기록의 합은 $17\times4=68(\text{초})$입니다.
따라서 주희의 3회 기록은
$68-(20+17+15)=16(\text{초})$입니다.

15 주머니에서 구슬 1개를 꺼냈을 때 꺼낸 구슬이 빨간색일 가능성이 $\dfrac{1}{2}$이면 전체 구슬의 $\dfrac{1}{2}$이 빨간색 구슬입니다.
따라서 빨간색 구슬의 수는 파란색과 노란색 구슬의 수의 합과 같습니다.
➡ (빨간색 구슬의 수)$=3+3=6(\text{개})$

16 모둠별 읽은 책 수의 평균을 구해 봅니다.
  • 가 모둠: $40\div5=8(\text{권})$
  • 나 모둠: $36\div4=9(\text{권})$
  • 다 모둠: $35\div7=5(\text{권})$
  • 라 모둠: $42\div6=7(\text{권})$
따라서 1인당 읽은 책 수가 가장 많은 모둠은 나 모둠이므로 상을 받을 모둠은 나 모둠입니다.

17 (5명의 키의 평균)
$$=(144+140+150+152+149)\div5=147\,(\text{cm})$$
(지우가 들어온 모둠의 키의 평균)
$$=147+1=148\,(\text{cm})$$
(지우의 키)
$$=148\times6-(144+140+150+152+149)$$
$$=153\,(\text{cm})$$

18 (남학생의 기록의 합)=18×2=36(번)
(여학생의 기록의 합)=15×4=60(번)
(현수네 모둠 학생 수)=2+4=6(명)
➡ (현수네 모둠의 훌라후프 돌리기 기록의 평균)
=(36+60)÷6=96÷6=16(번)

19 ⑩ 1회부터 5회까지 타자 기록의 합은
310×5=1550(타)이므로 3회의 타자 기록은
1550−(305+300+298+323)=324(타)입
니다.
324>323>305>300>298이므로 타자 기록이
가장 좋았을 때는 3회입니다.

평가 기준	배점
3회의 타자 기록을 구했나요?	3점
타자 기록이 가장 좋았을 때는 몇 회인지 구했나요?	2점

20 ⑩ 꺼낼 수 있는 바둑돌의 개수는 1개, 2개, 3개, …, 10
개로 10가지입니다.
이 중 꺼낸 바둑돌의 개수가 짝수인 경우는 2개, 4개,
6개, 8개, 10개로 5가지입니다.
따라서 꺼낸 바둑돌의 개수가 짝수일 가능성은 '반반
이다'이므로 수로 표현하면 $\frac{1}{2}$입니다.

평가 기준	배점
꺼낸 바둑돌의 개수가 짝수인 경우는 몇 가지인지 구했나요?	2점
꺼낸 바둑돌의 개수가 짝수일 가능성을 수로 표현했나요?	3점

수시 평가 대비 Level ❷
171~173쪽

1 200 kg **2** 40 kg
3 불가능하다에 ○표 **4** 반반이다에 ○표
5 3명
6
7 24쪽 **8** 불가능하다 / 0
9 10400명 **10** 78점

11 $\frac{1}{2}$ **12** ⓒ
13 $\frac{1}{2}$ **14**
15 7초 **16** 준서네 모둠
17 다, 나, 가 **18** 83 cm
19 ⓒ, ㄱ, ⓒ **20** 90점

1 (몸무게의 합)=42+38+36+45+39=200 (kg)

2 (평균)=200÷5=40 (kg)

3 2월은 28일 또는 29일까지 있으므로 내년에는 2월이 31
일까지 있을 가능성은 '불가능하다'입니다.

4 우리 학년 학생 수는 짝수 또는 홀수이므로 우리 학년 학
생 수가 짝수일 가능성은 '반반이다'입니다.

5 (평균)=(5+2+3+1+4)÷5=15÷5=3(명)

6 빨간색 공과 파란색 공의 수가 같으므로 꺼낸 공이 파란
색 공일 가능성은 '반반이다'이고 수로 표현하면 $\frac{1}{2}$입
니다.

7 일주일은 7일이므로
(하루에 읽어야 할 평균 쪽수)=168÷7=24(쪽)입니다.

8 박하 맛 사탕만 들어 있는 병에서 꺼낸 사탕이 오렌지 맛
일 가능성은 '불가능하다'이고 수로 표현하면 0입니다.

9 (20일 동안 입장한 관람객 수)
=520×20=10400(명)

10 (은주네 모둠의 수학 점수의 합)=84×4=336(점)
➡ (은주의 점수)=336−(86+90+82)=78(점)

11 카드 6장 중 ◆ 모양의 카드가 3장이므로 한 장을 뽑을
때 ◆ 모양의 카드를 뽑을 가능성은 '반반이다'이고 수
로 표현하면 $\frac{1}{2}$입니다.

12 ㉠ 검은색 공을 꺼낼 가능성은 '반반이다'입니다.
㉡ 검은색 공을 꺼낼 가능성은 '확실하다'입니다.
따라서 일이 일어날 가능성이 더 높은 것은 ㉡입니다.

13 꺼낸 딱지가 보라색이 아닐 가능성은 꺼낸 딱지가 노란색일 가능성과 같으므로 '반반이다'입니다.
따라서 수로 표현하면 $\dfrac{1}{2}$입니다.

14 화살이 초록색에 멈출 가능성이 가장 높으므로 가장 넓은 곳에 초록색을 색칠하고, 그다음 넓은 곳에 빨간색, 가장 좁은 곳에 노란색을 각각 색칠합니다.

15 (윤기의 평균)$=(16+12+14)\div3=14$(초)
정국이의 평균도 14초이므로 정국이의 기록의 합은
$14\times4=56$(초)입니다.
따라서 정국이의 4회 기록은
$56-(22+15+12)=7$(초)입니다.

16 (한결이네 모둠의 평균)
$=(3+7+5+8+2)\div5=5$(개)
(준서네 모둠의 평균)$=(5+7+4+8)\div4=6$(개)
따라서 준서네 모둠이 더 잘했다고 할 수 있습니다.

17 회전판에서 화살이 파란색에 멈출 가능성을 알아보면 가는 '확실하다', 나는 '반반이다', 다는 '불가능하다'입니다.
따라서 회전판에서 화살이 파란색에 멈출 가능성이 낮은 것부터 차례로 기호를 쓰면 다, 나, 가입니다.

18 (전체 학생들의 앉은키의 합)
$=85\times12+80\times8=1660$ (cm)
(전체 학생 수)$=12+8=20$(명)
(전체 학생들의 앉은키의 평균)
$=1660\div20=83$ (cm)

19 ⑩ ㉠ 주사위 눈의 수가 1, 2, 3이 나오는 경우이므로 '반반이다'입니다. ➡ $\dfrac{1}{2}$
㉡ 주사위 눈의 수가 1, 2, 3, 4, 5, 6이 나오는 경우이므로 '확실하다'입니다. ➡ 1
㉢ 주사위 눈의 수가 9의 배수인 9, 18, 27, …이 나오는 경우이므로 '불가능하다'입니다. ➡ 0

평가 기준	배점
각각의 가능성을 바르게 구했나요?	3점
가능성이 높은 것부터 차례로 기호를 썼나요?	2점

20 ⑩ 5단원까지의 평균 점수가 86점 이상이 되려면 점수의 합은 $86\times5=430$(점) 이상이 되어야 합니다.
따라서 5단원은 적어도
$430-(92+84+76+88)=90$(점)을 받아야 합니다.

평가 기준	배점
5단원까지의 점수의 합은 몇 점 이상이 되어야 하는지 구했나요?	3점
5단원은 적어도 몇 점을 받아야 하는지 구했나요?	2점

1 수의 범위와 어림하기

다시 점검하는 수시 평가 대비 Level ❶
2~4쪽

1 11, 13에 ○표 / 21, 23, 25에 △표

2 (1) 53 이상 59 미만인 수　(2) 15 초과 20 이하인 수

3 4870, 4900, 5000　　**4** (1) 2400　(2) 2000

5 3명　　　　**6** ⑤　　　　**7** 4개

8
```
  ┼──┼──◇──┼──┼──┼──●──┼──┼
 12 13 14 15 16 17 18 19 20
```

9 ㉠, ㉢　　　**10** 4600, =, 4600

11 ①　　　**12** 290000명　　**13** 4대

14 66000원　　**15** 3599　　**16** 5, 6, 7, 8, 9

17 12　　　**18** 41　　　**19** 3개

20 160 cm

---

2 ●으로 표시한 수는 경곗값이 포함되고, ○으로 표시한 수는 경곗값이 포함되지 않습니다.

3 4863 → 4870, 4863 → 4900, 4863 → 5000

4 (1) 2368 → 2400　　　(2) 2368 → 2000

5 수학 점수가 70점보다 높은 학생은 현우, 선영, 유경으로 모두 3명입니다.

6 ① 3680 → 3680　　② 3681 → 3680
③ 3685 → 3680　　④ 3688 → 3680
⑤ 3690 → 3690

7 25와 같거나 크고 35와 같거나 작은 수는 26.1, 30, 32.2, 29.4로 모두 4개입니다.

8 14 초과는 ○을, 18 이하는 ●을 이용해야 합니다.

9 자동차 중에서 높이가 2 m 미만, 즉 200 cm보다 낮아서 터널을 통과할 수 있는 자동차는 ㉠, ㉢입니다.

10 4592를 올림하여 백의 자리까지 나타내면
4592 → 4600
4592를 올림하여 십의 자리까지 나타내면
4592 → 4600

11 34 초과 37 이하인 수이므로 34보다 크고 37과 같거나 작은 수가 범위에 속합니다.

12 반올림하여 만의 자리까지 나타내면
288520 → 290000입니다.

13 35÷10＝3…5이므로 10명씩 3대에 타고 나면 5명이 남습니다. 남은 5명도 타야 하므로 승합차는 최소 4대가 필요합니다.

14 100원짜리 동전 667개는 66700원입니다.
최대 66000원까지는 지폐로 바꿀 수 있고 700원은 1000원짜리 지폐로 바꿀 수 없습니다.

15 버림하여 백의 자리까지 나타내면 3500이 되는 수는 3500 이상 3600 미만인 수입니다.
따라서 이 중에서 가장 큰 자연수는 3599입니다.

16 천의 자리 숫자가 4로 바뀌었으므로 □ 안에는 5, 6, 7, 8, 9가 들어갈 수 있습니다.

17 버림하여 십의 자리까지 나타낸 수가 80이므로 버림하기 전의 자연수는 80부터 89까지 수 중의 하나입니다.
12×7＝84이므로 어떤 자연수는 12입니다.

18 수의 범위에 속하는 자연수는 33, 34, 35, 36, 37, 38, 39, 40이고 □는 포함하지 않으므로 □ 안에 알맞은 수는 41입니다.

19 예 만들 수 있는 두 자리 수는 25, 27, 52, 57, 72, 75입니다. 이 중에서 27보다 크고 72와 같거나 작은 수는 52, 57, 72로 모두 3개입니다.

평가 기준	배점(5점)
수 카드로 만들 수 있는 두 자리 수를 모두 찾았나요?	2점
조건을 만족하는 수를 구했나요?	3점

20 예 (필요한 철사의 길이)＝36×4＝144 (cm)
144÷40＝3…24에서 24 cm를 40 cm로 생각하고 최소 40×4＝160 (cm) 사야 합니다.

평가 기준	배점(5점)
필요한 철사의 길이를 구했나요?	2점
사야 하는 철사의 길이를 구했나요?	3점

다시 점검하는 수시 평가 대비 Level ❷

5~7쪽

1 25, 19

2 48 초과 53 이하인 수

3 3700, 3600, 3700　　**4** 3명

5 미영, 찬미, 지윤　　**6** ④

7 14개

8
20 21 22 23 24 25 26 27 28

9 민정, 석진

10 2100, <, 2170

11 8권　　**12** 70장

13 ⓛ, ⓒ　　**14** 299, 290

15
240　　250　　260

16 19개　　**17** 165000원

18 5000　　**19** 79

20 700

---

4 19세 이상인 사람은 아버지(46세), 어머니(41세), 삼촌(19세)으로 모두 3명입니다.

5 키가 130 cm 초과가 아닌 사람은 키가 130 cm 이하인 사람이므로 미영(120.1 cm), 찬미(130.0 cm), 지윤(125.4 cm)입니다.

7 20보다 크고 35보다 작은 자연수는 21, 22, 23, …, 33, 34입니다.
따라서 20 초과 35 미만인 자연수는 모두 14개입니다.

8 21 이상은 ●을, 25 미만은 ○을 이용해야 합니다.

9 15권과 같거나 많고 20권보다 적게 읽은 학생을 찾으면 민정(18권), 석진(15권)입니다.

10 2179를 버림하여 백의 자리까지 나타내면
2179 → 2100
2179를 버림하여 십의 자리까지 나타내면
2179 → 2170

11 $8300 \div 1000 = 8 \cdots 300$이므로 8권을 사고 남은 300원으로는 공책을 살 수 없습니다. 공책은 최대 8권까지 살 수 있습니다.

12 나누어 줄 색종이는 모두 $2 \times 32 = 64$(장)입니다. 색종이를 60장 사면 4장이 부족하므로 최소 70장을 사야 합니다.

13 82 초과인 수, 82 미만인 수는 82를 포함하지 않습니다.

14 버림하여 십의 자리까지 나타내면 290이 되는 자연수는 290, 291, …, 298, 299입니다.
따라서 가장 큰 수는 299, 가장 작은 수는 290입니다.

15 반올림하여 십의 자리까지 나타내면 250이 되는 수는 245 이상 255 미만인 수입니다.

16 (5학년 학생 수)$= 30 \times 8 = 240$(명)
$240 \div 13 = 18 \cdots 6$이므로 긴 의자 18개에 앉고 6명이 남습니다.
남은 6명도 앉아야 하므로 긴 의자는 최소 19개 필요합니다.

17 $558 \div 10 = 55 \cdots 8$이므로 연필은 최대 55묶음까지 팔았습니다.
➡ (연필을 팔아 번 돈)$= 3000 \times 55 = 165000$(원)

18 5000보다 작은 수 중 가장 큰 수는 4952이고,
5000보다 큰 수 중 가장 작은 수는 5249입니다.
$5000 - 4952 = 48$, $5249 - 5000 = 249$이므로
5000에 가장 가까운 수는 4952입니다.
4952를 반올림하여 백의 자리까지 나타내면 5000입니다.

19 ㉖ 수직선에 나타낸 수의 범위는 20 이상 60 미만인 수로 20과 같거나 크고 60보다 작은 수입니다.
➡ 20, 21, …, 58, 59
따라서 가장 큰 수는 59, 가장 작은 수는 20입니다.
➡ $59 + 20 = 79$

평가 기준	배점(5점)
수직선에 나타낸 수의 범위를 알았나요?	2점
수의 범위에 속하는 자연수 중에서 가장 큰 수와 가장 작은 수를 구했나요?	2점
가장 큰 수와 가장 작은 수의 합을 구했나요?	1점

20 ㉖ 올림하여 천의 자리까지 나타내면
7205 → 8000이고
올림하여 백의 자리까지 나타내면
7205 → 7300입니다.
➡ $8000 - 7300 = 700$

평가 기준	배점(5점)
올림하여 천의 자리까지 나타낸 수를 구했나요?	2점
올림하여 백의 자리까지 나타낸 수를 구했나요?	2점
두 수의 차를 구했나요?	1점

2 분수의 곱셈

1 2, 1, $\frac{5}{8}$ **2** 3, 3, 3, 6, $3\frac{6}{7}$

3 $5\frac{2}{5}$ **4** $\frac{1}{90}$ **5** $\frac{19}{33}$

6 $\frac{15}{68}$ **7** 정선   **8** >

9 $\frac{3}{50}$ **10** ④

11 (위에서부터) 18 / $6\frac{3}{4}$, 9   **12** $\frac{3}{8}$

13 ㉡   **14** $13\frac{1}{3}$ L   **15** $22\frac{1}{2}$

16 $1\frac{17}{28}$ m   **17** $\frac{5}{33}$ **18** $5\frac{5}{6}$

19 $\frac{9}{\overset{}{\underset{4}{20}}} \times \overset{3}{15} = \frac{27}{4} = 6\frac{3}{4}$ / 이유 ㉖ 분모와 자연수를 약분해야 하는데 분자와 자연수를 약분하여 잘못 계산하였습니다.   **20** $34\frac{1}{2}$ L

6 $\frac{5}{\underset{4}{8}} \times \frac{\overset{3}{6}}{\underset{1}{13}} \times \frac{\overset{1}{13}}{17} = \frac{15}{68}$

7 윤호는 대분수를 가분수로 바꾸기 전에 자연수와 약분하여 잘못 계산하였습니다.

8 $\overset{3}{9} \times \frac{5}{\underset{4}{12}} = \frac{15}{4} = 3\frac{3}{4}$

$\frac{7}{\underset{2}{10}} \times \overset{1}{5} = \frac{7}{2} = 3\frac{1}{2}$ ⟶ $3\frac{3}{4} > 3\frac{1}{2}\left(= 3\frac{2}{4}\right)$

9 $\frac{7}{\underset{5}{10}} \times \frac{\overset{1}{2}}{5} \times \frac{3}{\underset{2}{14}} = \frac{3}{50}$

12 ㉠ $\frac{\overset{3}{15}}{\underset{4}{16}} \times \frac{\overset{1}{4}}{\underset{1}{5}} = \frac{3}{4}$

㉡ $\frac{9}{10} \times 7\frac{1}{2} \times \frac{1}{18} = \frac{\overset{9}{9}}{\underset{2}{10}} \times \frac{\overset{}{15}}{2} \times \frac{1}{\underset{2}{18}} = \frac{3}{8}$

⟶ ㉠ - ㉡ = $\frac{3}{4} - \frac{3}{8} = \frac{3}{8}$

13 ㉠ $4\frac{1}{2} \times \frac{4}{27} = \frac{\overset{1}{9}}{\underset{1}{2}} \times \frac{\overset{2}{4}}{\underset{3}{27}} = \frac{2}{3}$

㉡ $\frac{7}{10} \times \frac{3}{14} \times \frac{5}{6} = \frac{\overset{1}{7}}{\underset{2}{10}} \times \frac{\overset{}{3}}{\underset{2}{14}} \times \frac{\overset{1}{5}}{\underset{2}{6}} = \frac{1}{8}$

14 $\frac{4}{\underset{3}{9}} \times \overset{10}{30} = \frac{40}{3} = 13\frac{1}{3}$ (L)

15 $10 \times 2\frac{1}{4} = \overset{5}{10} \times \frac{9}{\underset{2}{4}} = \frac{45}{2} = 22\frac{1}{2}$

16 색칠한 부분은 전체를 똑같이 8로 나눈 것 중의 5이므로 $2\frac{4}{7}$의 $\frac{5}{8}$입니다.

(색칠한 부분의 길이)

$= 2\frac{4}{7} \times \frac{5}{8} = \frac{\overset{9}{18}}{7} \times \frac{5}{\underset{4}{8}} = \frac{45}{28} = 1\frac{17}{28}$ (m)

17 $\frac{5}{\underset{\underset{1}{2}}{12}} \times \frac{\overset{1}{6}}{11} \times \frac{\overset{1}{2}}{3} = \frac{5}{33}$

18 만들 수 있는 대분수는 $1\frac{2}{3}$, $2\frac{1}{3}$, $3\frac{1}{2}$입니다.

$3\frac{1}{2} \times 1\frac{2}{3} = \frac{7}{2} \times \frac{5}{3} = \frac{35}{6} = 5\frac{5}{6}$

19

평가 기준	배점(5점)
계산이 잘못된 이유를 설명했나요?	2점
바르게 고쳐 계산했나요?	3점

20 ㉖ 5분 45초 = $5\frac{45}{60}$ 분 = $5\frac{3}{4}$ 분

(받은 물의 양) = $6 \times 5\frac{3}{4}$

$= \overset{3}{6} \times \frac{23}{\underset{2}{4}} = \frac{69}{2} = 34\frac{1}{2}$ (L)

평가 기준	배점(5점)
5분 45초는 몇 분인지 분수로 나타냈나요?	2점
받은 물의 양을 모두 몇 L인지 구했나요?	3점

1 39

2 $\dfrac{2}{7} \times 4 = \dfrac{2}{7} + \dfrac{2}{7} + \dfrac{2}{7} + \dfrac{2}{7} = \dfrac{2 \times 4}{7} = \dfrac{8}{7} = 1\dfrac{1}{7}$

3 $3\dfrac{3}{7} \times 4\dfrac{1}{2} = \dfrac{\overset{12}{24}}{7} \times \dfrac{9}{\underset{1}{2}} = \dfrac{108}{7} = 15\dfrac{3}{7}$

4 $\dfrac{4}{27}$

5 (위에서부터) $\dfrac{2}{5}, \dfrac{3}{4}$

6 ㉡

7 (선 연결)

8 $<$

9 3

10 $2\dfrac{1}{2}$ m

11 $8\dfrac{2}{3}$

12 24 L

13 $\dfrac{38}{75}$ kg

14 $7\dfrac{1}{2}$ km

15 4, 5, 6

16 $\dfrac{16}{27}$ m²

17 $\dfrac{3}{7}$

18 $5\dfrac{2}{3}$ m

19 44살

20 $\dfrac{5}{24}$

6 ㉡ $2\dfrac{5}{8} \times 10 = \dfrac{21}{\underset{4}{8}} \times \overset{5}{10} = \dfrac{105}{4} = 26\dfrac{1}{4}$

9 $\dfrac{1}{8} \times \dfrac{1}{9} = \dfrac{1}{72}$, $\dfrac{1}{\square} \times \dfrac{1}{24} = \dfrac{1}{\square \times 24}$이므로

$\dfrac{1}{72} = \dfrac{1}{\square \times 24}$에서 $72 = \square \times 24$, $\square = 3$입니다.

10 (정삼각형의 둘레) $= \dfrac{5}{\underset{2}{6}} \times \overset{1}{3} = \dfrac{5}{2} = 2\dfrac{1}{2}$ (m)

11 ㉠ $\overset{4}{24} \times \dfrac{5}{\underset{3}{18}} = \dfrac{20}{3} = 6\dfrac{2}{3}$

㉡ $1\dfrac{3}{4} \times 1\dfrac{1}{7} = \dfrac{7}{\underset{1}{4}} \times \dfrac{\overset{2}{8}}{7} = 2$

➡ ㉠ + ㉡ $= 6\dfrac{2}{3} + 2 = 8\dfrac{2}{3}$

13 (사용한 찰흙의 양) $= \dfrac{19}{\underset{5}{20}} \times \dfrac{\overset{2}{8}}{15} = \dfrac{38}{75}$ (kg)

14 $3\dfrac{1}{3} \times 2\dfrac{1}{4} = \dfrac{\overset{5}{10}}{3} \times \dfrac{\overset{3}{9}}{4} = \dfrac{15}{2} = 7\dfrac{1}{2}$ (km)

15 $\dfrac{3}{\underset{2}{8}} \times \overset{1}{4} = \dfrac{3}{2}$, $3 \times 1\dfrac{1}{6} = \overset{1}{3} \times \dfrac{7}{\underset{2}{6}} = \dfrac{7}{2}$

따라서 $\dfrac{3}{2} < \dfrac{\square}{2} < \dfrac{7}{2}$이므로 □ 안에 들어갈 수 있는 자연수는 4, 5, 6입니다.

16 (색칠한 부분의 넓이) $= \dfrac{8}{9} \times \dfrac{\overset{2}{8}}{\underset{3}{9}} \times \dfrac{\overset{1}{3}}{\underset{1}{4}} = \dfrac{16}{27}$ (m²)

17 상추를 심고 남은 밭은 전체의 $1 - \dfrac{2}{5} = \dfrac{3}{5}$이므로

고추를 심은 밭의 넓이는 전체의 $\dfrac{3}{\underset{1}{5}} \times \dfrac{\overset{1}{5}}{7} = \dfrac{3}{7}$입니다.

18 (이어 붙인 색 테이프의 전체 길이)

$= 1\dfrac{1}{18} \times 6 - \dfrac{2}{15} \times 5 = \dfrac{19}{\underset{3}{18}} \times \overset{1}{6} - \dfrac{2}{\underset{3}{15}} \times \overset{1}{5}$

$= \dfrac{19}{3} - \dfrac{2}{3} = \dfrac{17}{3} = 5\dfrac{2}{3}$ (m)

19 예 (아버지의 나이) = (형준이의 나이) $\times 3\dfrac{2}{3}$

$= 12 \times 3\dfrac{2}{3} = \overset{4}{12} \times \dfrac{11}{\underset{1}{3}} = 44$(살)

평가 기준	배점(5점)
아버지의 나이를 구하는 식을 세웠나요?	2점
아버지의 나이를 구했나요?	3점

20 예 없어진 산림은 도시의 $\dfrac{1}{\underset{1}{3}} \times \dfrac{\overset{1}{3}}{8} = \dfrac{1}{8}$입니다.

따라서 지금의 도시는 전체의

$\dfrac{1}{3} - \dfrac{1}{8} = \dfrac{8}{24} - \dfrac{3}{24} = \dfrac{5}{24}$가 산림으로 덮여 있습니다.

평가 기준	배점(5점)
없어진 산림은 도시의 몇 분의 몇인지 구했나요?	3점
지금의 도시는 전체의 몇 분의 몇이 산림으로 덮여 있는지 구했나요?	2점

3 합동과 대칭

다시 점검하는 수시 평가 대비 Level ❶
14~16쪽

1 ④	**2** 가, 나, 마, 바	**3** 가, 라, 바
4 9 cm	**5** 65°	
6 (위에서부터) 115, 6		**7** 5개
8 125°	**9** 8 cm	**10** 가, 나, 다
11 80°	**12**	
13 120°	**14** ④, ⑤	**15** 26 cm
16 135°	**17** 8 cm	**18** 108 cm²
19 10 cm	**20** 60°	

2 한 직선을 따라 접어서 완전히 겹치는 도형을 찾으면 가, 나, 마, 바입니다.

4 (변 ㅁㅇ)=(변 ㄷㄴ)=9 cm

5 (각 ㅇㅁㅂ)=(각 ㄴㄷㄹ)=65°

6 선대칭도형에서 각각의 대응변의 길이와 대응각의 크기가 서로 같습니다.

7

➡ 5개

8 점대칭도형에서 대응각의 크기가 서로 같으므로
(각 ㄴㄷㄹ)=(각 ㅁㅂㄱ)=125°입니다.

9 점대칭도형에서 대칭의 중심은 대응점을 이은 선분을 둘로 똑같이 나누므로
(선분 ㄴㅇ)=(선분 ㅁㅇ)=16÷2=8 (cm)입니다.

10

가 8개 나 6개 다 4개

11 (각 ㄹㅁㅂ)=(각 ㄱㄷㄴ)
=180°−60°−40°=80°

13 각 ㅁㅂㄱ의 대응각은 각 ㄴㄷㄹ이고 대응각의 크기가 서로 같습니다. 사각형의 네 각의 크기의 합은 360°이므로
(각 ㅁㅂㄱ)=(각 ㄴㄷㄹ)
=360°−75°−105°−60°=120°

14 선대칭도형: 이등변삼각형, 마름모, 직사각형
점대칭도형: 마름모, 직사각형

15 점대칭도형에서 대칭의 중심은 대응점을 이은 선분을 둘로 똑같이 나누므로
(선분 ㄱㅇ)=(선분 ㄹㅇ)=17−4=13 (cm)
➡ (선분 ㄱㄹ)=13+13=26 (cm)

16
대응각의 크기가 서로 같으므로
ⓛ=85°입니다.
대응점끼리 이은 선분은 대칭축과 수직으로 만나므로
ⓒ=90°입니다.
사각형의 네 각의 크기의 합은 360°이므로 ㉠=360°−85°−50°−90°=135°입니다.

17 두 삼각형이 서로 합동이므로
(변 ㄱㄷ)=(변 ㄹㄴ)=11 cm입니다.
➡ (변 ㄱㄴ)=31−12−11=8 (cm)

18 (변 ㄱㄴ)=(변 ㄱㄷ)=15 cm이므로
(변 ㄴㄷ)=48−15−15=18 (cm)입니다.
➡ (삼각형 ㄱㄴㄷ의 넓이)=18×12÷2=108 (cm²)

19 예 선대칭도형에서 대칭축은 대응점끼리 이은 선분을 둘로 똑같이 나누므로 (선분 ㄴㅁ)=5×2=10 (cm)입니다.

평가 기준	배점(5점)
대칭축과 대응점을 이은 선분 사이의 관계에 대해 알았나요?	2점
선분 ㄴㅁ의 길이를 구했나요?	3점

20 예 삼각형의 세 각의 크기의 합은 180°이므로
(각 ㄱㄷㄴ)=180°−90°−30°=60°입니다.
(각 ㅁㄷㄹ)=(각 ㄱㄷㄴ)=60°이므로
(각 ㄱㄷㅁ)=180°−60°−60°=60°입니다.

평가 기준	배점(5점)
각 ㄱㄷㄴ과 각 ㅁㄷㄹ의 크기를 구했나요?	2점
각 ㄱㄷㅁ의 크기를 구했나요?	3점

다시 점검하는 **수시 평가 대비** Level **❷** 17~19쪽

1 나와 마, 라와 사　　**2** 가, 라

3 (예)
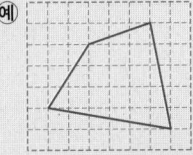

4 ③

5 7 cm　　**6** 40°　　**7** 라

8 (도형)　　**9** ①, ⑤

10 3 cm　　**11** 105°　　**12** 24 cm

13 70°　　**14** 65°　　**15** 25°

16 5 cm　　**17** 66 cm　　**18** 5개

19 나, 라　　**20** 6 cm

---

1 모양과 크기가 같아서 포개었을 때 완전히 겹치는 두 도형을 찾으면 나와 마, 라와 사입니다.

4 ③

5 (변 ㄹㅂ)=(변 ㄷㄴ)=7 cm

6 (각 ㅁㄹㅂ)=(각 ㄱㄷㄴ)=40°

7
가 (0개)　나 (1개)　다 (2개)　라 (4개)

9 어떤 점을 중심으로 180° 돌렸을 때 처음 글자와 완전히 겹치는 글자는 ①, ⑤입니다.

10 (변 ㅁㅂ)=(변 ㄴㄷ)
$$=(30-4-8-4-8)\div2$$
$$=6\div2=3 \text{ (cm)}$$

11 (각 ㅂㅁㅇ)=(각 ㄷㄹㄱ)=105°

12 (변 ㅁㅇ)=(변 ㄹㄱ)=6 cm,
(변 ㅂㅅ)=(변 ㄷㄴ)=9 cm입니다.
➡ (사각형 ㅁㅂㅅㅇ의 둘레)
$$=4+9+5+6=24 \text{ (cm)}$$

13 (각 ㄱㄴㄹ)=180°−100°−45°=35°
선대칭도형에서 대응각의 크기가 서로 같으므로
(각 ㄷㄴㄹ)=(각 ㄱㄴㄹ)=35°입니다.
➡ (각 ㄱㄴㄷ)=35°+35°=70°

14 점대칭도형에서 대응각의 크기가 서로 같으므로
(각 ㄹㄱㄴ)=(각 ㄴㄷㄹ)=115°입니다.
➡ (각 ㄱㄹㄷ)=(각 ㄷㄴㄱ)
$$=(360°-115°-115°)\div2=65°$$

15 (각 ㄱㄴㄷ)=(각 ㄹㄷㄴ)=115°
(각 ㄴㄷㄱ)=180°−40°−115°=25°

16 선대칭도형에서 대응변의 길이가 서로 같으므로
(변 ㄴㄷ)=(변 ㅂㅁ)=13 cm,
(변 ㅁㄹ)=(변 ㄷㄹ)=8 cm입니다.
➡ (변 ㄱㄴ)=(변 ㄱㅂ)
$$=(52-13-8-8-13)\div2=5 \text{ (cm)}$$

17
12 cm　15 cm
6 cm　ㅇ　6 cm
15 cm　12 cm

(완성된 점대칭도형의 둘레)
$$=(12+15+6)\times2$$
$$=66 \text{ (cm)}$$

18 선대칭이 되는 수는 0, 3, 8이므로 백의 자리에 올 수 있는 수는 3, 8인데 830보다 큰 수를 만들어야 하므로 백의 자리 숫자는 8이 되어야 합니다.
따라서 만들 수 있는 선대칭이 되는 세 자리 수 중에서 830보다 큰 수는 833, 838, 880, 883, 888로 모두 5개입니다.

19 (예) 선대칭도형: 가, 나, 라
점대칭도형: 나, 다, 라
따라서 선대칭도형이면서 점대칭도형인 것은 나, 라입니다.

평가 기준	배점(5점)
선대칭도형과 점대칭도형을 각각 찾았나요?	3점
선대칭도형이면서 점대칭도형인 것을 찾았나요?	2점

20 (예) 서로 합동인 두 도형에서 대응변의 길이가 서로 같으므로 (변 ㄱㄴ)=(변 ㅂㅁ)=15 cm입니다.
삼각형 ㄱㄴㄷ의 둘레가 32 cm이므로
(변 ㄴㄷ)=32−11−15=6 (cm)입니다.

평가 기준	배점(5점)
변 ㄱㄴ의 길이를 구했나요?	2점
변 ㄴㄷ의 길이를 구했나요?	3점

1 40, 35

2 (위에서부터) 7, 13, 91, $7\frac{7}{12}$

3 가와 라, 나와 마

4

수	십의 자리	백의 자리	천의 자리
4728	4730	4800	5000
9083	9090	9100	10000

5 (위에서부터) 13, 28 **6** >

7 65° **8** $\frac{9}{28}$ m

9 ㉢ **10** $\frac{1}{36}$

11 5명 **12** 나, 다, 가

13 83상자 **14** 338 cm²

15 라, 바 **16** 7개

17 8개 **18** $5\frac{4}{5}$ cm

19 40 **20** 70 cm

---

1 32보다 큰 수이므로 40, 35입니다.

2 대분수를 가분수로 바꾼 후 분자는 분자끼리, 분모는 분모끼리 곱합니다.

3 모양과 크기가 같아서 완전히 겹치는 것은 가와 라, 나와 마입니다.

4 구하려는 자리 아래 수가 모두 0이 아니면 구하려는 자리 숫자에 1을 더하고, 구하려는 자리 아래 수를 모두 0으로 나타냅니다.

5 변 ㄱㄴ의 대응변은 변 ㄱㄹ이므로
(변 ㄱㄴ)=(변 ㄱㄹ)=13 cm입니다.
각 ㄱㄴㄷ의 대응각은 각 ㄱㄹㄷ이므로
(각 ㄱㄴㄷ)=(각 ㄱㄹㄷ)=28°입니다.

6 $\frac{11}{\cancel{24}}\times\overset{5}{\cancel{15}}=\frac{55}{8}=6\frac{7}{8}$

$2\times3\frac{1}{16}=\overset{1}{\cancel{2}}\times\frac{49}{\cancel{16}}=\frac{49}{8}=6\frac{1}{8}$

$\Rightarrow 6\frac{7}{8}>6\frac{1}{8}$

7 각 ㅁㅇㅅ의 대응각은 각 ㄱㄴㄷ이므로
(각 ㅁㅇㅅ)=(각 ㄱㄴㄷ)
$=360°-(115°+90°+90°)=65°$입니다.

8 (사용한 끈의 길이)$=\frac{\overset{3}{\cancel{6}}}{7}\times\frac{3}{\underset{4}{\cancel{8}}}=\frac{9}{28}$ (m)

9 예 반올림하여 천의 자리까지 각각 나타내면
㉠ 65135 → 65000, ㉡ 64921 → 65000,
㉢ 65507 → 66000이므로 반올림하여 천의 자리까지 나타낸 수가 다른 하나는 ㉢입니다.

평가 기준	배점
반올림하여 천의 자리까지 각각 나타냈나요?	3점
반올림하여 천의 자리까지 나타낸 수 다른 하나를 찾았나요?	2점

10 예 단위분수는 분모가 작을수록 큰 수입니다.

$\frac{1}{3}>\frac{1}{4}>\frac{1}{8}>\frac{1}{9}>\frac{1}{12}$이므로

가장 큰 수는 $\frac{1}{3}$, 가장 작은 수는 $\frac{1}{12}$입니다.

$\Rightarrow \frac{1}{3}\times\frac{1}{12}=\frac{1}{36}$

평가 기준	배점
가장 큰 수와 가장 작은 수를 찾았나요?	2점
가장 큰 수와 가장 작은 수의 곱을 구했나요?	3점

11 예 수면 시간이 8시간과 같거나 길고 10시간보다 짧은 학생은 지우(8.2시간), 연우(9.7시간), 재이(8.0시간), 나연(9.1시간), 민수(8.9시간)이므로 수면 시간이 8시간 이상 10시간 미만인 학생은 5명입니다.

평가 기준	배점
수면 시간이 8시간 이상 10시간 미만인 학생을 모두 찾았나요?	3점
수면 시간이 8시간 이상 10시간 미만인 학생은 모두 몇 명인지 구했나요?	2점

12
가 6개 나 1개 다 4개
따라서 대칭축의 수가 적은 것부터 차례로 기호를 쓰면 나, 다, 가입니다.

13 예 남는 배가 없이 모두 담아야 하므로 올림의 방법으로 어림해야 합니다.

824를 올림하여 십의 자리까지 나타내면 830이므로 상자는 최소 $830 \div 10 = 83$(상자) 필요합니다.

평가 기준	배점
어떤 방법으로 어림해야 하는지 알았나요?	2점
상자는 최소 몇 상자 필요한지 구했나요?	3점

14 삼각형 ㄱㄴㅁ과 삼각형 ㅁㄷㄹ이 서로 합동이므로
(변 ㄴㅁ)＝(변 ㄷㄹ)＝9 cm,
(변 ㅁㄷ)＝(변 ㄱㄴ)＝17 cm입니다.
따라서 사각형 ㄱㄴㄷㄹ의 넓이는
$(17+9) \times (9+17) \div 2 = 338$ (cm²)입니다.

15 예 선대칭도형인 것은 가, 나, 라, 마, 바이고, 점대칭
도형인 것은 다, 라, 바입니다.
따라서 선대칭도형이면서 점대칭도형인 것은 라, 바입
니다.

평가 기준	배점
선대칭도형과 점대칭도형을 각각 찾았나요?	3점
선대칭도형이면서 점대칭도형인 것을 모두 찾았나요?	2점

16 예 $1\frac{5}{9} \times 1\frac{5}{7} = \frac{\overset{2}{\cancel{14}}}{\cancel{9}_3} \times \frac{\overset{4}{\cancel{12}}}{\cancel{7}_1} = \frac{8}{3} = 2\frac{2}{3}$ 이므로

$2\frac{2}{3} < \square\frac{1}{3}$ 입니다.
따라서 □ 안에 들어갈 수 있는 10보다 작은 자연수는
3, 4, 5, 6, 7, 8, 9로 모두 7개입니다.

평가 기준	배점
분수의 곱셈을 계산했나요?	3점
□ 안에 들어갈 수 있는 수는 모두 몇 개인지 구했나요?	2점

17 예 34는 ㅇ으로, 42는 ●으로 나타내고 두 점을 선으로
연결했으므로 수직선에 나타낸 수의 범위는 34 초과
42 이하인 수입니다.
따라서 34보다 크고 42와 같거나 작은 자연수는 35,
36, 37, 38, 39, 40, 41, 42로 모두 8개입니다.

평가 기준	배점
수직선에 나타낸 수의 범위를 구했나요?	3점
수의 범위에 속하는 자연수는 모두 몇 개인지 구했나요?	2점

18 예 (정육각형의 둘레)
$= \frac{4}{\cancel{15}_5} \times \overset{2}{\cancel{6}} = \frac{8}{5} = 1\frac{3}{5}$ (cm)

(정사각형의 둘레)
$= 1\frac{1}{20} \times 4 = \frac{21}{\cancel{20}_5} \times \overset{1}{\cancel{4}} = \frac{21}{5} = 4\frac{1}{5}$ (cm)

➡ (둘레의 합)$= 1\frac{3}{5} + 4\frac{1}{5} = 5\frac{4}{5}$ (cm)

평가 기준	배점
정육각형의 둘레와 정사각형의 둘레를 각각 구했나요?	3점
정육각형의 둘레와 정사각형의 둘레의 합을 구했나요?	2점

19 예 만들 수 있는 가장 큰 네 자리 수는 7643입니다.
7643을 반올림하여 백의 자리까지 나타낸 수는
㉠=7600이고, 7643을 버림하여 십의 자리까지 나
타낸 수는 ㉡=7640입니다.
따라서 ㉠과 ㉡의 차는 7640−7600＝40입니다.

평가 기준	배점
㉠과 ㉡을 각각 구했나요?	3점
㉠과 ㉡의 차를 구했나요?	2점

20 예 (변 ㄱㄴ)＝(변 ㄹㅁ)＝16 cm,
(변 ㄱㅂ)＝(변 ㄹㄷ)＝8 cm입니다.
(선분 ㅇㅂ)＝(선분 ㅇㄷ)＝5 cm이므로
➡ (변 ㄴㄷ)＝(변 ㅁㅂ)＝21−5−5＝11 (cm)
따라서 점대칭도형의 둘레는
16+11+8+16+11+8＝70 (cm)입니다.

평가 기준	배점
변 ㄱㄴ, 변 ㄱㅂ, 변 ㄴㄷ, 변 ㅁㅂ의 길이를 각각 구했나요?	3점
점대칭도형의 둘레를 구했나요?	2점

4 소수의 곱셈

1 28 / 28, 3 / 84, 0.84

2 $2.74 \times 6 = \dfrac{274}{100} \times 6 = \dfrac{274 \times 6}{100} = \dfrac{1644}{100} = 16.44$

3 (1) 11.02 (2) 0.301   **4** 1.833

5

6 (1) 24.32 (2) 2.432

7 0.0414 m²   **8** >   **9** 20.384

10 ㉢   **11** ㉢, ㉠, ㉡   **12** 1.12, 6.16

13 23.1 L   **14** 6.96   **15** 3.29 km

16 14, 15   **17** 수민, 11.7 m   **18** 9

19 없습니다 /
이유 예 $7.5 \times 300 = 2250$(원)이기 때문입니다.

20 2.34 m²

---

3 (1) $38 \times 0.29 = 38 \times \dfrac{29}{100}$

$= \dfrac{38 \times 29}{100} = \dfrac{1102}{100} = 11.02$

(2) $0.07 \times 4.3 = \dfrac{7}{100} \times \dfrac{43}{10} = \dfrac{301}{1000} = 0.301$

4 $4.7 \times 0.39 = 1.833$

5 $0.53 \times 4 = 2.12$, $5 \times 0.47 = 2.35$

6 (1) 3.8×64보다 3.8에 소수점 아래 자리 수가 1개 더 늘어났으므로 243.2에서 소수점을 왼쪽으로 한 칸 옮기면 24.32입니다.
(2) 3.8×64보다 64에 소수점 아래 자리 수가 2개 더 늘어났으므로 243.2에서 소수점을 왼쪽으로 두 칸 옮기면 2.432입니다.

7 (직사각형의 넓이) = (가로) × (세로)
$= 0.23 \times 0.18 = 0.0414$ (m²)

8 $0.26 \times 74 = 19.24$, $2.6 \times 0.74 = 1.924$

9 $41.6 > 12.73 > 3.7 > 0.49$이므로 가장 큰 수는 41.6, 가장 작은 수는 0.49입니다. ➡ $41.6 \times 0.49 = 20.384$

10 ㉠ $270 \times 0.01 = 2.7$ ➡ □ = 0.01
㉡ $42 \times 0.01 = 0.42$ ➡ □ = 0.01
㉢ $137 \times 0.1 = 13.7$ ➡ □ = 0.1

11 ㉠ 8.4 ㉡ 5.84 ㉢ 8.7
따라서 $8.7 > 8.4 > 5.84$이므로 ㉢ > ㉠ > ㉡입니다.

12 $2.8 \times 0.4 = 1.12$, $1.12 \times 5.5 = 6.16$

13 (15병에 들어 있는 우유의 양) = $1.54 \times 15 = 23.1$ (L)

14 어떤 수를 □라 하면
□ ÷ 5.8 = 1.2, □ = 1.2 × 5.8, □ = 6.96

15 940 m = 0.94 km이고 3바퀴 반 = 3.5바퀴이므로 지훈이가 달린 거리는 $0.94 \times 3.5 = 3.29$ (km)입니다.

16 $7.2 \times 1.9 = 13.68$, $4.7 \times 3.3 = 15.51$
□ 안에는 13.68보다 크고 15.51보다 작은 수가 들어갈 수 있습니다.
따라서 □ 안에 들어갈 수 있는 자연수는 14, 15입니다.

17 (두 사람의 한 걸음의 차) = $0.58 - 0.32 = 0.26$ (m)
➡ 0.58 m > 0.32 m이므로 수민이가
$0.26 \times 45 = 11.7$ (m) 더 멀리 갔습니다.

18 0.3,
$0.3 \times 0.3 = 0.09$,
$0.3 \times 0.3 \times 0.3 = 0.027$,
$0.3 \times 0.3 \times 0.3 \times 0.3 = 0.0081$, …이므로 곱의 소수점 아래 마지막 숫자는 3, 9, 7, 1이 반복됩니다.
$50 \div 4 = 12 \cdots 2$이므로 곱의 소수 50째 자리 숫자는 반복되는 숫자 중 두 번째 숫자와 같은 9입니다.

19

평가 기준	배점(5점)
과자를 살 수 있는지 없는지 알았나요?	2점
과자를 살 수 없는 이유를 썼나요?	3점

20 예 (밭의 전체 넓이) = (가로) × (세로)
$= 2.6 \times 1.5 = 3.9$ (m²)
따라서 고구마를 심은 밭의 넓이는
$3.9 \times 0.6 = 2.34$ (m²)입니다.

평가 기준	배점(5점)
밭의 전체 넓이를 구했나요?	2점
고구마를 심은 밭의 넓이를 구했나요?	3점

다시 점검하는 수시 평가 대비 Level ❷
27~29쪽

1 (위에서부터) 0.001 / 0.29, 0.232

2 $1.4 \times 2.76 = \dfrac{14}{10} \times \dfrac{276}{100} = \dfrac{3864}{1000} = 3.864$

3 0.203

4 (위에서부터) 1.624, 1.015

5 0.392 m²
6 (1) 100 (2) 0.01

7 65.88 cm
8 ㉠

9 1.26, 1.008
10 (1) 0.024 (2) 0.57

11 3.198
12 5.95 kg

13 93.87 kg
14 100배

15 21.6분
16 7, 8, 9

17 34.02 cm²
18 0.416

19 0.27 m
20 0.189

---

1 0.8은 8의 0.1배이고 29의 0.01배는 0.29이므로 결괏값은 232의 0.001배인 0.232가 됩니다.

2 1.4는 $\dfrac{14}{10}$, 2.76은 $\dfrac{276}{100}$이므로

$\dfrac{14}{10} \times \dfrac{276}{100} = \dfrac{3864}{1000} = 3.864$입니다.

3 $0.58 \times 0.35 = \dfrac{58}{100} \times \dfrac{35}{100} = \dfrac{2030}{10000} = 0.203$

4 $2.03 \times 0.8 = 1.624$
$2.03 \times 0.5 = 1.015$

5 (평행사변형의 넓이) = (밑변의 길이) × (높이)
　　　　　　　　 = 0.7 × 0.56
　　　　　　　　 = 0.392 (m²)

6 (1) 0.037에서 3.7로 소수점이 오른쪽으로 두 칸 옮겨졌으므로 100을 곱한 것입니다.
(2) 31.8에서 0.318로 소수점이 왼쪽으로 두 칸 옮겨졌으므로 0.01을 곱한 것입니다.

7 (정구각형의 둘레) = 7.32 × 9 = 65.88 (cm)

8 ㉠ 9.41 × 7 = 65.87
　 ㉡ 5.38 × 12 = 64.56
　 ➡ 65.87 > 64.56

9 $2.8 \times 0.45 = 1.26$, $1.26 \times 0.8 = 1.008$

10 (1) 5.7은 57에 소수점 아래 자리 수가 1개 늘어났고 0.1368은 1368에 소수점 아래 자리 수가 4개 늘어났으므로 24에서 소수점을 왼쪽으로 3칸 옮기면 0.024입니다.
(2) 240은 24에 0이 1개 더 있고 136.8은 1368에 소수점 아래 자리 수가 1개 늘어났으므로 57에서 소수점을 왼쪽으로 2칸 옮기면 0.57입니다.

11 ★ ÷ 2.05 = 1.56 ➡ ★ = 1.56 × 2.05 = 3.198

12 (딸기 7상자의 무게) = 0.85 × 7 = 5.95 (kg)

13 철근 10 m 50 cm = 10.5 m이므로
(철근 10.5 m의 무게) = 8.94 × 10.5 = 93.87 (kg)

14 곱셈식에서 수의 배열이 같고 자리 수가 다르므로 곱의 소수점 아래 자리 수를 비교합니다.
㉮는 소수 한 자리 수, ㉯는 소수 세 자리 수이므로 ㉮는 ㉯의 100배입니다.

15 (철근을 자르는 횟수) = 10 - 1 = 9(번)
(철근을 자르는 데 걸리는 시간) = 2.4 × 9 = 21.6(분)

16 1.36 × 3.5 = 4.76이므로 4.76 < 4.□7입니다.
따라서 □ 안에 들어갈 수 있는 수는 7과 같거나 큰 수인 7, 8, 9입니다.

17 (새로운 직사각형의 가로) = 4.2 × 1.5 = 6.3 (cm)
(새로운 직사각형의 세로) = 3.6 × 1.5 = 5.4 (cm)
➡ (새로운 직사각형의 넓이) = 6.3 × 5.4 = 34.02 (cm²)

18 높은 자리의 숫자가 클수록 곱이 커지므로 소수 첫째 자리에 큰 숫자를 놓습니다.
➡ 0.8 × 0.52 = 0.416, 0.5 × 0.82 = 0.41

19 예 (첫 번째로 튀어 오른 높이) = 0.75 × 0.6 = 0.45(m)
(두 번째로 튀어 오른 높이)
　 = 0.45 × 0.6 = 0.27 (m)

평가 기준	배점(5점)
첫 번째로 튀어 오른 높이를 구했나요?	2점
두 번째로 튀어 오른 높이를 구했나요?	3점

20 예 어떤 수를 □라 하면 □ ÷ 0.15 = 8.4이므로
□ = 8.4 × 0.15 = 1.26입니다.
따라서 바르게 계산하면 1.26 × 0.15 = 0.189입니다.

평가 기준	배점(5점)
어떤 수를 구했나요?	2점
바르게 계산한 값을 구했나요?	3점

5 직육면체

1

모서리 → [꼭짓점] [면]

2 점선, 실선에 ○표　　**3** ③

4 ㉡　　　　　　　　　　**5** ①

6 (위에서부터) 6, 6 / 12, 12 / 8, 8

7 (위에서부터) 15, 3, 8　　**8** 면 ㄴㅂㅁㄱ

9 면 ㅁㅂㅅㅇ　　　　　　**10**

11 ②　　　　　　　　　　**12** ③

13 60 cm　　　　　　　　**14** 면 ㅌㅈㅊㅋ

15 선분 ㅋㅌ

16 3 cm　　　/ 3 cm, 6 cm
　　㉮ 3 cm
　　　　　　6 cm

17　　　　　　　　　　　**18** 5

19 42 cm　　　　　　　　**20** 135 cm

---

4 보이는 모서리는 실선으로, 보이지 않는 모서리는 점선으로 그립니다.

5 ② 면의 모양과 크기가 모두 같습니다.
③ 모서리의 길이가 모두 같습니다.
④ 한 면에 대하여 수직인 면은 4개입니다.
⑤ 모서리와 모서리가 만나는 점은 꼭짓점이므로 모두 8개입니다.

7 직육면체에서 평행한 모서리의 길이는 서로 같습니다.

---

8 면 ㄷㅅㅇㄹ과 마주 보는 면은 면 ㄴㅂㅁㄱ입니다.

9 면 ㄱㄴㄷㄹ과 수직으로 만나지 않는 면은 면 ㄱㄴㄷㄹ과 평행한 면 ㅁㅂㅅㅇ입니다.

11 ① 겹치는 모서리의 길이가 다릅니다.
③ 겹치는 면이 있습니다.
④ 겹치는 면이 있습니다.
⑤ 면이 6개가 아닙니다.

12 면 나와 평행한 면 라는 면 나와 만나지 않습니다.

13 정육면체의 모서리는 12개이고 모서리의 길이가 모두 같으므로 모든 모서리의 길이의 합은 $5 \times 12 = 60$ (cm)입니다.

14 면 ㄴㅁㅂㅍ과 마주 보는 면은 면 ㅌㅈㅊㅋ입니다.

15 점 ㅎ과 점 ㅌ, 점 ㄱ과 점 ㅋ이 만나므로 선분 ㄱㅎ과 겹치는 선분은 선분 ㅋㅌ입니다.

18 직육면체의 모서리의 길이는 3 cm짜리 4개, 2 cm짜리 4개, □cm짜리 4개입니다.
$3 \times 4 + 2 \times 4 + \square \times 4 = 40$, $12 + 8 + \square \times 4 = 40$,
$\square \times 4 = 20$, $\square = 5$

19 ⑩ 보이는 모서리는 실선으로 된 부분으로
　3 cm, 7 cm, 4 cm짜리 선분이 각각 3개씩입니다.
　➡ (보이는 모서리의 길이의 합)
　　$= (3 + 7 + 4) \times 3 = 42$ (cm)

평가 기준	배점(5점)
보이는 모서리를 찾았나요?	2점
보이는 모서리의 길이의 합을 구했나요?	3점

20 ⑩ $10 \times 2 + 15 \times 4 + 20 \times 2 = 120$ (cm)이고
　매듭의 길이는 15 cm이므로 사용한 끈의 길이는
　$120 + 15 = 135$ (cm)입니다.

평가 기준	배점(5점)
10 cm, 15 cm, 20 cm인 부분이 각각 몇 개인지 알았나요?	2점
사용한 끈의 길이를 구했나요?	3점

다시 점검하는 **수시 평가 대비** Level **❷**

33~35쪽

1 ㉢, ㉣   **2** 3쌍

3 ③   **4** 4개

5 ④   **6** ⑤

7 면 ㄴㅂㅅㄷ   **8**

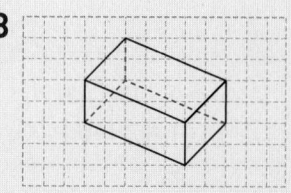

9 2   **10** 면 ㉺

11 면 ㉮, 면 ㉯, 면 ㉰, 면 ㉱

12 (왼쪽에서부터) 9, 5, 3   **13** 선분 ㄹㄷ

14 점 ㅍ, 점 ㅈ   **15** 19 cm

16 5   **17**

18 4

19 4 cm

20 96 cm

---

2 직육면체에서 서로 평행한 면은 3쌍입니다.

3 보이는 모서리는 실선으로, 보이지 않는 모서리는 점선으로 그립니다.

4 직육면체에서 평행한 모서리는 길이가 같으므로 길이가 4 cm인 모서리는 모두 4개입니다.

5 ① 직육면체의 모서리는 12개입니다.
    ② 직육면체는 정육면체라고 할 수 없습니다.
    ③ 정육면체는 직육면체라고 할 수 있습니다.
    ⑤ 직육면체와 정육면체의 면의 수는 6개로 같습니다.

6 ① 보이는 면의 수: 3
    ② 보이는 꼭짓점의 수: 7
    ③ 보이는 모서리의 수: 9
    ④ 보이지 않는 모서리의 수: 3
    ⑤ 보이지 않는 꼭짓점의 수: 1

7 면 ㄱㅁㅇㄹ과 마주 보는 면은 면 ㄴㅂㅅㄷ입니다.

9 ㉠=6, ㉡=8, ㉢=12이므로
    ㉠+㉡-㉢=6+8-12=2입니다.

10 면 ㉮와 평행한 면 ㉱는 면 ㉮와 만나지 않습니다.

11 면 ㉯와 수직인 면은 면 ㉯와 평행한 면 ㉲를 제외한 나머지 면입니다.

13 점 ㅂ과 점 ㄹ, 점 ㅅ과 점 ㄷ이 만나므로 선분 ㅂㅅ과 겹치는 선분은 선분 ㄹㄷ입니다.

15 보이지 않는 모서리는 점선으로 된 부분으로 8 cm, 5 cm, 6 cm입니다. ➡ 8+5+6=19 (cm)

16 직육면체의 모서리는 8 cm짜리 4개, 2 cm짜리 4개, □cm짜리 4개입니다.
    8×4+2×4+□×4=60, 32+8+□×4=60,
    □×4=20, □=5

18 주사위를 만들면 1과 4, 2와 5, 3과 6이 서로 마주 보는 면이 됩니다. 따라서 4가 나왔을 때 바닥에 깔린 면의 수는 1이고, 6이 나왔을 때 바닥에 깔린 면의 수는 3입니다.
    ➡ 1+3=4

19 ⑩ 정육면체의 모서리는 12개이고 모서리의 길이는 모두 같습니다. 한 모서리의 길이를 □cm라고 하면
    □×12=48, □=48÷12=4입니다.

평가 기준	배점(5점)
정육면체의 모서리의 수와 성질을 알았나요?	2점
정육면체의 한 모서리의 길이를 구했나요?	3점

20 ⑩ 직육면체의 모서리의 길이는 10 cm, 8 cm, 6 cm짜리가 각각 4개씩 있습니다.
    따라서 직육면체의 모든 모서리의 길이의 합은
    (10+8+6)×4=96 (cm)입니다.

평가 기준	배점(5점)
길이가 같은 모서리를 찾았나요?	2점
모든 모서리의 길이의 합을 구했나요?	3점

6 평균과 가능성

1 $\frac{1}{2}$ **2** 79점   **3** 86권

4 많습니다.   **5** '불가능하다'에 ○표

6

/ 4개

7

/ 4개

8 0   **9**

10

11 ⓔ 상자 안에서 0번 번호표를 꺼내는 것은 불가능해.

12 $\frac{1}{2}$ **13** 반반이다 / $\frac{1}{2}$

14 45분   **15** 3분   **16** 아영이네 논

17 ㉡

18 ⓔ

이름 방법	다연	민경	철호	경진	수영
1	72	96	88	76	90
2	80	92	84	80	86

19 수요일, 금요일   **20** 93점

---

1 숫자 면, 그림 면이 나올 가능성이 '반반이다'이므로 수로 표현하면 각각 $\frac{1}{2}$입니다.

2 (평균)=(75+90+85+60+95+70+78)÷7
=553÷7=79(점)

3 (평균)=(92+75+102+87+74)÷5
=430÷5=86(권)

4 4반의 학급문고 수: 87권
87권>86권이므로 진서네 반 학급문고의 수는 학급문고 수의 평균보다 많습니다.

10 노란색과 빨간색이 회전판의 반반씩 색칠된 회전판 나를 돌릴 때 화살이 빨간색에 멈출 가능성은 '반반이다'이므로 수로 표현하면 $\frac{1}{2}$입니다.

12 숫자 5가 나오는 경우는 4장 중의 2장이므로 가능성이 $\frac{1}{2}$입니다.

13 민지가 푼 ○× 문제의 정답이 ○일 가능성은 '반반이다'이며, 이를 수로 표현하면 $\frac{1}{2}$입니다.

14 (전체 운동 시간)=47×5=235(분)
(금요일의 운동 시간)
=235-(65+40+35+50)=45(분)

15 전체 운동 시간이 15분 많아지면 하루 운동 시간의 평균은 15÷5=3(분) 늘어납니다.

16 논 1 m²당 수확한 쌀의 양을 구해서 비교합니다.
민주네: 840÷280=3 (kg),
아영이네: 880÷220=4 (kg)
따라서 논 1 m²당 수확한 쌀의 양이 더 많은 아영이네 논에서 쌀을 더 잘 생산했다고 할 수 있습니다.

17 ㉠ 0 ㉡ 1
따라서 가능성이 더 높은 것은 ㉡입니다.

18 다음 시험에서 평균 4점을 올리려면 총점
4×5=20(점)을 올려야 하므로 총점이 422점이 되어야 합니다.

19 ⓔ 지난 5일 동안 방문자 수의 평균은
(97+122+146+130+165)÷5=660÷5
=132(명)입니다.
평균보다 방문자 수가 많았던 요일은 수요일, 금요일이므로 봉사자가 추가로 배정되어야 하는 요일은 수요일, 금요일입니다.

평가 기준	배점(5점)
지난 5일 동안 방문자 수의 평균을 구했나요?	3점
봉사자가 추가로 배정되어야 하는 요일을 구했나요?	2점

20 ⓔ 효진이네 모둠의 전체 총점은
90×5+98×3=450+294=744(점)입니다.
따라서 효진이네 모둠 전체 학생들의 단원평가 평균 점수는 744÷8=93(점)입니다.

평가 기준	배점(5점)
전체 학생들의 단원평가 총점을 구했나요?	2점
전체 학생들의 단원평가 평균 점수를 구했나요?	3점

1 0   **2** 40 kg

3

4 5°C   **5** 142 cm, 143 cm

6 현서네 모둠, 1 cm   **7**

8 $\dfrac{1}{2}$ **9** $\dfrac{1}{2}$

10 140분   **11** ㉡

12 ㉢   **13** 2권

14 반반이다 / $\dfrac{1}{2}$ **15** ㉠

16 ㉠ 2와 3을 곱하면 6이 될 것입니다. /
㉠ 주사위를 굴려서 나온 주사위 눈의 수는 홀수입니다. /
㉠ 5학년 학생은 모두 키가 같습니다.

17 28톤   **18** 110 g

19 ㉡   **20** ㉠ 82, 100, 94, 80

1 5학년 학생이 모두 안경을 쓰는 것은 불가능하므로 가능성이 0입니다.

2 (평균)=(39+45+35+41)÷4
=160÷4=40 (kg)

4 지난주 요일별 최고 기온을 막대그래프로 나타내고 막대의 높이를 고르게 하면 5°C입니다.
따라서 지난주 요일별 최고 기온의 평균은 5°C입니다.

5 명화네 모둠: (130+131+145+155+149)÷5
=710÷5=142 (cm)
현서네 모둠: (145+136+130+150+154)÷5
=715÷5=143 (cm)

6 평균 키는 현서네 모둠이 143-142=1 (cm) 더 큽니다.

8 흰색 공이 나오는 것은 4개 중의 2개이므로 가능성이 $\dfrac{1}{2}$입니다.

10 일주일은 7일이므로 일주일 동안 20×7=140(분) 운동합니다.

13 경선이가 위인전을 10권 더 읽으면 5명의 학생들이 읽은 위인전 수의 평균은 10÷5=2(권) 많아집니다.

14 구슬 6개가 들어 있는 주머니에서 1개 이상의 구슬을 꺼낼 때 나올 수 있는 구슬의 개수는 1개, 2개, 3개, 4개, 5개, 6개로 6가지 경우가 있습니다. 이 중 꺼낸 구슬의 개수가 짝수인 경우는 2개, 4개, 6개로 3가지입니다.
따라서 꺼낸 구슬의 개수가 짝수일 가능성은 '반반이다'이며, 수로 표현하면 $\dfrac{1}{2}$입니다.

15 회전판에서 2칸을 파란색으로 색칠하면 꺼낸 구슬의 개수가 짝수일 가능성과 회전판의 화살이 파란색에 멈출 가능성이 같습니다.

17 귤 생산량의 합은 24×5=120(톤)이므로 가 과수원의 귤 생산량은 120-(18+25+30+19)=28(톤)입니다.

18 (고구마 10개의 무게의 합)=105.2×10=1052 (g)
따라서 고구마 11개의 한 개당 무게의 평균은
(1052+158)÷11=1210÷11=110 (g)입니다.

19 ㉠ ㉠에서 초콜릿을 꺼낼 가능성은 0이고, ㉡에서 초콜릿을 꺼낼 가능성은 $\dfrac{1}{2}$입니다.
따라서 가능성이 더 높은 것은 ㉡입니다.

평가 기준	배점(5점)
㉠과 ㉡의 가능성을 각각 구했나요?	3점
가능성이 더 높은 것을 찾았나요?	2점

20 ㉠ 다음 시험에서 평균 10점을 올리려면 네 과목 점수의 합을 10×4=40(점) 올려야 합니다.
따라서 네 과목 점수의 합이 단원평가보다 40점 많게 점수를 써넣습니다.

평가 기준	배점(5점)
평균 10점을 올릴 수 있는 방법을 설명했나요?	3점
표를 완성했나요?	2점

1 4, 4, 32, 3.2　　　　**2** (위에서부터) 9, 6, 12

3 (1) 164쪽　(2) 41쪽　　**4**

5 (　) (○)

6

	직육면체	정육면체
면 수(개)	6	6
모서리의 수(개)	12	12
꼭짓점의 수(개)	8	8
면의 모양	직사각형	정사각형

7 방법1 예 $13 \times 0.7 = 13 \times \dfrac{7}{10}$

$$= \dfrac{13 \times 7}{10} = \dfrac{91}{10} = 9.1$$

방법2 예 $13 \times 7 = 91$이고 곱하는 수가 $\dfrac{1}{10}$배가 되면

계산 결과도 $\dfrac{1}{10}$배가 되므로 9.1입니다.

8

이유 예 직육면체의 겨냥도에서 보이는 모서리는 실선으로, 보이지 않는 모서리는 점선으로 그려야 하는데 모두 실선으로 그려서 잘못 그렸습니다.

9 반반이다 / $\dfrac{1}{2}$　　　　**10** ㉢

11 (1) 점 ㄷ, 점 ㅋ　(2) 면 ㅍㅇㅅㅌ

12 19.55　　　　**13** 목요일

14 ㉠, ㉣, ㉤　　　　**15** 1.59 cm²

16 ㉢　　　　**17** 145 cm

18 9　　　　**19** 80점

20 109 cm

---

1 분수의 곱셈으로 계산합니다.

2 직육면체에서 서로 평행한 모서리의 길이는 같습니다.

3 (1) 수진이가 4일 동안 읽은 동화책 쪽수의 합은
$34 + 47 + 44 + 39 = 164$(쪽)입니다.

(2) 수진이가 하루에 읽은 동화책은 평균
$164 \div 4 = 41$(쪽)입니다.

4 곱하는 두 수의 소수점 아래 자리 수를 더한 것과 결괏값의 소수점 아래 자리 수가 같습니다.

5 ・12월은 31일까지 있으므로 '불가능하다'입니다.
　　・해는 아침에 항상 동쪽에서 뜨므로 '확실하다'입니다.

6 직육면체와 정육면체의 면, 모서리, 꼭짓점의 수는 각각 같지만 면의 모양은 다릅니다.

7

평가 기준	배점
한 가지 방법으로 계산했나요?	3점
두 가지 방법으로 계산했나요?	2점

8

평가 기준	배점
직육면체의 겨냥도를 바르게 그렸나요?	3점
잘못 그린 이유를 썼나요?	2점

9 회전판은 흰색과 초록색이 반반씩 색칠되어 있으므로 화살이 흰색에 멈출 가능성은 '반반이다'이며, 수로 표현하면 $\dfrac{1}{2}$입니다.

10 ㉠ $2 \times 2.05 = 4.1$　　㉡ $5.6 \times 0.5 = 2.8$
㉢ $24 \times 1.25 = 30$
따라서 계산 결과가 자연수인 것은 ㉢입니다.

11 (1) 선분 ㄱㄴ과 선분 ㄷㄴ이 만나므로 점 ㄱ은 점 ㄷ과 만나고, 선분 ㄱㅎ과 선분 ㅋㅌ이 만나므로 점 ㄱ은 점 ㅋ과 만납니다.

(2) 면 ㄷㄹㅁㄴ과 만나는 모서리가 없는 면은 접었을 때 평행한 면인 면 ㅍㅇㅅㅌ입니다.

12 예 어떤 수를 □라 하면 □$-2.3 = 6.2$이므로
□$= 6.2 + 2.3 = 8.5$입니다.
따라서 바르게 계산한 값은 $8.5 \times 2.3 = 19.55$입니다.

평가 기준	배점
어떤 수를 구했나요?	3점
바르게 계산한 값은 얼마인지 구했나요?	2점

13 예 (5일간의 총 방문객 수)
$= 137 \times 5 = 685$(명)
(목요일 방문객 수)
$= 685 - (162 + 113 + 116 + 183) = 111$(명)
따라서 방문객 수가 가장 적을 때는 목요일입니다.

평가 기준	배점
목요일 방문객 수를 구했나요?	3점
방문객 수가 가장 적을 때는 무슨 요일인지 구했나요?	2점

14 ⓒ 한 꼭짓점에서 만나는 면은 모두 3개입니다.
ⓔ 정육면체의 면의 모양인 정사각형은 직사각형이라 할 수 있으므로 정육면체는 직육면체라고 할 수 있습니다.
따라서 옳은 것은 ㉠, ㉢, ㉤입니다.

15 예 (직사각형의 넓이)$=5.6 \times 3.9 = 21.84 \, (cm^2)$
(정사각형의 넓이)$=4.5 \times 4.5 = 20.25 \, (cm^2)$
따라서 직사각형과 정사각형의 넓이의 차는
$21.84 - 20.25 = 1.59 \, (cm^2)$입니다.

평가 기준	배점
직사각형과 정사각형의 넓이를 각각 구했나요?	3점
직사각형과 정사각형의 넓이의 차는 몇 cm^2인지 구했나요?	2점

16 예 ㉠ 눈의 수가 1 이상 6 이하로 나올 가능성은 '확실하다'이므로 수로 표현하면 1입니다.
㉡ 4의 약수는 1, 2, 4로 3가지이므로 나올 가능성은 '반반이다'이며, 수로 표현하면 $\frac{1}{2}$입니다.
㉢ 눈의 수 중에서 7의 배수는 없으므로 나올 가능성은 '불가능하다'이며, 수로 표현하면 0입니다.
따라서 일이 일어날 가능성이 가장 낮은 것은 ㉢입니다.

평가 기준	배점
㉠, ㉡, ㉢의 가능성을 각각 수로 표현했나요?	3점
일이 일어날 가능성이 가장 낮은 것의 기호를 썼나요?	2점

17 예 (남학생 12명의 키의 합)
$=147 \times 12 = 1764 \, (cm)$
(여학생 8명의 키의 합)$=142 \times 8 = 1136 \, (cm)$
(반 전체 학생의 키의 합)
$=1764 + 1136 = 2900 \, (cm)$
(반 전체 학생의 키의 평균)
$=2900 \div 20 = 145 \, (cm)$

평가 기준	배점
반 전체 학생의 키의 합을 구했나요?	3점
반 전체 학생의 키의 평균을 구했나요?	2점

18 예 면 가와 평행한 면의 눈의 수는 2이므로 면 가의 눈의 수는 $7-2=5$입니다. 면 나와 평행한 면의 눈의 수는 3이므로 면 나의 눈의 수는 $7-3=4$입니다.
따라서 면 가와 면 나의 눈의 수의 합은 $5+4=9$입니다.

평가 기준	배점
면 가와 면 나의 눈의 수를 각각 구했나요?	3점
면 가와 면 나의 눈의 수의 합을 구했나요?	2점

19 예 (1단원부터 5단원까지 점수의 평균)
$=(64+75+70+79+82) \div 5$
$=370 \div 5 = 74$(점)
6단원을 포함한 점수의 평균은 최소 $74+1=75$(점)이어야 하므로 (전체 점수의 합)$=75 \times 6 = 450$(점)이어야 합니다. 따라서 승후가 6단원에서 받아야 하는 점수는 최소 $450-370=80$(점)입니다.

평가 기준	배점
받아야 하는 점수의 평균을 구했나요?	3점
6단원에서 최소 몇 점을 받아야 하는지 구했나요?	2점

20 예 16 cm, 9 cm인 부분이 각각 2개씩, 11 cm인 부분이 4개이고, 매듭에 15 cm를 사용하였습니다.
➡ (사용한 끈의 길이)
$=16 \times 2 + 9 \times 2 + 11 \times 4 + 15$
$=32 + 18 + 44 + 15 = 109 \, (cm)$

평가 기준	배점
사용한 끈의 길이를 구하는 식을 썼나요?	3점
상자를 묶는 데 사용한 끈의 길이를 구했나요?	2점

다음에는 뭐 풀지?

최상위로 가는 '맞춤 학습 플랜'

STEP 4 Book

다음에 공부할 책을 고르기 어려우시다면, 현재 성취도를 먼저 체크해 보세요.
최상위로 가는 맞춤 학습 플랜만 있다면 내 실력에 꼭 맞는 교재를 선택할 수 있어요!
단계에 따라 내 실력을 진단해 보고, 다음 학습도 야무지게 준비해 봐요!

첫 번째, 단원평가의 맞힌 문제 수 또는 점수를 모두 더해 보세요.

단원		맞힌 문제 수 OR 점수 (문항당 5점)
1단원	1회	
	2회	
2단원	1회	
	2회	
3단원	1회	
	2회	
4단원	1회	
	2회	
5단원	1회	
	2회	
6단원	1회	
	2회	
합계		

※ 단원평가는 각 단원의 마지막 코너에 있는 20문항 문제지입니다.

고등 입학 전 완성하는 독해 과정 전반의 심화 학습!
디딤돌 생각독해 Ⅰ~Ⅴ
·생각의 확장과 통합을 위한 '빅 아이디어(대주제)' 선정 및 수록
·대주제 별 다양한 영역의 생각 읽기 및 생각의 구조화 학습

수능국어 실전대비 독해 학습의 완성!
디딤돌 수능독해 Ⅰ~Ⅲ
·글쓴이의 작문 과정을 추론하며 생각을 읽어내는 구조 학습
·출제자의 의도를 파악하고 예측하는 기출 속 이슈 및 특별 부록

심화

실전

기초부터
실전까지

독해는 디딤돌

중등

고등(예비고~고2)